南京大学材料科学与工程系列丛书

第一性原理材料计算基础

周　健　梁奇锋　编著

科 学 出 版 社

北　京

内 容 简 介

本书介绍了计算材料和计算凝聚态物理学中常用的密度泛函理论、程序及应用实例，主要包括材料计算背景介绍；晶体结构和晶体对称性；能带理论和紧束缚近似；密度泛函理论基础；VASP 程序基本功能、参数和应用；材料拓扑性质理论和计算实例。

全书分为六章。第 1 章为绪论，主要介绍材料设计的基本概念、材料数据库的建立和应用、高性能计算和 Linux 操作系统。第 2 章为晶体结构和晶体对称性，主要包括晶体点阵、元胞、对称操作、点群、晶系、原子坐标和倒易空间等内容。第 3 章为电子能带结构，包括布洛赫定理、玻恩-冯·卡门边界条件、本征方程、紧束缚近似及一些简单材料的算例。第 4 章为密度泛函理论，主要介绍了 Hartree 方程、Hartree-Fock 方程、密度泛函理论基础、Kohn-Sham 方程、基组、赝势以及交换关联势等内容。第 5 章为密度泛函计算程序 VASP，主要介绍 VASP 程序的基本功能和常见参数，并列举了几个常见的计算实例。第 6 章为拓扑材料计算实例，专题介绍了材料拓扑性质的基本理论，并列举了若干使用密度泛函理论研究材料拓扑性质的计算实例。

本书可作为计算凝聚态物理、计算材料专业及其他相关专业研究生和高年级本科生的教材，也可供自学者参考。

图书在版编目(CIP)数据

第一性原理材料计算基础/周健，梁奇锋编著. —北京：科学出版社，2019.10
(南京大学材料科学与工程系列丛书)

ISBN 978-7-03-062610-3

Ⅰ. ①第… Ⅱ. ①周…②梁… Ⅲ.①材料科学-计算 Ⅳ. ①TB3

中国版本图书馆 CIP 数据核字 (2019) 第 225261 号

责任编辑：张 析 高 微／责任校对：杜子昂
责任印制：吴兆东／封面设计：王 浩

科学出版社 出版
北京东黄城根北街 16 号
邮政编码：100717
http://www.sciencep.com

北京盛通数码印刷有限公司 印刷
科学出版社发行 各地新华书店经销

*

2019 年 10 月第 一 版 开本：720 × 1000 B5
2024 年 1 月第五次印刷 印张：13 1/4
字数：267 000

定价：78.00 元

(如有印装质量问题，我社负责调换)

前　言

近三十年来，随着计算机技术的飞速发展，现代计算机的计算能力得到了空前的提高，为基于量子力学的材料计算提供了坚实的基础。在计算材料科学和计算凝聚态物理中，使用最为广泛的方法是密度泛函理论 (density functional theory, DFT)。密度泛函理论由美国加州大学沃尔特 · 科恩 (Walter Kohn) 教授在 20 世纪 60 年代建立，目前已经在物理、材料、化学甚至生物等领域得到了广泛的应用。科恩也因此荣获 1998 年的诺贝尔化学奖。

目前国内许多高校和研究所在密度泛函理论计算 (通常也称为第一性原理计算) 方面开展了大量科研工作，每年有许多研究生在学习相关的理论知识和计算方法。初学者往往觉得密度泛函理论计算难以入门，除了密度泛函程序比较复杂之外，更主要的原因可能是缺乏对其背后理论知识的理解。对初学者来说, 密度泛函程序类似一个黑盒子，用户输入材料的结构参数，然后用程序输出计算结果。很多学生虽然学会了程序的使用流程，却往往知其然而不知其所以然。例如，在计算中最重要的参数之一是平面波截断能，如果用户不了解截断能的物理含义，就往往不知如何设置该参数。另外，即使学习了固体物理和能带理论等相关知识，但由于这些内容过于理论化，学生往往不能将它们和具体的密度泛函计算过程及计算结果联系起来。例如，尽管在固体物理教材上都会详细讲解常见的晶体结构和布里渊区，但很多学生仍然不能正确写出实际材料中原子的分数坐标和布里渊区高对称点的位置。

造成以上问题的原因可能在于，目前大部分的相关教材往往只涉及某一方面的内容。如固体物理教材虽然会涉及一些能带理论，但大多是基于简单模型的讨论，很少详细介绍密度泛函理论；密度泛函理论方面的教材则对密度泛函理论进行详细介绍，对固体物理基础和能带的基本概念却涉及很少，一般也没有实际程序讲解和算例。目前国内有关密度泛函理论的中文教材较少，而关于密度泛函程序介绍和使用实例的教材更为稀缺，初学者往往只能从网上搜索一些碎片化信息进行学习。密度泛函程序的使用手册虽然内容完整，但对初学者而言往往难以理解，而且这些手册很少详细介绍基本理论背景。本书正是基于以上现状，试图以初学者为目标，系统介绍固体物理和密度泛函的基础理论知识 (如晶体结构、能带理论、密度泛函理论等)，程序功能和参数 (以使用最广泛的 VASP 程序为例)，计算实例。本书从最基本的晶体元胞概念出发，一直到材料拓扑性质的第一性原理计算实例，包括了初学者所需了解的大部分内容。囿于作者能力和篇幅限制，本书只介绍一些最基本和最重要的理论和方法，不追求对每一个部分做完整和深入的介绍，如在固体物理部分集中介绍晶体结构和对称性，但不介绍晶体结合类型、X 射线衍射、声子等其他常见内容。在密度泛函理论部分，也避免一些过于理论化和专门化的描述，如不同基组下哈密顿矩阵元的详细解析表达式、各种交换关联势的具体表达式等。在程序计算实例中，也以电子能带、态密度等基础功能为主，许多其他高级功能并未涉及，如第一性原理分子动力学、光学性质、过渡态计算等。另外本书也不涉及密度泛函理论在程序中的具体实现和程序编写。期望通过本书的学习，初学者 (高年级本科生和研究生) 可以初步了解密度泛函理论的概况，并可以从“零”开始，直至逐步掌握程序的基本使用。

本书分为三大部分：第 1 章为背景介绍，主要介绍了密度泛函理论在材料设计中的作用和发展现状。第 2~4 章为基本理论，包括晶体结构和晶体对称性、电子能带结构、紧束缚近似和密度泛函基本理论以及基本实现。第 5~6 章为 VASP 程序基本功能和参数介绍、基本算例和材料拓扑性质基本理论及计算。

本书前四章由周健编写，第 6 章由梁奇锋编写，双方共同编写了第 5 章，并修订了全书。在本书编写过程中，南京大学王聪同学参与了部分图片的绘制工作。作者特别感谢南京大学现代工程与应用科学学院的支持。

由于作者水平有限，书中不可避免会存在一些疏漏和不足，敬请广大读者批评指正。

周　健　(南京大学)
梁奇锋　(绍兴文理学院)
2019 年 7 月

目　　录

前言
第 1 章　绪论 …… 1
1.1　材料设计简介 …… 1
1.1.1　背景介绍 …… 1
1.1.2　材料数据库 …… 2
1.1.3　材料数据库的应用 …… 5
1.1.4　存在的问题 …… 5
1.1.5　展望和总结 …… 7
1.2　材料计算简介 …… 8
1.2.1　材料计算的基本内容 …… 8
1.2.2　晶体的微观结构和宏观性质 …… 10
1.3　高性能计算和 Linux 系统 …… 10
1.3.1　高性能计算 …… 10
1.3.2　Linux 基础知识 …… 12
第 2 章　晶体结构和晶体对称性 …… 13
2.1　常见材料的晶体结构 …… 13
2.1.1　平移周期性 …… 13
2.1.2　三维晶体 …… 14
2.1.3　二维晶体 …… 22
2.1.4　一维晶体 …… 24
2.1.5　零维材料 …… 25
2.2　点阵和元胞 …… 26
2.2.1　基元、结点和点阵 …… 26
2.2.2　元胞的取法 …… 31
2.2.3　常见三维点阵的元胞 …… 32
2.3　对称操作和点群 …… 34
2.3.1　对称操作 …… 34
2.3.2　分子和晶体中的对称性 …… 35
2.3.3　变换矩阵 …… 38
2.3.4　对称操作的集合 …… 40

2.3.5 点群和空间群 ······ 41
2.3.6 点群和空间群的命名 ······ 42
2.4 晶系和点阵 ······ 44
2.4.1 七大晶系 ······ 44
2.4.2 14 种点阵 ······ 45
2.4.3 32 个点群 ······ 46
2.5 原子坐标 ······ 48
2.5.1 分数坐标和直角坐标 ······ 48
2.5.2 分数坐标和直角坐标的转换 ······ 49
2.5.3 Wyckoff 位置 ······ 50
2.6 晶体的倒易空间 ······ 51
2.6.1 倒易空间和倒易点阵 ······ 51
2.6.2 体心立方和面心立方的倒易点阵 ······ 53
2.6.3 布里渊区 ······ 54
第 3 章 电子能带结构 ······ 57
3.1 引言 ······ 57
3.2 布洛赫定理 ······ 59
3.2.1 布洛赫定理的证明 ······ 59
3.2.2 玻恩–冯 • 卡门边界条件 ······ 61
3.3 本征方程 ······ 63
3.3.1 本征方程的推导 ······ 63
3.3.2 能量本征值的对称性 ······ 65
3.4 紧束缚近似 ······ 68
3.4.1 紧束缚近似方法 ······ 68
3.4.2 一维聚乙炔的能带 ······ 72
3.4.3 二维石墨烯的能带 ······ 75
第 4 章 密度泛函理论 ······ 79
4.1 波函数方法 ······ 79
4.1.1 多粒子哈密顿 ······ 79
4.1.2 Hartree 方程 ······ 79
4.1.3 Hartree-Fock 方法 ······ 81
4.2 密度泛函理论基础 ······ 86
4.2.1 Thomas-Fermi-Dirac 近似 ······ 86
4.2.2 Hohenberg-Kohn 定理 ······ 87
4.2.3 Kohn-Sham 方程 ······ 88

4.3 基函数 ······ 93
4.3.1 平面波基组 ······ 93
4.3.2 数值原子轨道基组 ······ 98
4.3.3 缀加波方法 ······ 99
4.4 赝势方法 ······ 104
4.4.1 正交化平面波 ······ 104
4.4.2 赝势 ······ 105
4.4.3 模守恒赝势和超软赝势 ······ 107
4.4.4 PAW 方法 ······ 109
4.5 交换关联势 ······ 111
第 5 章　密度泛函计算程序 VASP ······ 114
5.1 VASP 程序简介 ······ 114
5.2 四个重要输入文件 ······ 115
5.2.1 POSCAR ······ 116
5.2.2 KPOINTS ······ 118
5.2.3 POTCAR ······ 120
5.2.4 INCAR ······ 121
5.3 其他输入输出文件介绍 ······ 121
5.4 INCAR 文件介绍 ······ 123
5.5 常见功能设置 ······ 128
5.6 几个实例 ······ 130
5.6.1 非磁性材料计算 ——$BaTiO_3$ 的电子结构 ······ 130
5.6.2 磁性材料计算 ——$CrCl_3$ 的电子结构 ······ 134
5.6.3 杂化密度泛函计算 ——MoS_2 单层的带隙计算 ······ 137
5.6.4 硅的 Γ 点声子频率计算 ······ 140
5.6.5 硅的声子能带和态密度 ······ 142
第 6 章　拓扑材料计算实例 ······ 145
6.1 拓扑材料简介 ······ 145
6.1.1 拓扑量子物态 ······ 145
6.1.2 Berry 相位与拓扑物态模型 ······ 148
6.1.3 最大局域化 Wannier 函数方法 ······ 150
6.2 二维量子自旋霍尔效应体系 Bi@SiC 的电子结构计算 ······ 151
6.2.1 Bi@SiC 的晶体结构 ······ 152
6.2.2 Bi-Bi-H@Si(111) 的能带结构 ······ 153
6.2.3 Bi-Bi-H@Si(111) 的量子自旋霍尔效应 ······ 154

6.2.4 Bi-Vac-Vac@Si(111) 的量子自旋霍尔效应 …… 156
6.3 $K_{0.5}RhO_2$ 中量子反常霍尔效应的第一性原理计算 …… 159
6.3.1 $K_{0.5}RhO_2$ 的晶体结构 …… 159
6.3.2 $K_{0.5}RhO_2$ 的非共面反铁磁基态 …… 160
6.3.3 $K_{0.5}RhO_2$ 的能带 …… 164
6.4 三维拓扑绝缘体 Bi_2Se_3 的第一性原理计算 …… 167
6.4.1 Bi_2Se_3 的晶体结构 …… 167
6.4.2 Bi_2Se_3 的体相能带结构 …… 168
6.5 展望 …… 171
参考文献 …… 172
附录一　泛函及其导数 …… 180
附录二　元胞和布里渊区的标准取法 …… 181

第1章 绪 论

人类研究自然的传统方法有实验和理论两种，随着现代计算机的飞速发展，数值模拟越来越重要，已经成为与实验、理论相并列的第三种重要方法。在材料科学的研究中，数值模拟也扮演着重要的角色。材料数值模拟计算是材料设计的重要内容，可以辅助实验加速新材料的研发。本章概述了材料设计和材料数据库的基本概念、发展、现状及其存在的问题，同时也对材料计算所需的软硬件环境给出了简要的介绍。

1.1 材料设计简介

1.1.1 背景介绍

材料是“人类用于制造物品、器件、构件、机器或者其他产品的那些物质”，是人类赖以生存和发展的物质基础[1]。一种新材料的出现和应用，都伴随着现代科学技术的巨大飞跃。特别是从 20 世纪初开始，新材料不断出现，如超导材料、半导体材料、新能源材料等，直接促成了第三次科技革命，极大地推动了人类社会、政治、经济和文化等领域的变革，使人类从电气时代进入了信息时代。20 世纪 70 年代，信息、材料和能源被称为当代文明的三大支柱。虽然新材料的发现有一定的偶然性，如超导材料和高温超导材料的发现都具有不可预知性，但不可否认的是，20 世纪许多新材料的出现和应用，都是基于量子力学的发展。使用量子力学理论去解决固体材料中的某些问题，逐渐产生了固体物理和能带理论这些新的衍生理论和学科。这些理论把材料的微观结构 (原子类型及其空间排布方式) 和宏观性质 (如磁性、导电性、导热性等) 联系起来。借助于现代计算机和数值计算程序，人们已经可以基本不依赖经验参数，从晶体的微观结构预测许多宏观的物理性质。例如，只需要几分钟的时间，就可以从理论上获得半导体硅的电子能带、载流子有效质量等信息。面对 21 世纪激烈的全球竞争，国家对新材料的需求更加迫切。航空航天、新能源和信息等战略性行业中对于具有超常性能材料的需求越来越强烈，而传统的以经验积累和简单循环试错的材料研发方式已显得效率低下。新材料的研发必须从以经验为主过渡到以科学设计为主。“材料设计”的概念也由此被提出：根据所需要的性能来设计材料的组分、结构和生产工艺，或者说，通过理论设计来开发具有特定性能的新材料[2]。

材料设计包含正向和逆向两个问题，如图 1.1 所示。通过材料结构来预测性能是一个正向问题，相对比较成熟，目前有各种理论方案。例如，在原子和电子的微观层次上，可以使用量子力学、分子动力学和蒙特卡罗模拟等方法；而在介观尺度，可以使用粗粒化方法和相场方法等；在更大的尺度上，还可以使用有限元等方法。反之，通过物理性质来设计或预测材料的结构和组分却非常困难，因为这是一个反向问题，并没有直接的理论可以通过性质来推测材料的结构。

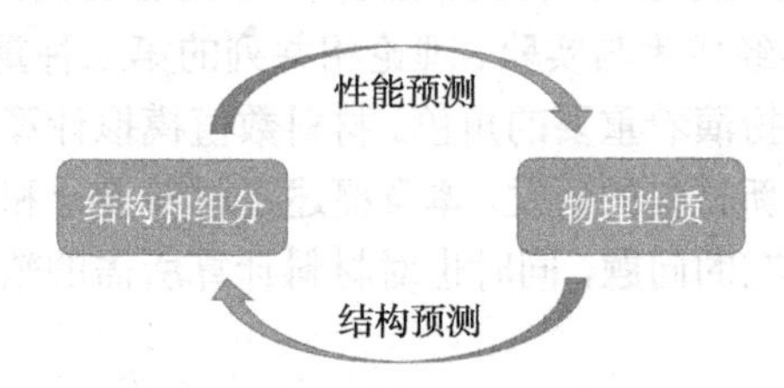

图 1.1　材料设计中的正向 (性能预测) 和反向 (结构预测) 问题

但是，对于材料性能的预测仍有助于加速新材料的研发，其基本思想是借助相对廉价和快速的数值计算，对所有已知稳定的材料进行高通量计算 (highthroughput calculation)，把得到的物理性质等各种信息整理和存储，形成一个大规模的材料数据库。在此基础上，根据物理性质反向搜索可能的晶体结构，从而加速新材料的研发。美国前总统奥巴马在 2011 年率先提出“材料基因组计划”，明确指出该计划的总目标是“将先进材料的发现、开发、制造和使用的速度提高一倍”。“材料基因组计划”包括了开发高通量的理论计算方法，高通量的实验生长和测试方法，以及建立一套庞大的数据信息平台，利用这些数据，可以加速新材料的筛选和发现速度[3]。

1.1.2　材料数据库

初看起来，要计算所有已知晶体的物理性质是一件不可能完成的任务。但随着超级计算机的飞速发展，这项任务已变得切实可行。事实上，目前国外已经建立了几个大规模的材料数据库。材料数据库的建立基于以下四个条件。

(1) 高性能计算机的飞速发展：2018 年，全球最快的超级计算机是美国能源部橡树岭国家实验室的“Summit”，每秒钟浮点运算超过十亿亿次 (10^{17})，而我国的“天河二号”和“太湖之光”超级计算机也曾先后位列全球最快计算机之首。这为高通量材料计算提供了硬件的保证。

(2) 密度泛函理论的建立：量子力学的基本方程是薛定谔方程，它原则上严格描述了晶体中电子的运动。但是直接使用薛定谔方程计算实际材料的性质仍然超出了当今计算机的能力范围。目前，最为成熟且使用最为广泛的方法是基于电子密度的密度泛函理论。密度泛函理论在多粒子薛定谔方程的基础上，采用了绝热近似、单电子近似等方法，把多粒子问题等效成一个无相互作用的单电子问题，从而使得用量子力学研究实际材料变得切实可行。密度泛函理论基本不依赖于经验参数 (所以也被称为第一性原理计算，或者从头计算方法)，只需要晶体结构就可以计算，非常适合实际材料的研究。另外，密度泛函理论虽然不是最精确的方法，但是它在计算精度、速度和通用性方面取得了很好的平衡，从而被广泛应用于物理、材料，甚至是化学、生物医学等领域。目前，全世界每年发表的与“密度泛函理论”相关的论文接近两万篇①。

(3) 密度泛函程序的发展和成熟：密度泛函理论虽然在 20 世纪 60 年代就提出了，但受限于当时的计算机速度，并未获得大量的应用。直到 20 世纪 80~90 年代，计算机逐渐普及，许多专业软件开始出现。事实上，现在一些流行的密度泛函程序，都是从那时开始编写的。目前，各种密度泛函理论程序层出不穷，各有特色。其中，VASP[4] 程序使用最为广泛，现有的几个著名材料数据库都是使用 VASP 作为计算程序。本书也将介绍 VASP 程序的使用，并给出相关计算实例。

(4) 无机晶体学数据库：材料数据库的基础是现有的大量天然或者人工合成的晶体材料。最为著名的晶体结构数据库为无机晶体结构数据库 (Inorganic Crystal Structure Database, ICSD)[5]，它包括从 1913 年以来绝大部分已知的无机晶体结构。目前为止，ICSD 已经包含了近 20 万种晶体的结构。除此以外，还有一些其他的晶体数据库，如开放晶体学数据库 (Crystallography Open Database, COD)[6]，日本 NIMS 的 Inorganic Material Database[7] 等。

基于以上条件，再通过编写程序，对大量晶体材料进行自动化的高通量计算，并最终得到材料数据库。主要的流程如图 1.2 所示：

(1) 从晶体数据库中获得晶体结构文件 (通常是 cif 格式文件)，并做初步的筛选。

(2) 从晶体结构自动生成密度泛函程序所需的输入文件，包括自动转换晶体结构文件，设置 k 点、截断能、收敛精度、赝势、Hubbard U 等参数。

(3) 设定所需计算的流程，如结构优化、能带和态密度计算。

(4) 向服务器递交任务，开始计算。

(5) 自动监控计算过程，在出现错误时能够及时修正或者终止计算。

(6) 在确定计算完成后处理输出文件，并从中收集所需信息。

(7) 把所有信息写入数据库。

(8) 制作用户界面，方便用户查询和使用。

目前国外已经有许多包含材料电子结构信息的材料数据库，如 Materials Project[8]，Automatic FLOW Repository (AFLOW)[9]，NREL Materials Databse[10]，

① 通过 Web of Science 搜索含有 “density functional theory” 关键词的论文得到的数据。

Computational Electronic Structure Database (CompES-X)[11]，Novel Materials Discovery Repository (NOMAD)[12]，Open Materials Database[13]，Materials Mine[14]，Materials Cloud[15]，Open Quantum Materials Database[16]，Computational Materials Repository[17]。这些数据库都是免费的，其中 Materials Project 和 AFLOW 这两个数据库包含的数据最多，例如在 2018 年底，Materials Project 中包含 80 000 多种无机化合物、50 000 多个电子能带结构、20 000 多个分子、10 000 多个弹性张量、2000 多个压电张量、近 20 000 种电极材料，同时还包括 50 000 张 XANES 谱、1500 张声子谱。其他数据库并没有如此大量的数据，但也各有特色，如有的数据库特别关注二维材料，有的数据库关注材料的热力学性质等。

图 1.2　建立材料数据库的流程图

现有的数据库都是基于已有的材料进行计算。事实上，许多材料可能在几十年前就被合成了，但是某些性能并未被发现。例如，Bi_2Se_3 是一种常见的热电材料，已经被研究了几十年，但直到 2009 年才被证明是一种拓扑绝缘体[18]。因此，发掘现有材料的性质仍大有可为。

另外，理论预测全新的材料结构也是可能的。现有的全局优化算法可以根据元素符号和化学配比，从零开始预测各种可能的稳定结构，甚至找到基态结构，如 CALYPSO[19] 和 USPEX[20] 程序都可以利用第一性原理计算对材料结构做全局优化。但这些程序和算法通常局限于少量的原子和元素，而且全局优化算法是根据材料的能量，而不能根据材料性能来预测新的结构。目前更为可行的方案是基于特定的晶体结构和化学式，通过穷举法来搜索新材料。例如，丹麦 Jóhannesson 等考虑

32 种过渡金属元素，构造出 192 016 种可能的面心立方和体心立方结构的四元合金，通过高通量计算它们的生成焓 (enthalpy of formation)，获得了一些已知的和全新的稳定合金材料[21]。这也是一种材料设计的思路，可以大大减少实验尝试的次数，加速新材料的研发。

1.1.3 材料数据库的应用

数据库的建立虽然需要大量的工作，但最大的挑战其实来自对数据库中数据的利用和信息的获取。一般来说，密度泛函理论可以计算得到许多物理性质，包括电子能带、态密度、结合能、能隙、弹性常数等。但是很多重要的材料宏观性质并不能直接从计算中得到，如载流子迁移率、电导率和热导率、热电材料的热电优值 (ZT)、太阳能电池材料的效率等。这是因为：一方面有的物理量原则上可以计算，但计算量太大，并不适合高通量计算。例如，材料的晶格热导率可以通过计算声子的非谐效应来获得，但是使用密度泛函理论直接计算三阶或四阶力常数非常耗时，目前只适用于小体系的计算。另一方面，实际材料中一般包含缺陷和杂质，它们会影响甚至主导材料的物理性能。例如，材料在低温下的晶格热导率主要来自缺陷对声子的散射，而不是声子之间的散射。这种情况下，理论计算显然没有办法预测低温下的晶格热导率，因为不同样品的缺陷浓度通常是不同的。

因此，寄希望于简单搜索材料数据库来研发新材料是不太现实的，通常要具体问题具体分析。一般可以从物理上考虑，根据所需要的性质定义一个特征量，综合考虑数据库中材料的多种相关性质，最后根据这个特征量的大小来判断材料性能的好坏。

例如，利用高通量计算来搜寻高效的光伏 (photovoltaic) 材料，但高效的光伏材料应该具有什么性质呢？这并没有一个简单的物理量来衡量，而是需要考虑材料的多方面性能。一般而言，光伏材料需要有适当的能隙 (1.3 eV 左右) 和高的光吸收系数。Yu 和 Zunger 提出了一个针对光伏材料的特征量，称为光谱极限最大效率 (spectroscopic limited maximum efficiency，SLME)，它包括材料的能隙、光吸收谱的形状以及复合损耗的大小[22]。通过对 ICSD 数据库的搜索，作者找到了一系列高 SLME 的材料，其中包括目前已知的在太阳能电池中使用的光吸收材料，如 $CuInSe_2$、$CuGaSe_2$ 和 $CuInS_2$ 等。同时也挖掘出一些新型光伏材料，如 Cu_7TlS_4、Cu_3TlS_2 和 Cu_3TlSe_2 等，当然 Tl 元素有毒，不适合用于实际的太阳能电池，但是如果能用其他无毒元素替代 Tl，仍然有可能找到新的高效光伏材料。

1.1.4 存在的问题

虽然材料数据库已经包括了大量的材料和物理性质，但目前来看仍然不能满足新材料研发的需求。从计算方面来看，很多物理性质的计算量过大，不适用于高通量计算。同时缺陷和杂质等因素难以考虑，因此数据库的性质一般适合于晶体材料，而对于非晶体 (如陶瓷和纳米材料) 则无能为力。目前材料数据库的数据过于简单，对以下物理性质的计算仍存在较大问题：

(1) 材料在有限温度下的稳定性：一般密度泛函只计算零温 (0 K) 的结果，所以数据库预测合金的稳定性也局限于零温或者低温。为了获得高温的稳定性，必须考虑熵的贡献，需要计算材料的构型数、振动或者磁性等，而目前这方面的高通量计算还未涉及。

(2) 输运性质：不管是电子输运还是声子输运，都会涉及载流子寿命的计算。在电子输运的计算中，通常采用常数弛豫时间近似 (constant relaxation time approximation)，这显然是一个非常粗糙的近似。关于声子输运，可以计算三阶力常数，然后求解玻尔兹曼方程，但整个计算量非常大，并不适合高通量计算。除此以外，两者都会涉及电子/声子与杂质、缺陷或者界面的散射，这方面的计算一般只能依赖一些经验或实验参数，所以也不适用于高通量计算。

(3) 强关联材料：目前的高通量计算都是基于常规的密度泛函理论计算，一般采用局域密度近似 (LDA) 或者广义梯度近似 (GGA)。这些方法对于含有 d 电子或者 f 电子过渡金属元素的材料往往不够准确，甚至会得到完全错误的结论。现在最常见的方法是采用 LDA+U 或者 GGA+U 的方案，这种方案计算速度快，但结果依赖经验参数 U 的大小，即便如此，采用加 U 方法也不能完全处理所有的关联体系。目前对于强关联系统的研究有一些更好的办法，如动力学平均场理论、量子蒙特卡罗等，但是这些方法计算量非常大，目前不适用于实际材料的高通量计算。

(4) 激发态问题：常规密度泛函理论的一个重大问题是会严重低估半导体或者绝缘体材料的能隙。例如，对于半导体硅，实验能隙是 1.12 eV，而通过 GGA 计算得到的能隙只有 0.6 eV 左右。能隙的大小对于某一些应用是至关重要的，如光伏材料的研究。目前有一些方法可以很大程度上对能隙进行修正，包括杂化泛函或者 GW 方法。例如，采用 HSE06 杂化泛函可以计算得到硅的能隙为 1.17 eV，已经非常接近实验值。但是这些方法的缺点是计算量过大，并不适用于高通量计算。最近几年，一些 meta-GGA 泛函，如 mBJ 泛函，在略微增加计算量的情况下，可以很大程度上修正能隙，这为高通量计算准确预测材料能隙提供了可行的方法。

(5) 磁性问题：磁性材料通常含有 d 电子或者 f 电子，因此会有前面提到的电子关联的问题。除此以外，还有一个问题也颇为棘手，即目前的高通量计算往往只计算铁磁态，而不能自动考虑反铁磁、亚铁磁或者非共线磁性的情况。这是因为这些复杂的磁性结构通常需要扩大原始的晶体元胞，但到底如何扩大元胞则与磁结构的类型有关。对于各种具体材料，还没有很好的办法可以自动寻找各种可能的磁结构。所以磁性材料的高通量计算目前仍然有很大的局限性。

(6) 自旋轨道耦合 (spin-orbit coupling, SOC)：一些重元素组成的材料，自旋轨道耦合效应往往是不可忽略的。但是自旋轨道耦合计算也会极大增加计算量，因此在目前的材料数据库中也鲜见考虑自旋轨道耦合作用。虽然有的软件用微扰来处理自旋轨道耦合 (如 WIEN2k)，可大大减少计算量，但在材料数据库中常用的 VASP 程序并不支持该方法。

(7) 大规模计算和跨尺度模拟：一般密度泛函程序的计算时间与系统尺寸的三次方成正比，目前的程序可以方便地处理元胞中有 100 个原子左右的材料。但是随着原子数增加，计算量很快会超出计算机的处理能力。一些纳米材料或者低掺杂的实际材料，原子数很容易超过几千甚至几万个。如何处理这些材料也是目前的一个挑战。一些基于局域轨道基组的密度泛函程序，可以实现计算时间随系统尺度线性增加，即线性标度 (order-N) 计算，但目前还很少用于高通量计算。另外，基于混合量子力学/分子力学 (hybrid quantum mechanics/molecular mechanics) 的多尺度模拟也是处理大系统的方法之一，该方法对系统中的重要部分 (如分子的反应活性部位) 采用量子力学模拟，而其余部分采用经验势场 (经典力学) 模拟，从而具有非常高的效率。但很显然，如何选取量子力学和分子力学的区域，并如何处理两个区域的相互作用，增加了这种方法的复杂程度。另外经验势场依赖经验参数，不能做到通用性，因此这种方法也未见用于高通量计算。

除此以外，在材料数据库的建设中，还会有一些其他问题，如晶体数据库中有许多占位无序的材料 (如合金材料) 等，而目前常规的密度泛函程序很难处理这些体系。再如，对于许多层状材料或者分子晶体，范德瓦耳斯相互作用对晶格常数的计算十分重要。虽然现在的密度泛函程序可以考虑该相互作用，但需要额外增加计算参数，而在高通量计算中，很难自动判别哪个是层状材料，从而也无法有针对性地对其增加范德瓦耳斯相互作用修正。此外，在第一性原理计算程序中增加范德瓦耳斯相互作用有多种方案，在高通量计算中，如何选取最准确的修正方案也将是一个问题。

1.1.5 展望和总结

基于上述讨论，特别是针对目前材料数据中存在的问题，我们可以看到一些新的趋势和方向：

(1) 发展新的用于强关联系统、激发态性质、输运性质的理论方法，要求在计算速度和方便性上有大的突破，从而可以用于高通量计算。只有如此，才可以更好地发挥材料数据库的优势。

(2) 现代超级计算机广泛借助于图形处理器 (GPU) 的计算能力，一颗 GPU 的浮点运算能力至少是一个计算机中央处理器 (CPU) 的十倍以上。在美国能源部最新的超级计算机“Summit”上，GPU 提供了整个机器 95% 以上的浮点运算能力。将现有程序移植到 GPU 上是一个迫切的问题。因此，在不改变任何理论方法的情况下，通过重新设计或者修改程序，也可以大大加快整个计算过程。事实上，这方面的工作已经取得了不少的进展，如 VASP 程序的部分功能已经可以借助 GPU 加速计算。

(3) 对数据库现有信息的挖掘，针对特定物理问题选取合适的特征量至关重要，但很多时候我们很难找到合理的特征量来帮助发现新材料。例如，对于热电材料的研究，热电优值取决于材料的 Seebeck 系数、热导率和电导率，但后两者都涉及输运计算，目前并没有高效快速而且准确的方法。当今机器学习方兴未艾，机器学习可以从大量数据中找到输入和输出之间的关联，这种关联不依赖于物理公式，而是依赖它们内在的因果关系。从物理上考虑，热电优值必然与材料的元素类型、晶体结构、电子和声子能带等有关，但并没有严格的物理公式可以直接关联它们。如果采用机器学习方法，则可能从数学上建立起两者的联系，从而避免物理上的困难。当然，机器学习需要大量的实验数据，如何获得大量材料实验的热电优值，把什么物理量作为机器学习的输入特征，依然是一个很大的挑战。但不管如何，机器学习在材料设计中可能有颠覆性的突破，而且目前已经有不少工作把机器学习应用于材料设计中。例如，Xie 和 Grossman 通过卷积神经网络来预测晶体的许多物理性质，包括结合能、能隙、费米能、弹性模量等[23]。Balachandran 等通过机器学习和密度泛函理论来预测新的钙钛矿结构材料，并找到了 87 种可能稳定的新材料[24]。

总体而言，材料数据库在新材料的研究和发现中已经取得了一些成果，但是目前仍未达到一个理想的状态。许多实验关心的物理性质并不能通过现有理论直接获得，或者不能快速地获得，因此发展适合高通量计算的新理论显得十分重要。另外，利用现有数据，采用机器学习的方法来预测材料性能是另外一个值得努力的方向。正如前面所讨论的，材料的结构和最终的物理性能的关系非常复杂，如果完全从物理上考虑，具有很大的难度，但是机器学习的好处是完全不依赖于物理规律，直接通过大量可调参数把两者联系起来，可能会取得意想不到的效果。

1.2 材料计算简介

1.2.1 材料计算的基本内容

对材料进行高通量计算和建设材料数据库的核心理论是密度泛函理论，而密度泛函理论只适用于晶体材料的计算。下面对材料的分类、材料计算的研究内容和适用范围做简要的介绍。

常见的材料一般都是固体，相比于液体和气体，固体原子之间有较强的相互作用，从而可以维持比较固定的体积和形状。如图 1.3 所示，固体按其中原子排列的有序程度可以分成晶体、非晶体和准晶三类。晶体中的原子在空间周期性排列，有长程序，晶体只能拥有某一些宏观的对称操作 (如旋转)。非晶体原子排列完全无序或仅具有短程有序。准晶介于晶体和非晶体之间，原子分布有序，但不具有平移周期性，仅具有长程取向序。固体由原子构成，在 1 cm^3 的固体中大约含有 10^{23} 个原子，任何方法都无法处理这么多粒子。但是晶体材料由于具有平移周期性，晶体的最小结构单元 (即元胞) 往往只包含少量原子和电子。利用布洛赫定理，大块晶体的性质可通过求解一个很小的元胞来获得。因此，平移周期性和布洛赫定理是晶体材料计算的基础。

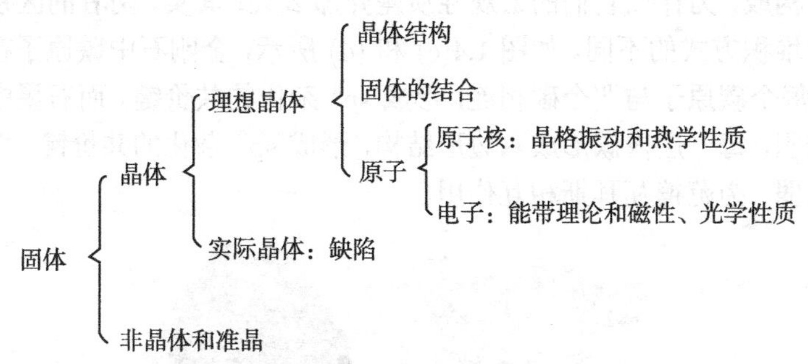

图 1.3 固体的分类

晶体还可以分为理想晶体和实际晶体两类。理想晶体是指所有原子排列严格有序，具有严格的平移周期性。很显然这只是一种理论假设，实际的晶体中难免存在空位、杂质、晶界等缺陷，从而破坏完美的周期性和布洛赫定理。但是作为理论研究，首先应着眼于尽量简单的系统，即理想晶体。在理想晶体中得到材料的本征特性，在此基础上便可进一步考虑缺陷的影响。

晶体由原子构成，材料计算首先要研究晶体中原子的排布，即晶体结构，这是一切计算的基础。原子包括原子核和电子，由于原子核的质量远大于电子的质量，所以两者的运动可以分开考虑，即在研究电子运动时，原子核保持静止，这被称为绝热近似，也称 Born-Oppenheimer 近似。电子的运动决定了晶体的许多性质，包括磁性、光学性质、电学性质等，电子的运动须采用量子力学来描述。由于平移周期性，晶体中电子的能量和动量通过色散关系 (即能带结构) 联系起来，材料计算的一个重要内容是获得电子的能带结构图。即使在准经典近似下，为了更好地体现材料的性质，电子的有效质量、速度等信息仍然需要通过电子能带来获得。在研究原子核的运动时，大部分情况可以采用经典力学 (牛顿方程) 来处理。原子核的运动决定了晶体的许多热学性质 (如比热容、晶格热导率等)，因此这也是材料计算的重要内容之一。原子核之间的相互作用力虽然可以用经验势来计算，但考虑到计算的通用性和精度，在计算量可以接受的范围内，可以使用量子力学和 Hellmann-Feynman 定理来计算原子的受力。

1.2.2 晶体的微观结构和宏观性质

固体物理学是研究固体的性质、固体的微观结构及其各种内部运动，以及这种微观结构和内部运动与固体宏观性质关系的学科。固体物理学既研究固体宏观的物理性质，也研究其内部的微观结构和运动，更研究两者是如何联系起来的。

例如，图 1.4(a) 和 (b) 分别给出了金刚石和石墨这两种材料的照片。可以看到，金刚石是透明的，而石墨是黑色不透明的。两者在其他性质上也有很大的差别，金刚石是绝缘体，硬度很高，而石墨具有良好的导电性，硬度很低。金刚石和石墨都由碳元素构成，为什么它们的宏观性质差异那么大？其实，两者的区别完全源自碳原子空间堆积方式的不同。如图 1.4(c) 和 (d) 所示，金刚石中碳原子在空间呈现三维堆积，每个碳原子与四个碳相连，形成 sp^3 杂化的共价键。而石墨中的碳原子按照二维堆积，每一层内碳形成六边形结构，形成 sp^2 杂化的共价键，而层与层之间的连接很弱，为范德瓦耳斯相互作用。

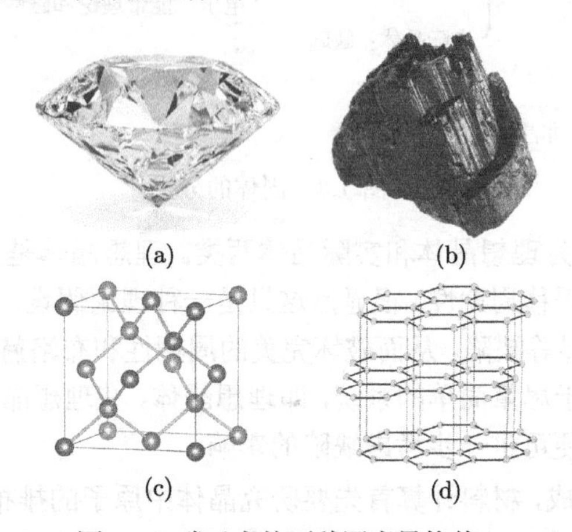

图 1.4 碳元素的两种同素异构体

(a)、(c) 金刚石的外观及其微观原子排列; (b)、(d) 石墨的外观及其微观原子排列

碳原子的空间排列方式是材料的微观结构，而颜色、导电性、硬度等是材料的宏观性质，固体物理建立起了两者之间的关联。利用密度泛函理论，完全不依赖于经验参数，只需要金刚石和石墨的原子排列方式，便可很快计算并预测它们的物理性质。这就是一个最简单的材料计算所研究的问题。

1.3 高性能计算和 Linux 系统

1.3.1 高性能计算

密度泛函计算通常需要较大的计算量，特别是高通量计算，都在超级计算机上进行，我们把这些计算称为高性能计算。所谓高性能计算 (high-performance computing，HPC)，指使用超级计算机或者计算机集群来解决复杂的计算问题。高性能计算不但指计算速度快，同时也指需要很大内存或者很大数据存储和交换的计算，这些计算所处理的问题过于复杂，不可以在个人计算机上解决。现在，高性能计算的应用领域很多，如天气预报、汽车/航空航天工业、药品研制、石油勘探、核爆炸模拟、基础科学研究以及政府部门等。材料的量子力学计算也属于高性能计算。

计算机的运行速度通常用每秒钟浮点运算次数 (floating-point operations per second，FLOPS) 来表示。所谓浮点运算，是指涉及实数的运算，相对于整数运算，浮点运算在实际中使用更多，所花费的计算时间也更长。浮点运算主要测试的是 CPU 的速度，但 CPU 速度快并不代表所有的程序运行速度都会快，因为一个程序的计算速度还要考虑计算机整体的架构，如内存、硬盘和网络等配置。

每台计算机都有一个理论的浮点运算速度，它是由 CPU 的硬件参数决定。一台机器的理论浮点运算速度 = 主频 × 每个时钟周期浮点运算次数 × 总的核心数。现在单颗 CPU 的理论浮点运算速度一般在每秒一千亿次 (100 GFLOPS) 左右，最新的多核 CPU 的速度可以达到 500 GFLOPS 左右。最近几年，计算机 GPU 的计算能力不断提高，现在最新的单颗 GPU 的理论浮点运算速度可以达到 7.5 TFLOPS，远远超过 CPU 的速度。单颗 CPU 或者 GPU 的运算能力总是有限的，现代的超级计算机都是通过集群构架，利用大量 CPU 和 GPU 的堆叠来获得巨大的浮点运算能力，例如美国的 Summit 超级计算机，拥有超过 10 万颗 IBM Power 22 核 CPU，同时还搭配了超过 2.7 万块英伟达 Tesla V100 GPU。

程序在实际运行时往往达不到理论的浮点运算速度。目前用来测量计算机实际运算速度的基准测试是 LINPACK benchmark[25]。LINPACK 是 20 世纪 70 年代一个用 Fortran 语言编写的线性代数软件包，主要用于求解线性方程和线性最小平方问题。LINPACK benchmark 则是衡量 LINPACK 在计算时所需时间的一套辅助程序。由于求解一个固定大小的线性方程组所需的浮点运算次数是固定的，只需要把这个运算次数除以时间便可得到实际浮点运算速度。例如，最早的 LINPACK 测试就是指定求解 100 阶和 1000 阶的线性方程组 (分别称为 LINPACK 100 和 LINPACK 1000)，计算时间越短，则机器速度越快。在现代计算机上，LINPACK 100 和 LINPACK 1000 显得过于简单，所以现在测试时都是根据计算机实际情况来调节线性方程组的阶数，从而获得最大的浮点运算速度，这个测试称为 HPLinpack。

实际的浮点运算速度一定会小于理论值，通常把实际浮点运算速度除以理论浮点运算速度称为运算效率，很显然一台机器的运算效率越高越好。例如，一台志强双路 X5550 四核机器，主频是 2.66 GHz，该 CPU 每个时钟周期可以完成 4 次浮点运算，其理论运算速度为：2.66×4×8=85.12 GFLOPS。而经过 LINPACK 测试，实际浮点运算速度只有 74.03 GFLOPS，所以其运算效率为 86.97%。

一般来说，单台机器的运算效率都不会太低，但如果是超级计算机，拥有成千上万个节点，应用程序需要不停地在大量计算节点之间交换数据，此时网络成为整个系统最大的瓶颈。为了提高效率，超级计算机一般都使用专用的高带宽、低延时的网络，如 Infiniband 等。目前全球超级计算机的运算效率一般在 50%~90% 之间。

Top500 是全球超级计算机速度的排名榜，由德国 Mannheim 大学的 Hans Meuer 教授，美国 Lawrence Berkeley 国家实验室的 Erich Strohmaier 教授和 Horst Simon 教授，以及 Tennessee 大学的 Jack Dongarra 教授负责编辑[26]。Top500 从 1993 年开始用 LINPACK 程序作为基准测试，对全球高性能计算机进行排名，每年排名两次，并在 Top500 网站上发布结果。20 年来，Top500 排名情况充分反映了目前全球超级计算机的发展情况和趋势，已经成为衡量当今各国超级计算机发展水平的标准。

1.3.2 Linux 基础知识

现代超级计算机几乎都使用 Linux 作为操作系统，而且大部分密度泛函程序也只支持 Linux 系统。因此要进行材料计算，还需要掌握一些 Linux 系统的基本操作。

最早的计算机并没有操作系统，随着计算机的发展，一些简化硬件操作流程的程序很快出现，这也是操作系统的起源。比较早期的操作系统是由贝尔实验室的 Ken Thompson 和 Denis Ritchie 等在 20 世纪 70 年代初开发的 Unix 系统。Unix 系统功能强大，但它并不是一个开放的系统，很多大公司都有自己版权的 Unix 系统，运行在自己的大型服务器上。例如，IBM 有自己的 AIX 系统，HP 有 HP-UX 系统，SGI 公司有 IRIX 系统，SUN 有 Solaris 系统等。

1987 年，荷兰阿姆斯特丹的 Vrije 大学计算机科学系的 Andrew S. Tanenbaum 教授为了教学使用，发展了一个迷你的类 Unix 系统，称为 Minix 系统，全部的程序码共约 12 000 行，并且开放源代码。直到今天，Minix 仍然存在，而且已经成为一个轻量级的可靠的操作系统[27]。

Minix 系统启发了芬兰人 Linus B. Torvalds，他以 Minix 为样本开发了最早的 Linux 内核，并于 1991 年在互联网上发布。最初的 Linux 只是一个非常小的内核，后来借助互联网，通过全世界计算机爱好者的努力，其功能不断完善，至今已经成为一个功能强大、十分稳定安全且使用广泛的操作系统。随着 Linux 的出现和发展，Unix 系统使用越来越少。目前全世界排名前 500 台超级计算机，绝大部分都运行 Linux 系统。

大部分材料计算软件都会支持 Linux 系统，甚至只支持 Linux。因此，掌握简单的 Linux 操作对材料计算是十分有必要的。

第 2 章　晶体结构和晶体对称性

自然和人工合成的晶体种类繁多，无机晶体结构数据库 (ICSD) 中的无机晶体已经接近 20 万种。固体物理作为一门科学，首要任务是从各种各样的晶体结构中找出共性，用抽象的数学语言来描述晶体结构。只有这样，才能在更高的层次上统一地理解晶体材料的结构和物理性质。本章主要介绍晶体结构的一些共性，以及用于描述晶体结构而引入的物理概念。

2.1　常见材料的晶体结构

2.1.1　平移周期性

生活中常见一些具有周期性的图案，如图 2.1 (a)所示的带有周期性小花的墙纸，每一朵小花都是完全相同的，而且它们在平面上周期性排列。为了强调这种周期性，可以把每一朵小花抽象成一个几何点，整个墙纸就成为几何点构成的阵列，如图 2.1 (b)所示。其中矢量 $\vec{a}_1$ 和 $\vec{a}_2$ 代表最近邻两个点之间的平移矢量，这样任意两点之间的平移矢量可以写作一般的形式：

$$\vec{R} = l_1\vec{a}_1 + l_2\vec{a}_2$$

其中，l_1、l_2 是两个任意的整数。如果考虑墙纸是无穷大的，那么把整个墙纸移动矢量 $\vec{R}$，其结果和平移前是没有任何区别的，就像没有移动过一样。这种不变性称为平移周期性，也称平移对称性 (translational symmetry)。图 2.1 是一个二维周期图案，

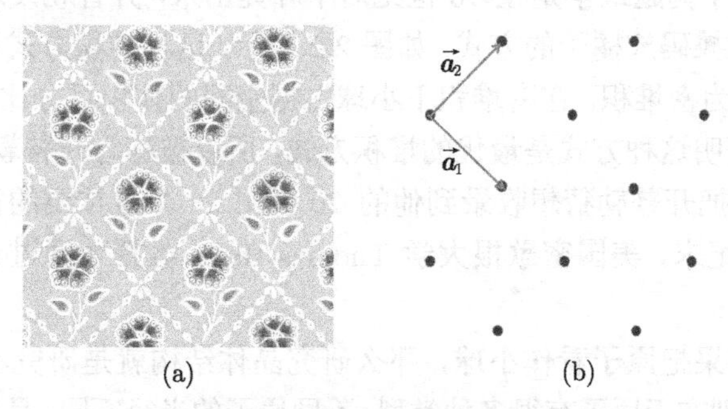

图 2.1　具有平移周期性的物体及其数学抽象

(a) 具有平移周期性花纹的墙纸；(b) 经过数学抽象后的图像，其中每一个小圆点代表图 (a) 中的一朵小花，$\vec{a}_1$ 和 $\vec{a}_2$ 代表最近邻点之间的平移矢量

所以只需两个整数标记平移矢量。而对于三维点阵，就需要三个整数 l_1、l_2、l_3 标记平移矢量：

$$\vec{R} = l_1\vec{a}_1 + l_2\vec{a}_2 + l_3\vec{a}_3$$

随着对晶体微观结构的深入研究，实验上发现晶体中的原子在空间排列也是有周期的。在微观层次上，原子的排列和图 2.1 中的墙纸类似，通过数学抽象，晶体也可以用一个三维的点阵来表示，称为布拉维点阵 (Bravais lattice)①。理想晶体的平移周期性是晶体最重要的性质，也是能带理论的基础。

实际的晶体不可避免地会存在缺陷，原子排列也不可能具有完美的平移周期性。即使没有缺陷，温度也会使原子在平衡位置附近做振动，从而偏离严格的周期性。但在理论上假设晶体具有平移周期性是非常有必要的，这样避免了实际晶体材料的结构复杂性，能够揭示材料的本征性质。在此基础上，可以再考虑缺陷或者晶格振动的影响。一个典型的例子就是半导体材料：能带理论可以非常好地解释完美半导体的电子结构和能带性质，但是为了做成有用的电子器件，半导体一般都需要掺杂，形成 p 型和 n 型半导体。而离子掺杂可以认为是在完美的能带中引入了具有一定有效质量和浓度的电子或者空穴。利用这些概念，才可以设计出有用的电子器件。

在本小节中，我们首先按照不同的维度介绍一些常见材料的晶体结构，而关于晶体结构的分析，如基元、点阵、元胞等讨论将集中在 2.2 节。

2.1.2 三维晶体

实际的晶体大多是三维的，是原子在空间的三维堆垛，类似于一个著名的数学问题 —— 开普勒 (Kepler) 的球堆积猜想。这个问题简单表述为：如果往一个箱子中放置大小一样的球，采用何种堆垛方式能够使得箱子的空间利用率最高，即可以放最多的球。这个问题最早是在 16 世纪后半叶提出来，开普勒发现最为有效的方式是类似于水果摊码放橘子的方式，如图 2.2 所示，这种堆积方式可以最有效地填满三维空间，称为密堆积。在密堆积下小球占据空间的体积百分比为 74%。但开普勒并没有严格证明这种方式是最优的堆积方式，所以被称为开普勒猜想。到 20 世纪初，希尔伯特把开普勒猜想收录到他的 20 世纪 23 个最重要的待解决数学问题中。直到 20 世纪末，美国密歇根大学 Thomas Hales 教授才通过计算机证明了这个猜想。

事实上，如果把原子看作小球，那么研究晶体结构就是研究小球在空间如何堆积的问题。区别在于原子有很多种类型，不同原子的半径不同，且原子之间的相互

① 布拉维点阵最早由法国物理学家布拉维于 1850 年提出，是一种可通过平移矢量产生的无限且离散的点的阵列。

图 2.2　最节省空间的堆放橘子的方式

作用非常复杂，原子排列不一定遵循密堆积形式，而要遵循能量最低的原则。正因为如此，晶体呈现出非常丰富的结构，有的是层状的，有的是链状的，有的是密堆积的，而有的则会保留许多中空的部分。到目前为止，至少已经发现并确定了十几万种不同的晶体，这些晶体的结构都被搜罗在 ICSD[5]、COD[6] 等晶体数据库中。在计算机上，可以使用 VESTA[28] 或者 Materials Studio[29] 等软件显示三维的晶体结构，同时也可以对现有晶体结构进行修改或者调整。晶体结构的信息有不同的存储方式，但一般标准的格式是 cif 格式[30]。cif 格式文件中除了包含晶体的结构、对称性、原子坐标等信息，还包括参考文献的名称、作者、年份等额外的信息，所以 cif 格式是晶体数据库中存储晶体结构的首选格式。但是在做计算时，往往只需要晶体的结构信息，而且不同程序会有自己定义的格式文件。VESTA、Materials Studio 以及 CIF2Cell[31] 等软件可以实现不同格式文件的转换，方便用户使用。

1. *简单立方* (simple cubic, sc) *结构*

简单立方晶体是指晶体中原子位于一个立方体的顶点位置，如图 2.3(a) 所示。该图只显示了一个立方体，而实际的晶体是由这个立方体在三维空间无限重复排列而得到。任意指定一个原子，把它从一个顶点沿着立方体的棱、面对角线或者体对角线平移到另外一个顶点，同时对晶体的其他所有原子都做相同的操作，则整个晶体结构保持不变，具有平移周期性。因此它是一个三维的晶体。

从图 2.3(a) 可看出，似乎整个立方体含有 8 个原子，但如果考虑到晶体的平移周期性，不难发现立方体的每一个顶点都被 8 个立方体共享，每一个顶点原子只能算 1/8，所以一个立方体中只含有 $8\times\dfrac{1}{8}=1$ 个原子。另外，每个原子上下左右前后各有一个最近邻原子，因此它的最近邻原子个数是 6。

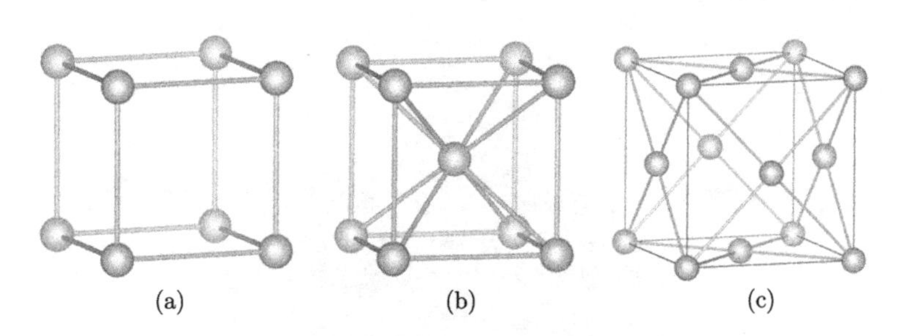

图 2.3　三种立方结构

(a) 简单立方结构；(b) 体心立方结构；(c) 面心立方结构

如果把原子看成小球，且使所有小球都相切，则很容易计算出小球的半径是立方体边长的一半，而小球的体积占据整个空间的体积百分比为 53%。这个百分比显然小于密堆积的 74%，所以这种晶体结构并不是一种密堆积结构。

极少有实际晶体具有这种简单立方结构，目前已知的只有 α 相的金属钋 (Po) 具有这种结构。元素周期表中钋序号为 84，由居里夫妇在 1898 年首先发现。α 相钋构成简单立方结构，立方体的边长 (即晶格常数) 为 3.345 Å。最近的研究表明，α 相钋之所以形成简单立方结构是因为其具有巨大的相对论效应[32]。

2. **体心立方 (body-centered cubic, bcc) 结构**

体心立方结构是在简单立方基础上，在立方体的体心增加一个原子而成，如图 2.3(b) 所示。此时体心的原子只属于这一个立方体，所以体心立方的一个立方体含有 2 个原子。但如果把晶体沿着立方体的体对角线移动对角线的一半距离，整个晶体结构保持不变，所以实际上顶点和体心这两个位置是等价的。同样把原子看作小球，则此时小球的体积占据整个空间的体积百分比为 68%，这要比简单立方的 53% 大得多，即体心立方的原子堆积更紧密，但还没有达到密堆积的程度 (74%)。体心立方的每一个原子周围有 8 个最近邻原子。

常见的体心立方晶体有很多，如金属锂、钾、钠、铁、铬、钡和钨等。

3. **面心立方 (face-centered cubic, fcc) 结构**

面心立方结构是在简单立方基础上，通过在立方体的 6 个面心上各添加一个原子而成。如图 2.3(c) 所示。面心的原子由于被两个立方体所共享，只能算 1/2，所以面心立方中的一个立方体包含 4 个原子数。如果把顶点的原子平移到面心，则面心上的原子会被同时平移到下一个立方体的顶点，晶体恢复原状。所以顶点和面心上的原子是等价的，即面心立方只有 1 个不等价原子。在面心立方结构中，每个原子周围有 12 个最近邻原子。

如果把面心立方中的原子看成小球，则小球的体积占据整个空间的体积百分比为 74%，这正好是理论上密堆积的数值，说明面心立方中原子堆积是最紧密的，所以面心立方结构也被称为面心密堆 (cubic close-packed, ccp) 结构。但从直观角度来看，图 2.3(c) 中原子堆积的方式似乎与堆橘子的方式 (图 2.2) 完全不同。这其实是由观察角度不同而造成的，两者实际上是等价的。先来仔细研究橘子是如何堆积的。如图 2.4(a) 所示，最底下的小球 (白色) 按三角形排列成一层，称为 A 层，其中三个近邻的小球中间的部分称为间隙区。在 A 层的间隙区上面放置一层黑色的小球，称为 B 层，也是三角形排列。再往 B 层上放新的小球，形成 C 层。此时 C 层小球堆放有两种可能性。第一种是 C 层小球在 B 层的间隙区，同时如果把 C 层小球投影到 A 层，它们同时也处在 A 层的间隙区，就是如图 2.4(a) 中的情况。从 C 再往上堆积又变成了 A 层、B 层、C 层，不断重复，即形成 ABCABC ……的周期排列。对于面心立方结构，如果从立方体的体对角线往下看，则原子会形成许多垂直于这条体对角线的原子层，每一层的原子也呈三角形排列，如图 2.4(b) 所示 (用白色和黑色区分相邻的两层原子)。而且不难发现，这种堆积方式与图 2.4(a) 是相同的。因此面心立方晶体就是一种密堆积结构，其体积占比自然也是 74%。

常见的面心立方晶体有很多，如金属铜、银、金、镍、钯、铂、钙、锶、铝和铑等。

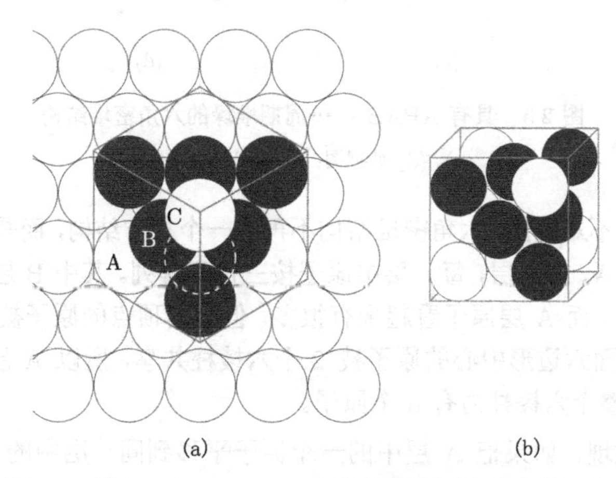

图 2.4　具有 ABCABC ……周期堆垛的面心立方堆积方式

(a) 俯视图; (b) 侧视图

4. **六角密堆 (hexagonal close-packed, hcp) 结构**

在图 2.4(a) 中，第三层原子 (C) 的堆放有两种位置，第一种情况形成 ABCABC ……周期排列，即面心立方结构。第二种情况就是把第三层原子放在图 2.4(a) 中虚线所示的位置，这个位置也在 B 层原子的间隙区，但是它所对应的正下方不是 A 的间隙区，而是位于 A 原子的正上方。也就是说此时第三层原子和第一层原子 A 是完全相同的，此时的排列变成了 ABAB ……的周期，如图 2.5(a) 所示。这种方式获得的晶体结构和面心立方不同，称为六角密堆结构，它也是一种密堆积结构，在图 2.5(b) 和 (c) 中给出了更为清晰的六角密堆结构的侧视图，而图 2.5(d) 是其俯视图。

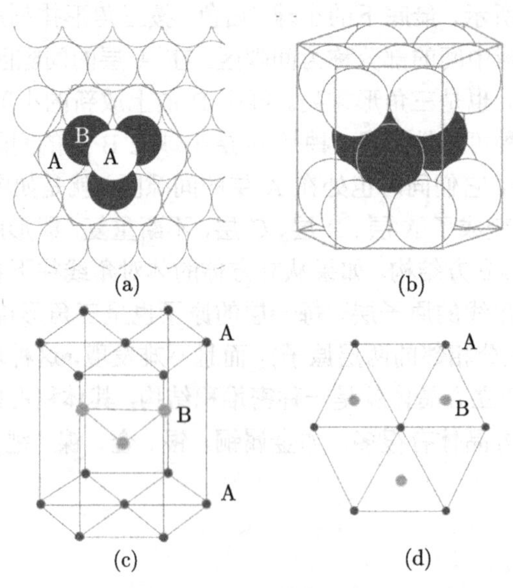

(a)　(b)　(c)　(d)

图 2.5　具有 ABAB ……周期堆垛的六角密堆结构

(a)、(d) 俯视图；(b)、(c) 侧视图

从图 2.5(c) 不难看出，六角密堆结构不再是一个立方结构，而是一个六棱柱的形状。原子分成 A、B 两层，每一层中原子按三角形排列。其中 B 层原子都在六边形内部，有 3 个，而 A 层原子看起来有很多，但是其顶点的原子被 6 个六棱柱共享，而在上下表面六边形中心的原子被 2 个六棱柱共享，所以 A 层其实也只有 3 个原子。最后，整个六棱柱内有 6 个原子。

另外不难发现，如果把 A 层中的一个原子平移到同一层中的另一个原子上，整个晶体可以恢复原状，所以同一层内的 3 个原子都是等价的。但不同层之间的原子是不等价的。判断原子是否等价，不但要看它们元素是否相同，也要看它们周围环境是否相同，这一点从俯视图 2.5(d) 中比较容易观察。在俯视图中，一个 B 原子周围有 3 个最近邻 A 原子构成一个三角形 (其实是上下两层中各有 3 个 A 原子)。同理，一个 A 原子周围也有 3 个最近邻 B 原子，也构成一个三角形。但是这两个三角形的取向是不同的，因此 A 和 B 原子不等价，即在六角密堆结构中有 2 类不等价原子。

六角密堆结构也是一种常见的晶体结构，许多材料如镁、钴、锆、钛和锌等都属于六角密堆结构。

5. **金刚石结构** (diamond structure)

金刚石结构顾名思义是指金刚石材料所具有的结构，它是由一种原子 (如碳) 构成的面心立方结构，并在此基础上在立方体的体对角线上，距离 4 个不相邻的顶点 1/4 处再添加 4 个原子，如图 2.6(a) 所示。仔细观察，实际上立方体内部的 4 个原子也构成一个面心立方结构。所以金刚石结构可以看成两套面心立方嵌套而成，而且这两套面心立方之间可以沿着体对角线平移 1/4 相互重合。

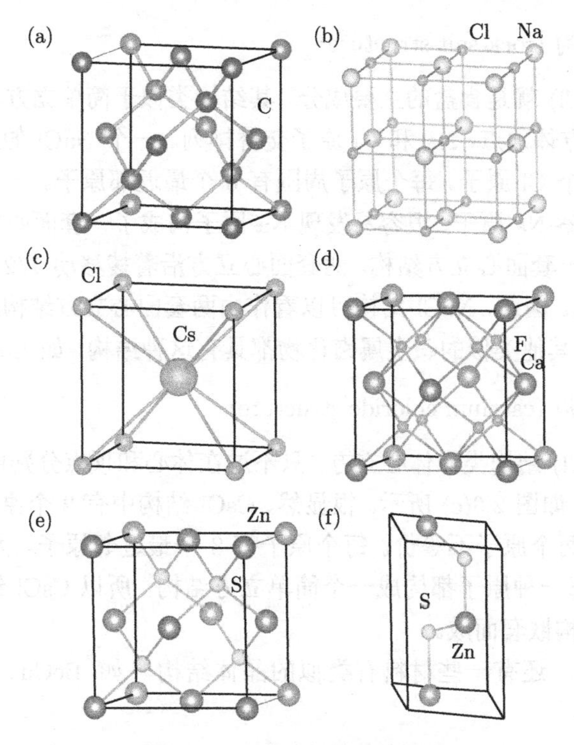

图 2.6　一些常见的晶体结构

(a) 金刚石结构；(b) NaCl 结构；(c)CsCl 结构；(d) CaF_2 结构；(e) ZnS 闪锌矿结构；(f) ZnS 纤锌矿结构

很显然金刚石结构一个立方体含有 8 个原子，每一套面心立方的 4 个原子是等价的，但是两套面心立方之间的原子是不等价的。金刚石结构中每个原子都有 4 个最近邻原子，形成一个四面体结构。但是对角线上的原子周围的 4 个原子的取向，与顶点或者面心原子周围的 4 个原子的取向是不同的，所以它们是不等价的。

金刚石是石墨的一种同素异形体，但两者具有截然不同的性质。石墨一般是黑色的，具有良好的导电性和导热性；而金刚石是透明的，导电性很差，但导热性很好。它们都由碳原子构成，只是原子空间排列方式不同，为什么其物理性质有那么大的差别呢？这个问题在化学上可以通过成键形式来解释，在物理上可以通过它们的能带来解释，这正是本书所要研究的问题。通过本书的学习，很容易通过能带理论和简单的数值计算，来解释金刚石和石墨的性质差异。

除了金刚石，很多半导体材料如硅、锗等都具有金刚石结构。例如，硅晶体，它和金刚石的区别在于元素类型不同，由于硅原子半径比碳大，所以其晶格常数也比金刚石大。硅和金刚石虽然结构一样，但其物理性质不同。硅晶体在可见光下是不透明的，表现出金属光泽。这种差异同样可以用能带理论来解释。

6. **氯化钠结构** (rock-salt structure)

氯化钠 (NaCl) 就是食盐的主要成分，其结构类似于简单立方，如图 2.6(b) 所示，在所有的立方体顶点，Na 和 Cl 原子交替排列。一个 NaCl 的立方体中含有 4 个 Na 原子和 4 个 Cl 原子。每个原子周围有 6 个最近邻原子。

如果单独观察 Na 原子，很容易发现 Na 原子构成了一套面心立方结构，而 Cl 原子也构成另外一套面心立方结构。两套面心立方沿着棱移动 1/2 就可以重合 (不考虑元素的差别)。因此，NaCl 结构可以看作由两套面心立方结构相互嵌套而成。

除了 NaCl，其他类似的碱金属卤化物都具有这种结构，如 LiF、KCl 等。

7. **氯化铯结构** (caesium chloride structure)

氯化铯 (CsCl) 结构类似体心立方，只不过在体心和顶点分别由 2 种不同原子 (Cs 和 Cl) 占据，如图 2.6(c) 所示。很显然，CsCl 结构中有 2 个原子，而且由于元素类型不同，这两个原子不等价。每个原子有 8 个最近邻原子。另外，如果把 Cs 和 Cl 分开看，每一种原子都构成一个简单立方结构，所以 CsCl 结构可以看作由两套简单立方结构嵌套而成。

除了 CsCl ，还有一些材料有类似的晶体结构，如 BeCu、AlNi、CuZn、CuPd 等。

8. **萤石结构** (fluorite structure)

氟化钙 (CaF_2) 是萤石矿物的主要成分，其晶体结构也被称为萤石结构。CaF_2 是一种立方结构，如图 2.6(d) 所示，其中 4 个 Ca 原子形成 1 个面心立方结构，而 8 个 F 原子位于 4 条体对角线上，形成 1 个 F 的立方体。其中每个 Ca 原子周围有 8 个 F 原子，而每个 F 原子周围有 4 个 Ca 原子。

许多材料都具有萤石结构，如 BaF_2、PbF_2、SrF_2、CaF_2、ZrO_2、CsO_2 等。

9. **闪锌矿结构** (zinc blende structure)

闪锌矿结构也称立方硫化锌 (cubic β-ZnS) 结构，其结构类似于金刚石结构，但其包含 Zn 和 S 两种不同的原子，其中顶点和面心被 Zn 原子占据，而对角线 1/4 处被 S 原子占据，如图 2.6(e) 所示。闪锌矿结构的原子数、不等价原子数、最近邻数等都与金刚石结构相同。

除了 ZnS，其他材料如 CuF、CuCl 也具有闪锌矿结构。

10. **纤锌矿结构** (wurtzite structure)

ZnS 除了具有闪锌矿结构之外，还有另一种结构，就是纤锌矿结构，又称六方硫化锌结构 (hexagonal α-ZnS structure)。纤锌矿结构是一种六角结构，如图 2.6(f) 所示。纤锌矿结构的 ZnS 中包含 2 个 Zn 原子和 2 个 S 原子。

11. **钙钛矿结构** (perovskite structure)

钙钛矿结构是以 $CaTiO_3$ 晶体的结构为原型，化学通式为 ABO_3。在理想的立方相钙钛矿中，A 原子位于顶点，B 原子位于体心，而 O 原子位于 6 个面心，如图 2.7(a) 所示就是常见的 $SrTiO_3$ 的晶体结构。BO_6 构成了一个氧八面体，所以 B 原子有 6 个最近邻氧原子。在一个立方体中，显然有 5 个原子，而且都是不等价原子。

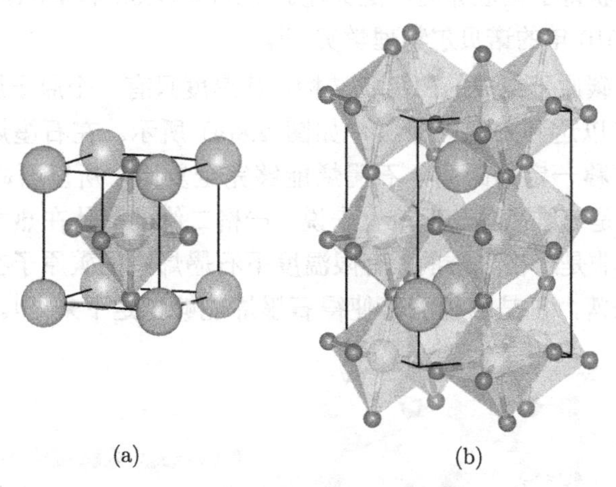

(a)　(b)

图 2.7　钙钛矿结构示意图

(a) 立方相钙钛矿 $SrTiO_3$；(b) 畸变的正交相钙钛矿 $SrIrO_3$

钙钛矿型氧化物 ABO_3 是一大类具有多样物理化学性质的无机材料，A 位一般是稀土或碱土元素离子，B 位为过渡元素离子，A 位和 B 位均可被半径相近的其他金属离子部分取代而其晶体结构基本保持不变。由于不同 A、B 离子的半径不同，钙钛矿结构并不总是具有如图 2.7(a) 所示的立方结构，而往往会发生氧八面体的畸变，如图 2.7(b) 所示的 $SrIrO_3$ 晶体中，IrO_6 八面体发生转动和倾斜，晶体从立方结构变成正交结构。

在钙钛矿结构中，通常用一个无量纲的容忍因子 (Goldschmidt tolerance factor) 来表征结构的稳定性：

$$t = \frac{r_{\mathrm{A}} + r_{\mathrm{O}}}{\sqrt{2}(r_{\mathrm{B}} + r_{\mathrm{O}})}$$

式中，r_{A}、r_{B} 分别是 A、B 阳离子的半径；r_{O} 是阴离子的半径 (通常就是氧离子)。如果一个钙钛矿型 $\mathrm{ABO_3}$ 的容忍因子 $t > 1$，表明 A 阳离子较大，而 B 阳离子较小，其晶体结构通常为六角或者四方结构 (如 $\mathrm{BaNiO_3}$)；如果 $0.9 < t < 1$，则 A、B 阳离子大小匹配较好，往往形成立方结构 (如 $\mathrm{SrTiO_3}$)；如果 $0.71 < t < 0.9$，则 A 阳离子太小，往往形成正交或者三角结构 (如 $\mathrm{GdFeO_3}$)。

2.1.3　二维晶体

1. *石墨烯* (graphene)

2004 年，英国曼彻斯特大学的物理学家 Andre Geim 和 Konstantin Novoselov 等通过胶带机械剥离的方式，从常见的石墨中获得了石墨烯，即单层石墨[33]。从此，石墨烯的研究便获得了全世界的广泛关注。Andre Geim 和 Konstantin Novoselov 也因此获得了 2010 年的诺贝尔物理学奖[34]。

石墨烯具有碳原子组成的蜂窝状结构，其厚度只有一个原子层，而另外两个方向的尺度却可以达到宏观的量级，如图 2.8(a) 所示。在石墨烯面内，如果沿着特定的方向平移一定的距离，石墨烯能够完全复原，所以石墨烯在其面内具有平移周期性，是二维晶体。理论上来说，严格二维的晶体在热力学上是不稳定的。但石墨烯并非是严格二维的，有限温度下石墨烯中的碳原子在垂直于平面的方向上会发生涨落，正是这种涨落使得石墨烯能够稳定下来[35]。这种涨落的空

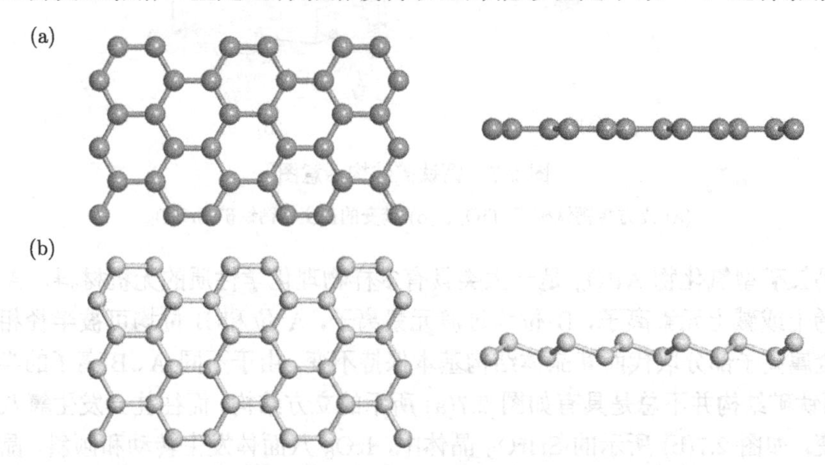

图 2.8　二维晶体石墨烯 (a) 和硅烯 (b) 的俯视图和侧视图

间尺度远大于原子间距，所以大部分情况下仍然可以把石墨烯当作严格二维晶体，从而简化模型和计算。

石墨烯最大的特点是电子在布里渊区的 K 点上具有线性的色散关系，这些 K 点也被称为狄拉克点，关于这一点将在后面的能带结构一章中讨论。除此以外，石墨烯具有非常好的电子迁移率、热导率、机械性质和低的光吸收率等优异的性质。

2. **硅烯** (silicene)

碳原子可以形成二维的蜂窝结构，一个自然而然的想法是与碳同族的硅、锗等元素是否可以形成二维结构呢？答案是肯定的。理论和实验都证明二维硅烯是存在的，其结构如图 2.8(b) 所示 [36−38]。但是硅烯和石墨烯的结构略有不同，硅烯中不等价的两个硅原子并不在同一个平面上，而是有一个小的高度差。理论上来讲，碳原子外层的 p 电子更加倾向于 sp^2 杂化，从而形成平面结构，硅原子外层的 p 电子更加倾向于 sp^3 杂化，所以出现结构上的起伏。从能量角度来讲，二维硅烯的能量比三维金刚石结构的硅能量高，所以硅烯一般都需要有衬底才可以稳定。而石墨本身就是碳元素的基态，所以石墨烯是非常稳定的，不需要衬底。

3. **二硫化钼** (MoS_2)

除了石墨烯和硅烯，典型的二维材料还有以 MoS_2 为代表的过渡金属硫族化合物，化学通式为 MX_2，其中 M 为过渡金属元素 (如 Mo、W 等)，而 X 为硫族元素 (如 S、Se、Te 等)。体相的 MoS_2 是一个间接带隙的半导体，它是类似石墨的层状结构材料，每一层由一个 Mo、两个 S 原子层组成，Mo 原子层处于两个 S 原子

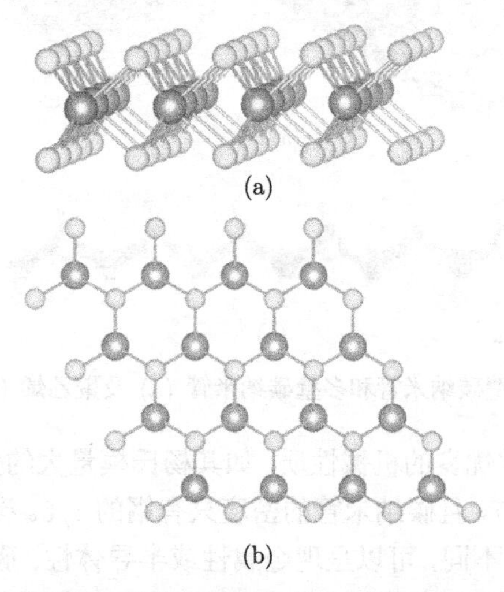

图 2.9　准二维单层二硫化钼的晶体结构的侧视图 (a) 和俯视图 (b)

灰色和黄色原子分别代表 Mo 原子和 S 原子

层中间，如图 2.9 所示，体相的 MoS_2 也可以通过机械剥离来获得单层、双层以及少数层的 MoS_2 准二维结构。

除了以上二维材料，还有许多其他二维或者准二维材料，读者可以参阅一些综述文献 [39 − 41]。

2.1.4　一维晶体

如果一种材料在某一方向上的尺度远大于在另外两个方向上的，便可称为准一维材料，典型的如碳纳米管和聚乙烯等。

碳纳米管 (carbon nanotube) 是 1991 年由日本科学家饭岛澄男 (Sumio Iijima) 在观测弧光燃烧的石墨灰烬中发现的[42]。碳纳米管呈现空心柱状结构，表面完全由碳原子构成，碳原子排列成六边形。碳纳米管长度可达到厘米量级，但直径却只有纳米量级。例如，清华大学的范守善院士等合成了 18.5 cm 长的单壁碳纳米管，而其直径只有 2 nm 左右，其长度与直径的比值达到 10^8:1[43]。碳纳米管也可以看成是由二维的石墨烯沿着特定的方向卷起来而形成的准一维柱状材料，沿着不同的方向卷成的碳纳米管的螺旋度不同，而不同螺旋度的碳纳米管具有不同的物理性质。另外，碳纳米管的管壁可以是单层的，也可以是多层的，分别称为单壁碳纳米管和多壁碳纳米管，如图 2.10(a) 所示。在理想情况下，碳纳米管沿着轴向具有平移周期性，因此可以看成一种准一维晶体。

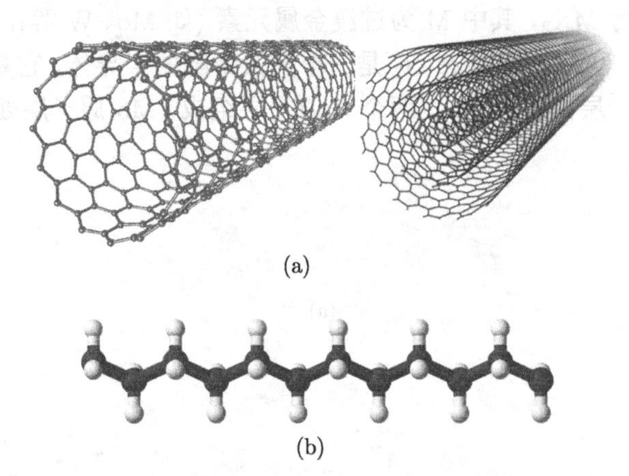

图 2.10　单壁碳纳米管和多壁碳纳米管 (a) 及聚乙烯 (b) 的结构图

碳纳米管具有非常优良的机械性质，如其杨氏模量大约为 1 TPa，而钢的杨氏模量只有 0.2 TPa 左右，且碳纳米管的密度只有钢的 1/6。碳纳米管也有多样的电学性质，根据螺旋度的不同，可以呈现金属性或半导体性。碳纳米管具有非常好的热导性质，室温下的热导率大约是 3500 W/(m·K)，而金属中导热性非常好的铜的热导率只有 385 W/(m·K) 左右。碳纳米管的许多奇特性质可以参考综述文献和书籍[44, 45]。碳纳米管在 20 世纪 90 年代以及 21 世纪初被全世界的科学家广泛研究，饭岛澄男也获得 2008 年的首届 Kavli 奖。

除了碳纳米管，一些聚合物也可以看作一类准一维材料，如常见的聚乙烯，如图 2.10(b) 所示。聚乙烯 (polyethylene，PE) 是一种常见的高分子材料，被大量用于制造塑料袋、塑料薄膜等。聚乙烯由乙烯分子 (C_2H_4) 聚合而成，图 2.10(b) 所示为理想聚乙烯链，很显然它也具有平移周期性，所以理想的聚乙烯可以看成一种准一维的晶体。

除了纳米线和纳米管，科学家在单原子链方面也有所探索。例如，由于金具有非常好的延展性，科学家可以通过机械拉伸的方法获得金单原子链，虽然其长度仍然只有 10 个原子左右[46]，但它可以在室温下稳定存在一段时间。

2.1.5　零维材料

所谓零维材料是指在空间三个方向上尺度都很小的材料，通常为纳米量级。很显然，零维材料的原子排列不具有空间的平移周期性，所以零维材料不是晶体。团簇 (cluster) 就是一种典型的零维材料，团簇包括原子团簇和分子团簇，是由几个至上千个原子或者分子在几埃到几百埃的空间尺度上，通过物理和化学相互作用而结合在一起的相对稳定的微观或者亚微观聚集体。其物理和化学性质随着所含原子数目变化而变化。团簇可以看作是物质从原子、分子向大块晶体的过渡状态，研究团簇的结构可以帮助理解相应晶体的结构演化。

团簇中最典型的体系之一便是 C_{60}，也称富勒烯 (fullerene)，它由 60 个碳原子构成一个类似足球的结构，如图 2.11(a) 所示。1985 年英国化学家 Richard Smalley 等首先在实验上制备出 C_{60}，因此 Smalley 和另外两位科学家获得了 1996 年的诺贝尔化学奖。在 C_{60} 被发现之前，人们认为碳的同素异形体只有石墨、金刚石和无定形炭，富勒烯的发现拓展了碳的同素异形体的数目。除了 C_{60}，还有许多其他元素构成的团簇结构，如金团簇，如图 2.11(b) 所示的就是一个由 20 个金原子构成的具有金字塔结构的金团簇。金团簇具有独特的电子结构和物理化学性质，尤其是在催化方面具有优异的性能，受到了人们广泛的关注。在研究金团簇从几个到几十个原子的演化过程中，科学家特别关注其基态结构从二维到三维的转变[47, 48]。南京大学王广厚院士是国内团簇物理研究方面的先驱，并著有《团簇物理学》一书[49]。

晶体结构丰富多彩，上面只介绍了几种最常见和最简单的结构。实际上元素周期表中的元素通过单质或者化合物的形式，可以构成十分复杂和有趣的晶体结构。对于科学研究而言，正是要从这种看似繁杂的、变化多端的晶体中找出共性，总结规律，最后实现对晶体结构的分类。

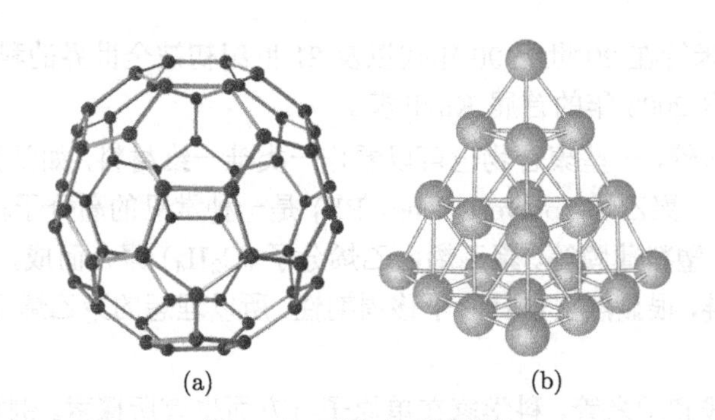

图 2.11　两种典型的团簇

(a) 类似足球形状的中空 C_{60} 团簇；(b) 类似金字塔形状的 Au_{20} 团簇

2.2　点阵和元胞

从 2.1 节可知，理想晶体的最根本性质是平移对称性。所以，在晶体中总可以找到一个最小的、完全等价的结构单元，而整个晶体可以通过对这个基本结构单元平移生成。下面以理想的一维和二维晶体为例，来展示晶体中的一些最基本概念。

2.2.1　基元、结点和点阵

1. 一维点阵

一维单原子链：假想一条由金原子构成的一维无穷长链，如图 2.12(a) 所示，所有金原子之间的间距相等 (即键长为 a)。根据图中对原子的标号，若把 0 号原子沿着箭头平移 a 到 1 号原子，同时对其他原子进行相同的平移，即 1 号到 2 号，−1 号到 0 号……，由于所有金原子都是相同的，整个金原子链平移长度 a 后恢复原状，就好像没有移动一样。所以该金原子链具有平移周期性，它是一个一维晶体。这里，每个金原子就是一个平移重复单元，晶体中最小的、完全等价的结构单元称为基元，如图 2.12(a) 中绿色所标记的区域就是基元。晶体就是由这些在空间无限周期重复排列的基元构成。在一维金原子链中，一个金原子就是一个基元。但在实际晶体中，基元的结构可以很复杂，往往包含多个原子。为了简化晶体结构，可以忽略基元中原子的具体分布，把基元抽象成一个几何点，称为结点。晶体中无穷多的基元都抽象成结点，就构成了一个结点的阵列，称为点阵。如图 2.12(b) 所示，其中黑色小点就是结点，而整个一维的黑色小点阵列就是一维金单原子链的点阵。

对于一维点阵，数学上定义一个基本的平移矢量 (基矢) $\vec{a} = a\vec{i}$，其中 $\vec{i}$ 是沿着点阵方向的单位矢量，a 就是金-金的键长。把基矢 $\vec{a}$ 所包含的空间称为元胞。在一维点阵中，两个结点之间的一段线段就是元胞，如图 2.12(b) 所示。

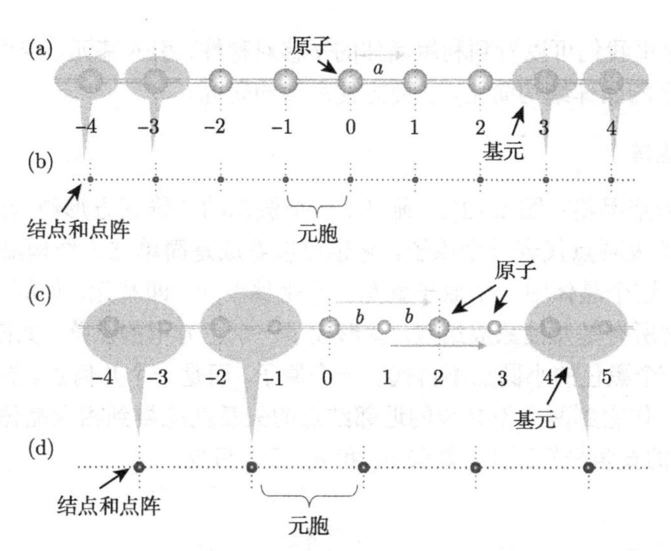

图 2.12　假想的一维金单原子链 (a) 及其点阵 (b) 和一维金银双原子链 (c) 及其点阵 (d)
其中黄色代表金原子，银色代表银原子。金–金的键长是 a，而金–银的键长是 b。绿色区域代表晶体中的一种可能的基元，黑色小点代表基元抽象后的几何点，即结点

有了基矢，可以定义平移矢量 $\vec{R}_l = l\vec{a}$，其中 l 是一个整数，如果 l 取一切整数，则矢量 $\vec{R}_l$ 端点的集合包含且仅包含点阵中所有的点，既无遗漏，也无重复。在数学上，可以用平移矢量来描述晶体的点阵，这对于后面的所有推导都是至关重要的。$\vec{R}_l$ 也被称为点阵的正格矢。

一维双原子链：图 2.12(c) 所示是一个稍微复杂的结构，一个金银合金的无穷长双原子链，金和银原子间隔且等间距排列 (键长为 b)。此时显然不能把 0 号金原子移动到 1 号银原子上，因为两者是不同类型的原子，平移后不能恢复原状。只有把所有的原子按照 $2b$ 的长度平移才可能复原整个晶体。换言之，可以把 0 号金原子和 1 号银原子作为一个整体进行平移，这就是金银双原子链的基元。与单原子链不同，这里基元含有两个原子。请注意：基元的选取不是唯一的，如也可把 0 号和 −1 号原子作为一个基元，晶体也可以按这个基元重复排列获得。

把所有的基元都抽象成结点后就获得了金银双原子链的点阵，如图 2.12(d) 所示。这个点阵的基矢是：$\vec{a} = 2b\vec{i}$，其元胞是长度为 $2b$ 的一段线段，而其正格矢是 $\vec{R}_l = l\vec{a}$。

虽然单原子链和双原子链从原子分布来看是不同的，是两种不同的材料，但是它们抽象后的点阵是一样的，正格矢的形式也是一样的。唯一的区别是两者的元胞大小不同，前者是 a，而后者是 $2b$，这种长度的不同不影响点阵的对称性。事实上，对于图 2.10 中的单壁碳纳米管或者聚乙烯，很容易知道它们的点阵和单原子链的点阵也是一样的。实际上所有可能的理想一维晶体的点阵都是一样的，即一维点阵

只有一种。这里我们可以看到利用晶体的平移对称性，引入基元、结点和点阵，可以把非常复杂的晶体结构简化，从而方便后续的研究。

2. 二维点阵

二维正方形晶格：图 2.13(a) 画出了一个假想的二维正方形结构的简单晶体，每一个黑色的大圆点代表一个原子，它也可以看成是简单立方结构晶体的二维版本。很明显，这个晶体中一个原子就是一个平移单元，即基元，如图 2.13(a) 中的椭圆所示。把所有基元抽象成结点，就形成了一个正方形的点阵，如图 2.13(b) 所示，这里每一个黑色的小圆点不再代表一个原子，而是一个几何点。选定任意一个结点为原点，作它到两个不共线的近邻结点的矢量就能得到相应晶体的基矢，在图 2.13 所示的直角坐标系下，基矢 $\vec{a}_1$ 和 $\vec{a}_2$ 可以写成

$$\vec{a}_1 = a\vec{i}$$

$$\vec{a}_2 = a\vec{j}$$

其中，$\vec{i}$、$\vec{j}$ 是直角坐标系下的单位矢量，a 是晶体中原子的间距。

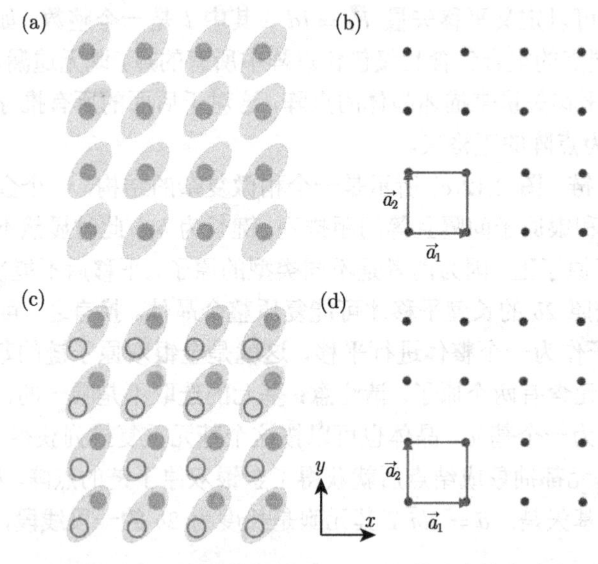

图 2.13　假想的两种二维晶体和基元 (a,c) 及其对应的点阵和元胞 (b,d)
其中实心和空心圆圈代表两种不同的原子，而椭圆形代表晶体的基元

下面考虑一个含有两种元素的正方形晶体，如图 2.13(c) 所示，其中实心和空心的圆点代表两种不同的原子。此时，基元包含两个原子，把所有基元抽象成结点，仍然形成一个正方形的点阵，如图 2.13(d) 所示。所以，虽然图 2.13(a) 和 (c) 表示

两种不同的晶体，但是它们的点阵是一样的。那么，是否所有二维晶体的点阵都是一样的呢？答案是否定的。下面研究石墨烯晶体的点阵。

石墨烯晶体结构：图 2.14(a) 画出石墨烯的晶体结构，石墨烯中碳原子形成六边形结构，相邻碳原子的距离为 a。首先考虑石墨烯的平移周期性，如果把原子 A 往下平移 a 到原子 B，同时 B 原子也往下平移 a，平移后的 B 原子将处于原来石墨烯六边形的中心，也就是 B 原子平移后没有对应的原子。因此这种平移 a 的操作不能让晶格复原。

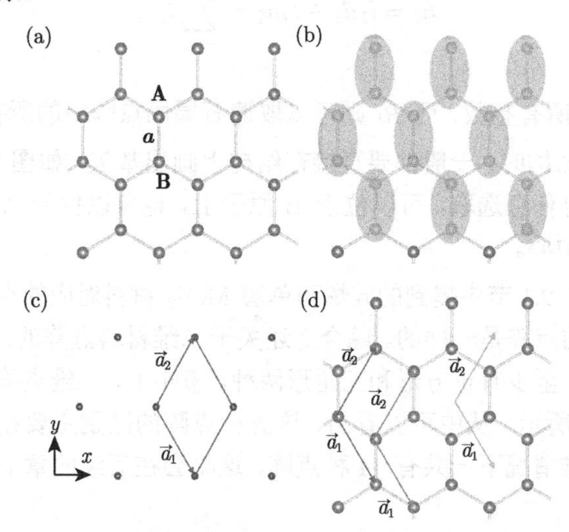

图 2.14　理想的二维石墨烯的晶体结构 (a)、基元 (b)、点阵、基矢和元胞 (c)

(d) 表示直接在石墨烯晶体上画出具有不同原点的基矢

换一个角度来看，就 A 原子而言，它有 3 个近邻，其中 2 个在 A 的上方，1 个在 A 的下方，形成一个倒三角形。而 B 原子也有 3 个近邻，其中 1 个在 B 的上方，2 个在 B 的下方，形成一个正三角形。也就是说 A 和 B 虽然都是碳原子，但它们所处的环境是不同的，所以 A 和 B 两个碳原子不等价。通过仔细观察石墨烯的结构不难发现，整个石墨烯由 A 和 B 两类碳原子间隔排列而成。这启发我们可以把一对 A 和 B 原子作为一个整体，这就是石墨烯的基元，如图 2.14(b) 所示。把所有基元抽象成结点，就可以把石墨烯晶体抽象成点阵，如图 2.14(c) 所示，其中每一个小的黑点代表一个结点。很显然，这些结点排列成一个三角形点阵。通过选定任意一个结点为原点，作它到两个近邻结点的矢量 (两个矢量不能共线)，如图 2.14(c) 中箭头所示。在图 2.14(c) 所示的直角坐标系下，根据简单的平面几何关系，基矢可以写成

$$\vec{a}_1 = \frac{a}{2}\vec{i} + \frac{\sqrt{3}a}{2}\vec{j}$$

$$\vec{a}_2 = \frac{a}{2}\vec{i} - \frac{\sqrt{3}a}{2}\vec{j}$$

其中，$\vec{i}$、$\vec{j}$ 是直角坐标系下的单位矢量，a 是碳–碳键长，在石墨烯中约为 1.42 Å。

由矢量 $\vec{a}_1$、$\vec{a}_2$ 为棱组成的平行四边形就是石墨烯的元胞，如图 2.14(c) 所示。同时可以写出石墨烯的正格矢：

$$\vec{R}_l = l_1\vec{a}_1 + l_2\vec{a}_2 = \sum_{i=1}^{2} l_i\vec{a}_i$$

其中，l_1、l_2 取遍所有整数，而 $\vec{R}_l$ 则可以取遍石墨烯点阵中的所有结点。

在展示晶体结构时，一般都要直接在结构上画出基矢，如图 2.14(d) 所示。这里，基矢的原点可任意选取，可以位于 B 原子上，也可以位于 A 原子上，也可以位于碳六边形的中心。

不难发现，在 2.1 节中提到的硅烯和单层 MoS_2 材料对应的点阵也都是三角形点阵，和石墨烯的点阵是一样的。综合上述关于二维材料点阵的讨论，不难发现二维点阵不止一种，至少有正方形和三角形两种。事实上，二维点阵的种类一共只有五种，如图 2.15 所示。从中可以看出，这五种点阵的区别主要在于基矢长度和夹角的不同。而三维情况下一共有 14 种点阵，这将会在后续的章节中详细介绍。

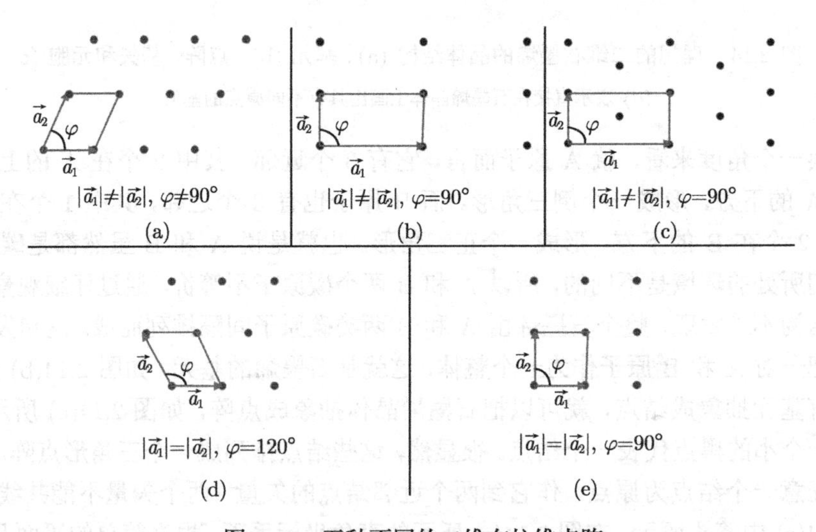

图 2.15　五种不同的二维布拉维点阵

(a) 斜点阵 (oblique);(b) 长方形点阵 (rectangular);(c) 中心长方形点阵 (centered rectangular);(d) 六角点阵 (hexagonal); (e) 正方形点阵 (square)。其中二维六角点阵一般也称为二维三角点阵

2.2.2　元胞的取法

有了点阵和基矢，很容易定义元胞。在一维情况下，元胞就是如图 2.12(b) 所示的一个线段。在二维情况下，元胞就是由两个基矢所定义的一个平行四边形，如图 2.14 所示。而在三维情况下，元胞通常就是三个基矢所围成的一个平行六面体。但是，基矢和元胞的取法不是唯一的，通常有三种不同的取法。

第一种元胞称为初基元胞 (primitive cell)，一般就是平行四边形或者平行六面体。初基元胞要求空间体积最小，它的选取也不是唯一的。以二维三角点阵为例，如图 2.16 所示，图中显示的四个平行四边形都是初基元胞，它们的面积相等，每一个初基元胞正好只包含一个结点，这个结论在三维点阵中也成立。在实际应用中，初基元胞有一些约定俗成的取法，详见本书的附录二。

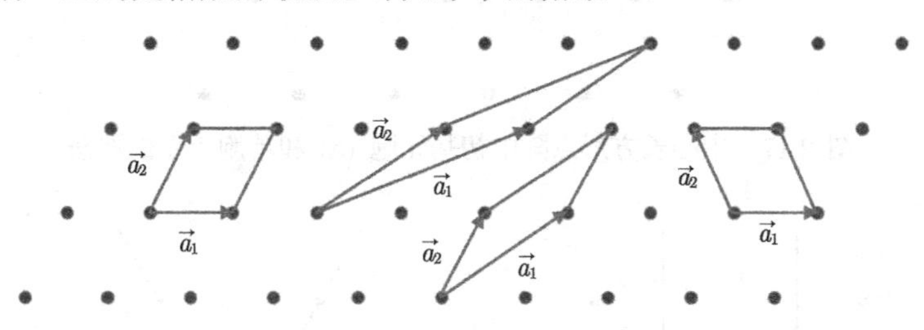

图 2.16　三角点阵中不同的基矢和初基元胞的取法

第二种元胞称为单胞 (conventional cell)，也称晶体学元胞。在初基元胞中，为了使体积最小，基矢往往不垂直，有时不能反映出点阵的宏观对称性。如图 2.17 所示的一个中心长方形点阵，整个晶体显然具有长方形的宏观对称性，但是初基元胞并不能直观地反映出这种对称性，如图 2.17(a) 所示。为此，往往还可以选取一个不是最小的元胞，称为单胞。单胞的三个基矢尽量保持垂直，从而更好地反映出宏观对称性，如图 2.17(b) 所示。单胞往往不是最小的，这里一个单胞显然包含两个结点，所以它的面积也是初基元胞的两倍。如果把单胞平移 $\vec{R}_l$，就有可能出现空间的重叠，所以单胞往往不能很好地反映点阵的平移对称性。

第三种元胞称为魏格纳–塞茨元胞 (Wigner-Seitz cell)，如图 2.18 所示。与前两种元胞不同，魏格纳–塞茨元胞往往不是平行四边形或者平行六面体，而是一个多边形或者多面体。其具体构成方法是以某一个结点为中心，作中心结点到邻近其他结点的中垂线，这些中垂线包围的最小的体积或者面积区域就是魏格纳–塞茨元胞。如图 2.18 所示，二维正方形点阵的魏格纳–塞茨元胞就是一个正方形，而二维三角点阵的魏格纳–塞茨元胞就是一个正六边形。

魏格纳–塞茨元胞是一种初基元胞，具有最小的体积，它既能反映出点阵的平移对称性，又能反映出宏观对称性，其缺点是元胞的形状比较复杂，很少在实空间的点阵或者晶体结构中使用。魏格纳–塞茨元胞广泛使用在倒易空间的点阵中，倒易空间的魏格纳–塞茨元胞就是晶体的布里渊区，这是固体物理中一个十分重要的概念，在后面我们还将详细介绍。

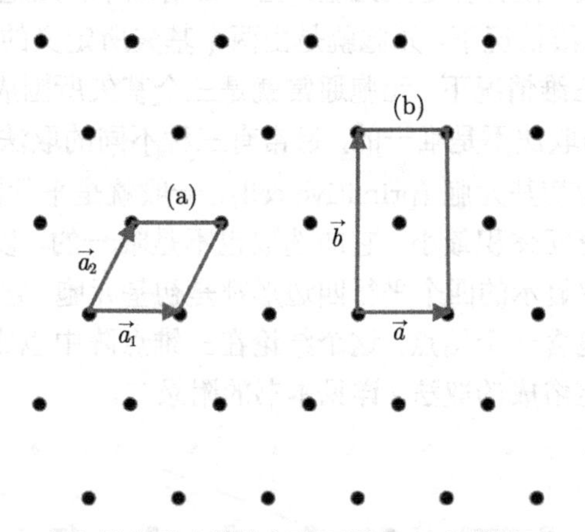

图 2.17　中心长方形点阵中初基元胞 (a) 和单胞 (b) 的取法

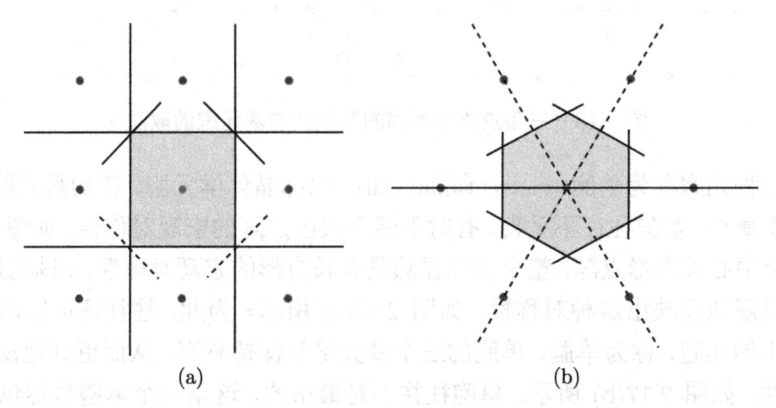

图 2.18　二维正方形 (a) 和三角点阵 (b) 的魏格纳–塞茨元胞

2.2.3　常见三维点阵的元胞

下面给出常见的简单立方、体心立方和面心立方点阵的不同元胞的取法，而所有可能的三维点阵的元胞取法可以参考本书的附录二。

图 2.19 显示了简单立方、体心立方和面心立方点阵的初基元胞的取法。对于简单立方，三个基矢就是立方体的三条棱，可以写成

$$\begin{cases} \vec{a}_1 = a\vec{i} \\ \vec{a}_2 = a\vec{j} \\ \vec{a}_3 = a\vec{k} \end{cases} \tag{2.1}$$

所以简单立方点阵的初基元胞就是一个立方体，其体积为 $\Omega = \vec{a}_1 \cdot (\vec{a}_2 \times \vec{a}_3) = a^3$。

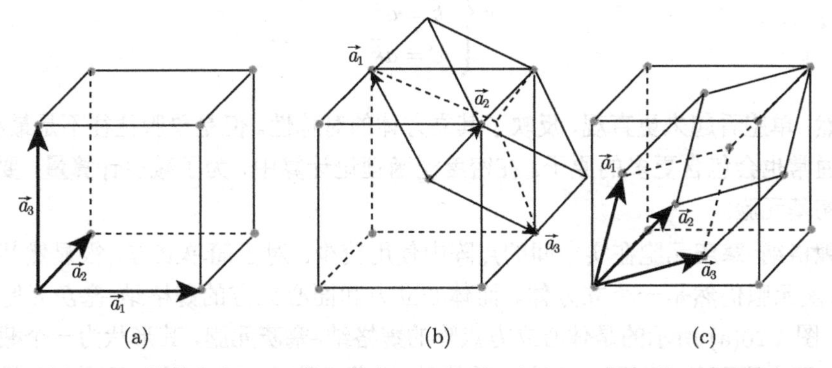

图 2.19　简单立方 (a)、体心立方 (b) 和面心立方 (c) 的初基元胞和基矢

体心立方点阵中，一个立方体中有两个结点，所以整个立方体并不是其初基元胞。体心立方初基元胞的基矢以体心为原点，到三个近邻的顶点作三个矢量，如图 2.19(b) 所示：

$$\begin{cases} \vec{a}_1 = \dfrac{a}{2}\left(-\vec{i}+\vec{j}+\vec{k}\right) \\ \vec{a}_2 = \dfrac{a}{2}\left(\vec{i}-\vec{j}+\vec{k}\right) \\ \vec{a}_3 = \dfrac{a}{2}\left(\vec{i}+\vec{j}-\vec{k}\right) \end{cases} \tag{2.2}$$

根据三个基矢，计算得到其体积为 $\Omega = \vec{a}_1 \cdot (\vec{a}_2 \times \vec{a}_3) = \dfrac{1}{2}a^3$，为立方体体积的一半，这正好说明一个立方体包含两个结点，或者包含两个初基元胞。

面心立方情况与体心立方类似，面心立方点阵有 4 个结点。其初基元胞的基矢的选取以顶点为原点，到其近邻的三个面心作矢量即可，如图 2.19(c) 所示：

$$\begin{cases} \vec{a}_1 = \dfrac{a}{2}\left(\vec{j}+\vec{k}\right) \\ \vec{a}_2 = \dfrac{a}{2}\left(\vec{i}+\vec{k}\right) \\ \vec{a}_3 = \dfrac{a}{2}\left(\vec{i}+\vec{j}\right) \end{cases} \tag{2.3}$$

根据三个基矢，计算得到其体积为 $\Omega = \vec{a}_1 \cdot (\vec{a}_2 \times \vec{a}_3) = \dfrac{1}{4}a^3$，为立方体体积的 1/4，这正好说明一个立方体包含 4 个结点，或者包含 4 个初基元胞。

以上三个点阵都是立方的，但显然体心立方和面心立方的初基元胞并不是立方的，所以它们的初基元胞不能直观反映出点阵的宏观对称性。为此可以取非初基元胞，即单胞来描述晶体结构。这三个点阵的单胞都是一样的，即图 2.19 中的立方体 (用 $\vec{a}$、$\vec{b}$、$\vec{c}$ 表示单胞的基矢，以便和初基元胞的基矢进行区分)：

$$\begin{cases} \vec{a} = a\vec{i} \\ \vec{b} = a\vec{j} \\ \vec{c} = a\vec{k} \end{cases} \tag{2.4}$$

很显然，单胞看起来更直观，反映了其立方体的对称性。但是单胞往往不是最小的，所以通常也会包含更多的原子。在密度泛函理论计算中，为了减少计算量，要尽量使用初基元胞。

魏格纳–塞茨元胞在实空间的点阵中使用较少。对于简单立方，很显然其魏格纳–塞茨元胞仍然是一个立方体。而体心立方和面心立方的魏格纳–塞茨元胞比较复杂，图 2.20(a) 所示的是体心立方点阵的魏格纳–塞茨元胞，其形状为一个截角八面体，即十四面体。而面心立方的魏格纳–塞茨元胞为一个正十二面体，如图 2.20 (b) 所示。

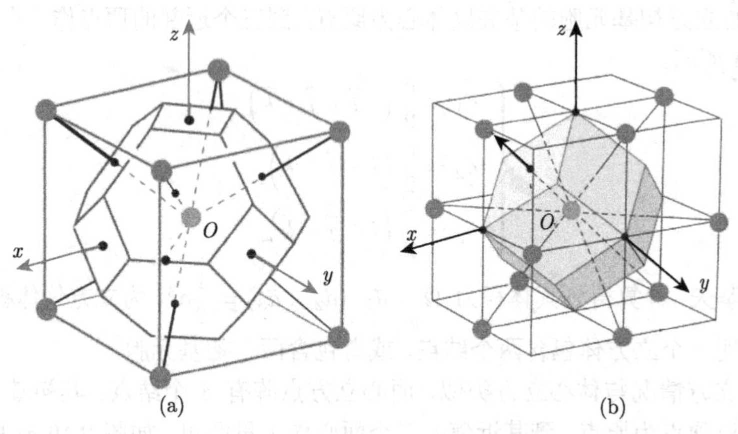

图 2.20　体心立方 (a) 和面心立方 (b) 点阵的魏格纳–塞茨元胞

2.3　对称操作和点群

2.3.1　对称操作

晶体除了具有平移对称性，通常还具有其他旋转、镜面等对称性，这些对称性取决于晶体的结构，实际上晶体的结构正是按照它们的对称性分类的。对称性在现代物理中扮演着十分重要的角色，在凝聚态物理和材料科学中也是如此。利用晶体的对称性，不但可以对材料结构进行分类，同时也可大大减少计算量，还可以结合群论对材料的电子能带和声子能带进行分类，在不具体计算能带的情况下，获得许多定量的信息。特别是在拓扑材料的研究中，对称性分析占有十分重要的地位。

直观上看，球形的对称性高于立方体，而立方体的对称性高于长方体。为了在数学上精确地描述对称性和对称性的高低，可以引入对称操作 (symmetry operation) 的概念，并且用群论的方法来研究材料的对称性。在晶体中，所谓对称性，是指晶体进行某种操作后自身重合的性质。例如一个体心立方晶体，经过顶点，沿着某一条棱转动 90°，晶体恢复到原来的状态保持不变，这里旋转 90° 的操作就是一个对称操作。晶体中的对称操作包含以下五类。

(1) 恒等操作：即不作任何操作，用符号 E 表示。恒等操作看起来没有任何意义，但它是点群中不可缺少的单位元素。

(2) n 次旋转操作：即绕着某一个轴转动 $2\pi/n$，用符号 C_n 表示，也可以直接用数字 n 表示。

(3) 反映操作：即沿着某个面的镜像操作，用符号 σ 或者 m 表示。

(4) 中心反演操作：将空间任意一点 (x, y, z) 变换成 $(-x, -y, -z)$ 而保持晶体或者分子不变的对称操作，用符号 i 表示。

(5) n 次旋转反映操作：表示绕着某一个轴转动 $2\pi/n$，再做垂直于转动轴的平面的镜像操作。用符号 S_n 表示，也可以用数字 $\bar{n}$ 表示。这是一个复合操作。在一些固体物理书中[50]，定义另外一种复合操作，称为旋转反演操作，即物体绕着某一个轴转动 $2\pi/n$，再进行中心反演操作。旋转反演操作和旋转反映操作的结果是不同的，两者操作的结果正好相差一个 C_2 操作。

以上所有操作汇总在表 2.1 中。这些操作在空间至少有一个不变点，所以统称点对称操作。

表 2.1　点对称操作的名称、符号和要素

对称操作	对称要素	符号
恒等操作		E
$2\pi/n$ 度旋转操作	n 次旋转轴	C_n
反映操作	镜面	σ 或 m
中心反演操作	反演中心	i
$2\pi/n$ 度旋转 + 垂直旋转轴的镜像操作	n 次旋转反映轴	S_n

2.3.2　分子和晶体中的对称性

1. *旋转操作*

下面以一些分子演示上述的对称操作。对于旋转操作，如图 2.21 所示，H_2O 分子绕转动轴旋转 180° 可以恢复原状，而 NH_3 分子则需要旋转 120° 后恢复原状，$PtCl_4$、$Fe(C_5H_5)_2$ 和苯分子则分别具有 90°、72° 和 60° 旋转对称性，这些操作分别可以用符号 C_2、C_3、C_4、C_5、C_6 来表示。

另外，苯分子除了旋转 60°，很显然它还可以在转动 120°、180°、240°、300° 之后保持不变，所以苯分子除了 C_6 对称操作，还具有 C_3、C_2、C_3^2、C_6^5 这些对称操作，而这些操作可以看作连续多次 C_6 操作相乘，如表 2.2 所示。恒等操作可以看作连续六次的 C_6 操作。以上转动操作的 6 次转动轴是垂直于苯分子平面的，但其实苯分子还有其他不同的转动轴，如图 2.22 所示。在苯分子的面内，还有 6 条 2 次转动轴，其中 3 条是经过相对的两个碳原子的连线，另外 3 条是经过相对的碳–碳键中点的连线。对于一个材料具有多条转动轴的情况，一般把对称性高的那一条称为主轴 (principal axis)，苯分子的主轴就是图 2.21(e) 中的 6 次轴。通常要求主轴沿着 z 轴。

表 2.2　苯分子的转动操作

转动角	对称操作	转动角	对称操作
60°	C_6	120°	$C_3 = C_6^2$
180°	$C_2 = C_6^3$	240°	$C_3^2 = C_6^4$
300°	C_6^5	360°	$E = C_6^6$

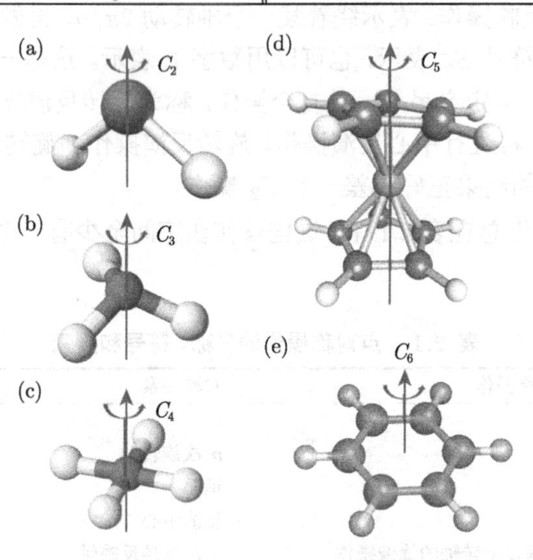

图 2.21　分子的转动操作

(a)H_2O 具有 C_2 对称性；(b)NH_3 具有 C_3 对称性；(c)$PtCl_4$ 具有 C_4 对称性；(d)$Fe(C_5H_5)_2$ 具有 C_5 对称性；(e)C_6H_6 具有 C_6 对称性

2. 反映操作

如图 2.23 所示，水分子在 xz 和 yz 镜面下做反映操作可以保持不变，分别记作 $\sigma(xz)$ 和 $\sigma(yz)$。在 $\sigma(xz)$ 下，水分子的所有原子都保持不动，而在 $\sigma(yz)$ 下，水分子的两个氢原子发生交换，但因为氢原子是不可区分的，所以此时水分子也恢复原状。因为这两个镜面都是竖直的，所以它们可以记作 σ_v。

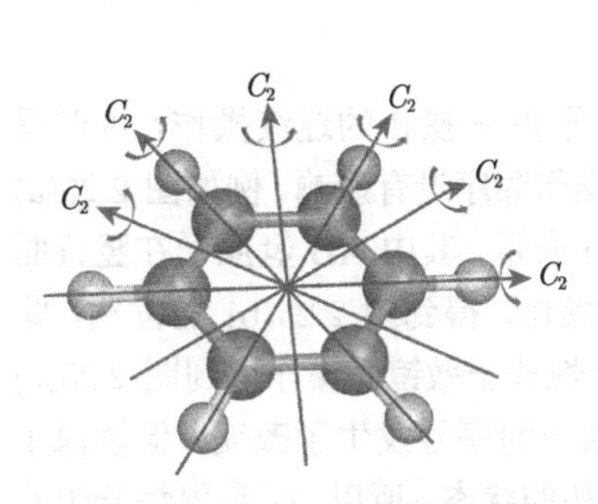

图 2.22　苯分子面内的转动操作

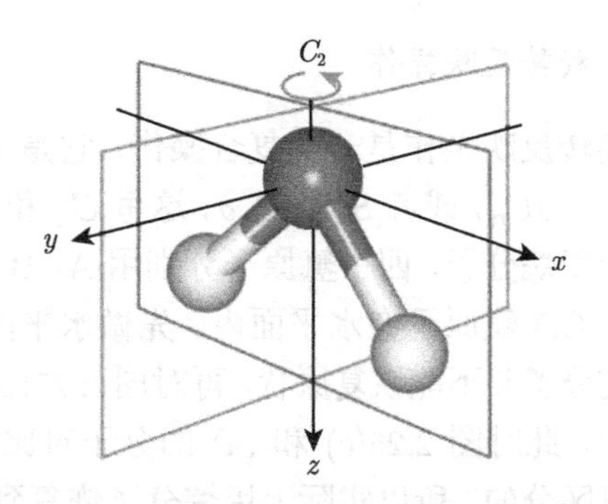

图 2.23　水分子的两个镜面：$\sigma(xz)$ 和 $\sigma(yz)$

苯分子也有多个镜面，考虑苯分子的主轴沿着 z 轴，则苯分子所在的 xy 平面就是其中一个水平镜面，记作 σ_{h}。除此以外，苯分子还有 6 个竖直镜面，它们就是主轴和 6 条水平 2 次轴所构成的 6 个平面。所以苯分子一共有 7 个镜面。

反映操作也可以连续操作，其中连续偶数次反映操作等价于恒等操作：$E=\sigma^{2n}$，连续奇数次反映操作等价于做 1 次反映操作：$\sigma=\sigma^{2n+1}$，这里 n 为正整数。

3. 中心反演操作

中心反演操作就是物体以某一个点为中心做反演操作保持不变，从坐标变化来讲，在中心反演操作下，(x,y,z) 点全部变为 $(-x,-y,-z)$。如图 2.24 所示 $PtCl_4$ 分子，其中心反演点就是中间的 Pt 原子，在中心反演操作下，1 号和 3 号 Cl 原子发生交换，而 2 号和 4 号 Cl 原子发生交换，但因为 Cl 原子是不可区分的，所以整个分子在中心反演下保持不变。

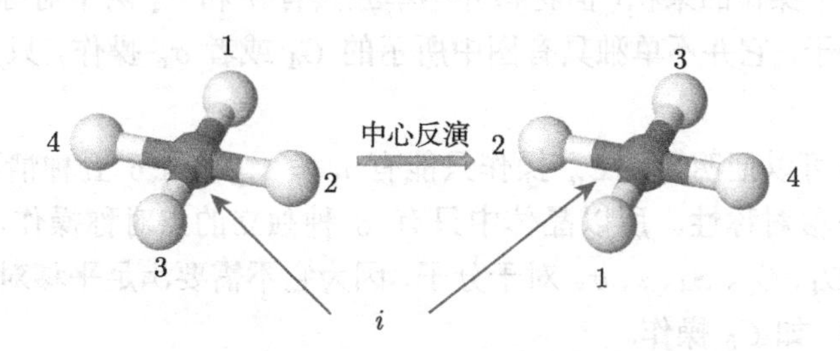

图 2.24　$PtCl_4$ 的中心反演操作

不是所有分子都有中心反演对称性，如苯分子有中心反演对称性，中心反演点位于六边形的中心，但是水分子和氨分子则没有中心反演对称性。

中心反演操作也可以连续操作，连续偶数次中心反演操作等价于恒等操作：$E=i^{2n}$，连续奇数次中心反演操作等价于 1 次中心反演操作：$i=i^{2n+1}$，这里 n 为正整数。

4. 旋转反映操作

旋转反映操作是一个复合操作，它是 C_n 操作和 σ 操作的连续操作，可以写成：$S_n = \sigma C_n$，或者 $S_n = C_n\sigma$，这里 C_n 和 σ 的操作顺序没有影响。例如图 2.25(a) 所示的甲烷分子，四个氢原子分别用 A、B、C、D 表示，其中 AB 氢原子在竖直面内，而 CD 氢原子在水平面内。先做水平的 C_4 操作，得到图 2.25(b) 的位置，此时甲烷分子并不能恢复原状，再对图 2.25(b) 的甲烷分子做镜面操作得到图 2.25(c) 的位置，此时图 2.25(c) 和 (a) 的分子对比，氢原子的序号发生了改变，但氢原子是不可区分的，所以实际上甲烷分子恢复到了最初的状态，所以 S_4 是甲烷分子的一个对称操作。

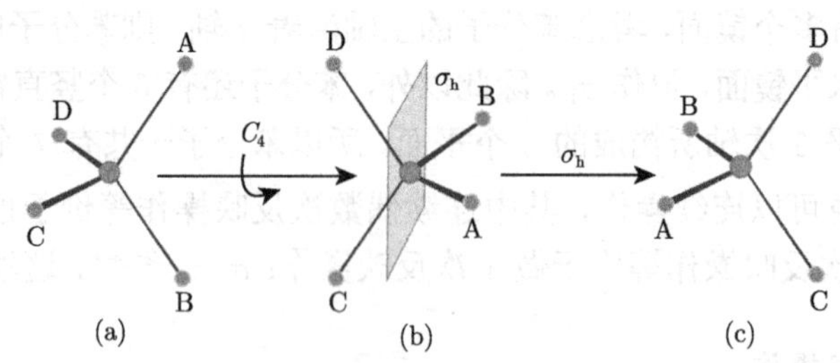

图 2.25　甲烷分子中的 S_4 操作

原则上，每一个 C_n 操作都可以对应一个 S_n 操作。但是如果仔细分析，其实很多 S_n 并不是新的操作。例如，$S_1 = \sigma C_1 = \sigma$，即 S_1 操作就是反映操作；$S_2 = \sigma C_2 = i$，即 S_2 操作就是中心反演操作。实际上，在晶体中，只有 S_4 是一个新的独立的操作。这里说 S_4 是一个新的独立操作，意思是对于 S_4 而言，虽然它可以写成 σ 和 C_4 两个操作的乘积，但材料并不单独具有 σ 和 C_4 两个对称性。如图 2.25 所示的甲烷分子，它并不单独具有图中所示的 C_4 或者 σ_h 操作，只具有两者的复合操作 S_4。

对于晶体可以证明[50]，C_n 操作只能有 $n = 1, 2, 3, 4, 6$ 五种情况，其余都不满足晶体的平移对称性。所以晶体中只有 8 种独立的点对称操作，它们分别是 C_1、C_2、C_3、C_4、C_6、S_4、i、σ。对于分子，因为它不需要满足平移对称性，所以可以有其他操作，如 C_5 操作。

2.3.3　变换矩阵

对称操作从数学上看就是一种坐标变换，对称操作就是把晶体中的一个点 $\vec{r}$ 变到另外一个点 $\vec{r}'$，

$$\vec{r}' = \boldsymbol{D}\vec{r}$$

其中 $\boldsymbol{D}$ 就是坐标变换的变换矩阵，是一个正交矩阵。

$$D=\begin{pmatrix} d_{11} & d_{12} & d_{13} \\ d_{21} & d_{22} & d_{23} \\ d_{31} & d_{32} & d_{33} \end{pmatrix}$$

晶体中的不同对称操作对应不同的变换矩阵。

(1) 恒等操作 E 的变换矩阵就是单位矩阵，相当于所有点的坐标都保持不变。

$$D(E)=\begin{pmatrix} 1 & 0 & 0 \\ 0 & 1 & 0 \\ 0 & 0 & 1 \end{pmatrix}$$

(2) n 次旋转轴，沿着不同轴的变换矩阵略有不同，假设转动角度为 θ，且定义逆时针转动为正，绕着 x、y、z 转动的矩阵分别为

$$D(x)=\begin{pmatrix} 1 & 0 & 0 \\ 0 & \cos\theta & -\sin\theta \\ 0 & \sin\theta & \cos\theta \end{pmatrix},\quad D(y)=\begin{pmatrix} \cos\theta & 0 & -\sin\theta \\ 0 & 1 & 0 \\ \sin\theta & 0 & \cos\theta \end{pmatrix},$$

$$D(z)=\begin{pmatrix} \cos\theta & -\sin\theta & 0 \\ \sin\theta & \cos\theta & 0 \\ 0 & 0 & 1 \end{pmatrix}$$

(3) 反映操作 σ：沿着不同的面，其变换矩阵略有不同。原子坐标在垂直于晶面的方向上变号。

$$D(\sigma_{xy})=\begin{pmatrix} 1 & 0 & 0 \\ 0 & 1 & 0 \\ 0 & 0 & -1 \end{pmatrix},\quad D(\sigma_{xz})=\begin{pmatrix} 1 & 0 & 0 \\ 0 & -1 & 0 \\ 0 & 0 & 1 \end{pmatrix},$$

$$D(\sigma_{yz})=\begin{pmatrix} -1 & 0 & 0 \\ 0 & 1 & 0 \\ 0 & 0 & 1 \end{pmatrix}$$

(4) 中心反演操作 i：相当于所有原子的坐标前面都加上一个负号。

$$D(i)=\begin{pmatrix} -1 & 0 & 0 \\ 0 & -1 & 0 \\ 0 & 0 & -1 \end{pmatrix}$$

(5) n 次旋转反映操作，在和 n 次旋转轴同样的定义下：

$$D(x)=\begin{pmatrix} -1 & 0 & 0 \\ 0 & \cos\theta & -\sin\theta \\ 0 & \sin\theta & \cos\theta \end{pmatrix},\quad D(y)=\begin{pmatrix} \cos\theta & 0 & -\sin\theta \\ 0 & -1 & 0 \\ \sin\theta & 0 & \cos\theta \end{pmatrix},$$

$$D(z)=\begin{pmatrix} \cos\theta & -\sin\theta & 0 \\ \sin\theta & \cos\theta & 0 \\ 0 & 0 & -1 \end{pmatrix}$$

2.3.4 对称操作的集合

为了研究材料对称性的高低，需要找出其具有的所有对称操作。以水分子为例，根据图 2.21 和图 2.23，水分子有一个 C_2 操作、两个 σ 操作以及任何材料都有的恒等操作 E，所以水分子一共有 4 个对称操作，它们可以组成一个集合：

$$\{E, C_2, \sigma(xz), \sigma(xz)\}$$

再以苯分子为例，根据前面的讨论，苯分子具有 1 个 6 次轴，绕着这个轴有 C_6、C_3、C_2、C_3^2、C_6^5 五个转动操作；有 6 个水平的 2 次轴，对应 6 个 C_2 操作；还有 1 个水平的镜面 σ_{h}；6 个竖直的镜面 σ_{v}。除此以外，苯分子还有旋转反映操作 S_6、S_3、S_6^2、S_6^5，以及中心反演操作 i 和恒等操作 E，所以苯分子一共有 24 个对称操作，它们可以组成一个集合：

$$\{E, C_6, C_3, 7C_2, C_3^2, C_6^5, S_6, S_3, S_6^2, S_6^5, \sigma_{\mathrm{h}}, 6\sigma_{\mathrm{v}}, i\}$$

再如对于一个简单立方的点阵，如图 2.26 所示。立方体有 3 条 4 次轴，即沿着 $\langle 100 \rangle$ 方向，每个 4 次轴有 C_4、C_2、C_4^3 三个操作，一共有 9 个对称操作；还有 4 条 3 次轴，沿着体对角线方向，每个 3 次轴有 C_3、C_3^2 两个操作，一共有 8 个对称操作；还有 6 条 2 次轴，沿着两条相对的棱的中点连接方向，每个 2 次轴有 C_2 一个操作，所以一共有 6 个对称操作；还有 1 个恒等操作。以上一共 24 个对称操作。同时考虑上述对称操作与中心反演操作的组合操作，最终立方体一共有 48 个对称操作，它们可以组成一个集合。

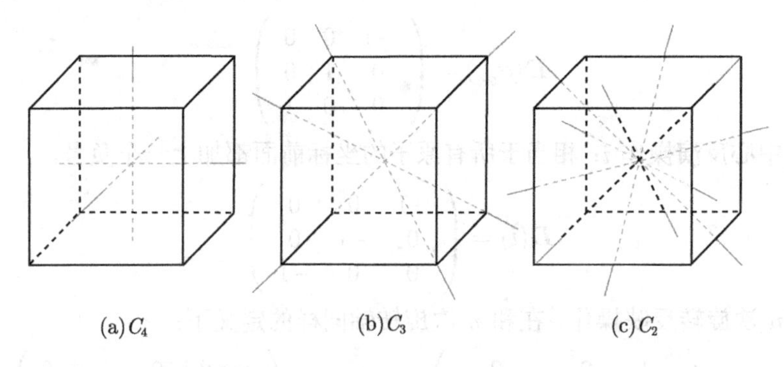

图 2.26 立方体的 4 次轴 (a)、3 次轴 (b) 和 2 次轴 (c)

四面体可以看成由一个立方体四个不相邻顶点构成，因此它具有立方体的大部分对称性，如 4 次轴、3 次轴和 2 次轴。但是四面体没有中心反演操作，也没有与之相关的复合操作。因此，四面体一共只有 24 个对称操作，也可以组成一个集合。

2.3.5　点群和空间群

由晶体的点对称操作构成的集合具有一些特殊性，它实际上构成一个群。在数学上，定义一组元素 (有限或者无限) 的集合 $G \equiv \{E, g_1, g_2, g_3, \cdots\}$，并赋予这些元素一定的乘法运算规则。如果这些元素满足如下四个规则，则集合 G 构成一个群。

(1) 闭合性：集合中的任意两个元素相乘，得到的元素也属于这个集合：

$$\text{如果}\quad g_i, g_j \in G, \quad \text{则}\quad g_k = g_i g_j \in G$$

(2) 结合律：集合中的三个元素乘积满足乘法的结合律：

$$g_i(g_j g_k) = (g_i g_j) g_k$$

(3) 存在单位元素 E，单位元素与任何元素乘积都满足：

$$E g_i = g_i$$

(4) 对于任何元素，都存在逆元素，满足：

$$g_i g_i^{-1} = E$$

以上四个条件缺一不可。一般来说，群元素不一定需要满足乘法的交换律，但如果某个群的元素满足乘法交换律，则这个群称为阿贝尔群。

例如复数集合 $\{1, i, -1, -i\}$，在数的乘法为群元素的乘法的定义下，构成一个群。其中集合中任意两个元素相乘仍然是集合中的元素，恒等操作就是 1，而 i 和 $-i$ 互为逆元素，-1 的逆元素就是其本身。再如所有实数构成的集合，定义数的加法为群元素的乘法，则这个集合也构成一个群。此时 0 为单位元素，而逆元素就是数的相反数。但是，对于所有实数构成的集合，如果定义数的乘法为群元素的乘法，则这个集合不构成一个群。因为在数的乘法下，1 是单位元素，而逆元素则是数的倒数，但是实数 0 不存在倒数，所以这不是一个群。

一个晶体的所有点对称操作的集合也满足上述四个条件，这里群元素的乘法就是连续操作，单位元素就是恒等操作，逆元素也都存在，如转动操作的逆元素是转动角度相同但方向相反的转动 (如 C_6 的逆元素为 C_6^5)；而中心反演操作和反映操作的逆元素都是其本身。这些由晶体的点操作构成的群称为点群。

点群只包含点操作，如果再考虑晶体的平移操作，则可以得到表 2.1 所列的点操作之外的操作，即螺旋轴 (screw axis) 和滑移反映面 (glide plane)。

(1) 螺旋轴：晶体绕着轴转动 $2\pi/n$ 后，再沿着这个轴平移 $\dfrac{l}{n}T$，晶体可以恢复原状，则这个轴就是 n 次螺旋轴。这里 T 是晶体沿着轴向的周期长度，而 n 可以取 1,2,3,4,6，且 $l < n$。如图 2.27(a) 所示，晶体先绕着竖直的轴转动 90°，然后平移 $T/4$，如果晶体可以恢复原状，那么这就是一个 4 次螺旋轴。很显然，连续操作 4 次，相当于往上平移一个周期 T。

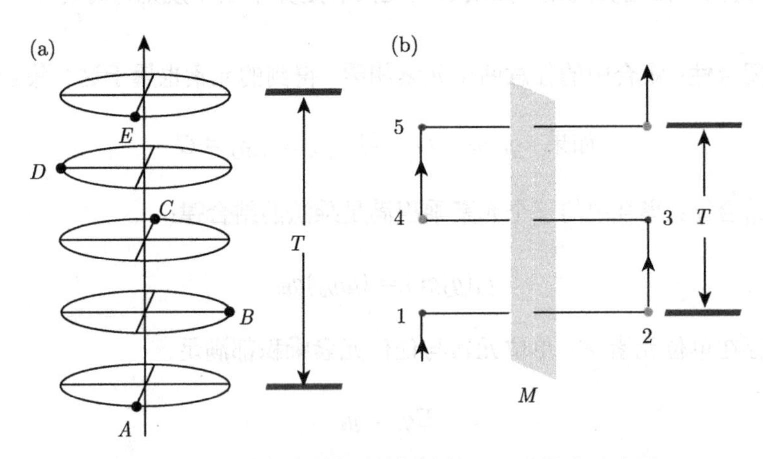

图 2.27　考虑平移对称性后的螺旋轴 (a) 和滑移反映面 (b)

(2) 滑移反映面：晶体先沿着某一个面做反映操作，然后沿着平行这个镜面方向做 T/n 的平移操作，晶体可以恢复原状，这就是滑移反映面。这里 n 只能取 2 或者 4。如图 2.27(b) 就演示了一个 $n = 2$ 的滑移反映面。

晶体所有的点操作，加上平移操作 (螺旋轴和滑移反映面)，构成了一个晶体的全部对称操作，它们也构成一个群，称为空间群。

由于平移周期性的限制，晶体只具有为数不多的对称操作，所以晶体具有的点群和空间群的数目都是有限的。1891 年，费多洛夫、熊夫利和巴罗独立地发表了完备的空间群理论。如果不考虑平移操作，三维晶体点阵的点群只有 7 种，对应 7 个晶系；若考虑到基元的结构，晶体的点群数一共有 32 种。点群往往与晶体的宏观外形或者物理性质的各向异性有关，所以也称宏观对称性。如果考虑平移操作，一共有 230 个空间群，它们是三维晶体的全部微观对称性。

2.3.6　点群和空间群的命名

晶体的群有不同的命名方法，如有 HM 符号 (Hermann-Mauguin notation) 和熊夫利符号 (Schöenflies notation)，其中 HM 符号也称国际符号。点群常用熊夫利符号来表示，如表 2.3 所示。熊夫利符号通常用一个大写字母 (C, D, S, T, O) 以及可能的下标来表示，其中下标可以是数字或者字母，或者两者同时出现。熊夫利符号以点群中主要的对称操作来代表整个群，这些字母和数字的含义如下：

(1) 下标 h 代表有水平的镜面。

(2) 下标 v 代表有竖直的镜面，下标 d 代表竖直的对角镜面 (包含主轴，并经过两条水平二次轴的角平分线)。

(3) O (octahedral) 代表具有立方体对称性的群，O_{h} 表示额外包含水平镜面。

(4) T (tetrahedral) 代表四面体对称性的群，T_{h} 表示额外包含水平镜面，T_{d} 表示额外包含对角镜面。

(5) C_n (cyclic) 代表具有 n 次旋转轴的群。$C_{n\mathrm{h}}$ 表示在 C_n 的基础上额外包含水平镜面，$C_{n\mathrm{v}}$ 则表示在 C_n 的基础上额外包含 n 个竖直镜面。

(6) S_{2n} (德语：Spiegel，即英文 mirror) 代表具有 $2n$ 次旋转反映轴的群。这里的下标是偶数，因为奇数下标 S_n 群等价于 $C_{n\mathrm{h}}$ 群。

(7) D_n 代表具有一个 n 次旋转轴，同时还有 n 个垂直于该轴的 2 次旋转轴。$D_{n\mathrm{h}}$ 表示额外包含水平镜面，$D_{n\mathrm{d}}$ 则表示额外包含 n 个对角镜面。

表 2.3　晶体中 32 个点群的熊夫利符号

C_1	$C_{2\mathrm{v}}$	$C_{1\mathrm{h}}=C_{\mathrm{s}}$	D_2	$D_{2\mathrm{h}}$	$D_{2\mathrm{d}}$	$S_2=C_i$	T
C_2	$C_{3\mathrm{v}}$	$C_{2\mathrm{h}}$	D_3	$D_{3\mathrm{h}}$	$D_{3\mathrm{d}}$	S_4	T_{h}
C_3	$C_{4\mathrm{v}}$	$C_{3\mathrm{h}}$	D_4	$D_{4\mathrm{h}}$		S_6	O
C_4	$C_{6\mathrm{v}}$	$C_{4\mathrm{h}}$	D_6	$D_{6\mathrm{h}}$			T_{d}
C_6		$C_{6\mathrm{h}}$					O_{h}

注：每一个点群包含的对称操作可见表 2.6 或者网站[51]

下面研究水分子的点群，根据前面可知水分子具有 1 个恒等操作、1 个 2 次旋转轴、2 个竖直的镜面，组成集合 $\{E, C_2, \sigma_{\mathrm{v}}(xz), \sigma_{\mathrm{v}}(yz)\}$。为了验证它是否构成一个群，可以计算其所有元素的乘积，构成一个乘法表，如表 2.4 所示。从中可见任意两个元素相乘后得到的元素，仍然是这 4 个元素之一，即满足封闭性。单位元素显然是 E，而每一个元素的逆元素都是其本身。所以水分子点操作的集合构成一个点群，按照熊夫利符号的命名规则，这个群被称为 $C_{2\mathrm{v}}$。

表 2.4　水分子 $C_{2\mathrm{v}}$ 群元素的乘法表

	E	C_2	$\sigma_{\mathrm{v}}(xz)$	$\sigma_{\mathrm{v}}(yz)$
E	E	C_2	$\sigma_{\mathrm{v}}(xz)$	$\sigma_{\mathrm{v}}(yz)$
C_2	C_2	E	$\sigma_{\mathrm{v}}(yz)$	$\sigma_{\mathrm{v}}(xz)$
$\sigma_{\mathrm{v}}(xz)$	$\sigma_{\mathrm{v}}(xz)$	$\sigma_{\mathrm{v}}(yz)$	E	C_2
$\sigma_{\mathrm{v}}(yz)$	$\sigma_{\mathrm{v}}(yz)$	$\sigma_{\mathrm{v}}(xz)$	C_2	E

此外，按照前面的讨论，苯分子一共有 24 个操作，根据熊夫利符号的定义，苯分子属于 $D_{6\mathrm{h}}$ 点群。而对于一个立方体，一共有 48 个对称操作，它是 O_{h} 群。事实上，点群中对称性最高的群就是 O_{h} 群，即一个材料最多只有 48 个点对称操作。

一个点群，加上螺旋轴和滑移反映面便可生成若干个空间群，如 C_2 点群可以生成 3 个空间群，这 3 个空间群的熊夫利符号分别为 C_2^1、C_2^2、C_2^3，这里点群符号的上标简单标记了空间群的序号，但并不能反映出其中平移操作的特点，因此空间群通常不用熊夫利符号表示，而更多用国际符号 (即 HM 符号) 来表示。关于国际符号的含义以及所有 230 种空间群可以参考维基百科[52, 53]。

2.4　晶系和点阵

2.4.1　七大晶系

前面提到在二维空间一共只有 5 种点阵，而在三维晶体中，按照点对称性，一共有 14 种点阵，也称 14 种布拉维点阵 (Bravais lattice)。这 14 种点阵又分属于 7 个晶系 (crystal system)。从另一个角度来看，晶体按照宏观对称性可以分为 7 个晶系，不同晶系之间的主要区别体现在其单胞的形状不同。这七大晶系的形状和差异已经罗列在表 2.5 中，它们具体的差别在于 (按照对称性由低到高排列)：

(1) 三斜晶系 (triclinic)：对称性最低的晶系，没有旋转轴和镜面，只有恒等操作和中心反演，属于 C_i 群。其单胞的三条基矢长度都不相等，基矢的夹角也都不相等①：

$$a \neq b \neq c,\ \ \alpha \neq \beta \neq \gamma \left(\neq \frac{\pi}{2}\right)$$

(2) 单斜晶系 (monoclinic)：存在一个 2 次轴，属于 $C_{2\mathrm{h}}$ 群，三条基矢长度不相等，但 b 轴垂直于 a、c 轴：

$$a \neq b \neq c,\ \ \alpha = \gamma = \frac{\pi}{2} \neq \beta$$

(3) 正交晶系 (orthorhombic)：存在三条 2 次轴，属于 $D_{2\mathrm{h}}$ 群，三条基矢长度都不相等，但相互垂直：

$$a \neq b \neq c,\ \ \alpha = \beta = \gamma = \frac{\pi}{2}$$

(4) 三角晶系 (rhombohedral)：存在一条 3 次轴，属于 $D_{3\mathrm{d}}$ 群，三条基矢长度相等，且夹角相等 (但不能等于 90°)：

$$a = b = c,\ \ \alpha = \beta = \gamma < \frac{2\pi}{3}, \neq \frac{\pi}{2}$$

①这里 a、b、c 是三条基矢的长度，而角度 α 是基矢 $\vec{b}$、$\vec{c}$ 的夹角，角度 β 是基矢 $\vec{c}$、$\vec{a}$ 的夹角，角度 γ 是基矢 $\vec{a}$、$\vec{b}$ 的夹角。

(5) 四方晶系 (tetragonal)：存在一条 4 次轴，属于 D_{4h} 群，两条基矢长度相等，第三条基矢长度不相等，但三者相互垂直：

$$a=b\neq c,\ \ \alpha=\beta=\gamma=\frac{\pi}{2}$$

(6) 六角晶系 (hexagonal)：存在一条 6 次轴，属于 D_{6h} 群，两条基矢长度相等，且夹角为 120°，第三条基矢长度不等，但与另外两条基矢垂直：

$$a=b\neq c,\ \ \alpha=\beta=\frac{\pi}{2},\ \ \gamma=\frac{2\pi}{3}$$

(7) 立方晶系 (cubic)：对称性最高的晶系，存在三条 4 次轴，属于 O_h 群，三条基矢长度相等，且相互垂直：

$$a=b=c,\ \ \alpha=\beta=\gamma=\frac{\pi}{2}$$

2.4.2　14 种点阵

七大晶系可以看成是按照单胞形状来划分的，如果考虑到初基元胞，则有更多的可能。例如，前面讲过简单立方、体心立方和面心立方，它们的单胞都是一样的，都属于立方晶系，但这三者的点阵是有区别的，即它们的初基元胞是不同的。

实际上，可以通过对每一个晶系增加一些新的结点 (称为加心) 的方式形成新的点阵，但加心不是任意的，通过加心，必须保证不破坏点阵的要求 (点阵中的所有点都是等价的)、不改变宏观对称性、必须有新的结构。加心的位置只可能有以下几种：

(1) 体心 (I)，即在单胞的中心加心。

(2) 面心 (F)，即在单胞的六个面上同时加面心。

(3) 底心 (A, B, C)，在单胞的一对平行的面上加面心，通常在 ab 面加心记作 C 心，在 ac 面加心记作 B 心，在 bc 面加心记作 A 心。

对于不加心的点阵称为简单点阵或原始点阵 (primitive)，通常记作 P 点阵。

通过加心，有的晶系可以得到新的点阵，如原始的立方晶系通过加体心和面心就可以得到两种新的点阵，但有的晶系则不能，如三斜晶系加心并不能获得新的点阵。总之，七大晶系可演化得到 14 种点阵，如表 2.5 所示。其中，三斜、三角和六角都只有原始点阵，单斜可以有简单单斜和底心单斜点阵，正交可以有简单正交、体心正交、底心正交和面心正交点阵，四方可以有简单四方和体心四方点阵，立方可以有简单立方、体心立方和面心立方点阵。以上汇总正好有 14 种点阵。

表 2.5　三维晶体的七大晶系和 14 种布拉维点阵

晶系	单胞参数	原始 (P)	体心 (I)	底心 (C)	面心 (F)
三斜	$a \neq b \neq c$ $\alpha \neq \beta \neq \gamma \neq 90°$	γ, β, c, a, α, b			
单斜	$a \neq b \neq c$ $\alpha = \gamma = 90°$ $\beta \neq 90°$	$\beta \neq 90°$ $a \neq c$, β, c, a, b		$\beta \neq 90°$ $a \neq c$, β, c, a, b	
正交	$a \neq b \neq c$ $\alpha = \beta = \gamma = 90°$	$a \neq b \neq c$, c, a, b	$a \neq b \neq c$, c, a, b	$a \neq b \neq c$, c, a, b	$a \neq b \neq c$, c, a, b
三角	$a = b = c$ $\alpha = \beta = \gamma \neq 90°$	$\alpha \neq 90°$, γ, p, c, α, b			
四方	$a = b \neq c$ $\alpha = \beta = \gamma = 90°$	$a \neq c$, c, a, b	$a \neq c$, c, a, b		
六角	$a = b \neq c$ $\alpha = \beta = 90°$ $\gamma = 120°$	$\gamma = 120°$, γ, c, a, b			
立方	$a = b = c$ $\alpha = \beta = \gamma = 90°$	c, a, b	c, a, b		c, a, b

2.4.3　32 个点群

上面的讨论只考虑到点阵的对称性，但对于具体材料，则必须考虑结点中原子的具体排布，所以一种点阵对应的具体材料的对称性通常会低于点阵本身的对称性。例如，金刚石和 GaAs 都属于立方晶系和面心立方点阵。金刚石的点群是 $O_{\rm h}$ 群，具有立方晶系的最高对称性。但是 GaAs 的点群却是 $T_{\rm d}$ 群，它只是 $O_{\rm h}$ 群的一个子群①。这是因为 GaAs 的基元含有 Ga 和 As 原子，元素类型不同，而金刚石的基元中两个原子都是 C 原子。因此金刚石中含有中心反演操作，而 GaAs 没有，导致 GaAs 的对称性比金刚石低。

每一种点阵本身具有的对称性总是最高的，其对应的具体晶体的对称性可能会低一些。也就是说若考虑具体的晶体结构，一个点阵的点群可以演化出不同的点群。例如，立方晶系的点群是 $O_{\rm h}$ 群，但是考虑具体晶体结构，便可得到 $O_{\rm h}$、$T_{\rm d}$、O、$T_{\rm h}$ 和 T 这五种可能的子群。最终 14 个点阵考虑到晶体的具体结构，一共可获得 32 个点群，这些点群的名称和包含的群元素已经罗列在表 2.6 中。

每一个点群，如果再考虑平移操作，则可能演化出若干个空间群。32 个点群一共可以获得 230 个空间群。这些空间群的序号及其与点群、晶系的对应关系也可以在表 2.6 中找到。

表 2.6　晶系、点群和空间群

晶系	点群	群元素	空间群
三斜晶系	C_1	E	1
	$S_2(C_i)$	E, i	2
单斜晶系	C_2	E, C_2	$3\sim5$
	$C_{1\rm h}(C_{\rm s})$	$E, \sigma_{\rm h}$	$6\sim9$
	$C_{2\rm h}$	$E, C_2, i, \sigma_{\rm h}$	$10\sim15$
正交晶系	D_2	E, C_2, C_2', C_2'	$16\sim24$
	$C_{2\rm v}$	$E, C_2, \sigma_{\rm v}, \sigma_{\rm v}$	$25\sim46$
	$D_{2\rm h}$	$E, C_2, C_2', C_2', i, \sigma_{\rm h}, \sigma_{\rm v}, \sigma_{\rm v}$	$47\sim74$
四方晶系	C_2	$E, 2C_4, C_2$	$75\sim80$
	S_4	$E, 2S_4, C_2$	$81\sim82$
	$C_{4\rm h}$	$E, 2C_4, C_2, i, 2S_4, \sigma_{\rm h}$	$83\sim88$
	D_4	$E, 2C_4, C_2, 2C_2', 2C_2''$	$89\sim98$
	$C_{4\rm v}$	$E, 2C_4, C_2, 2\sigma_{\rm v}, 2\sigma_{\rm d}$	$99\sim110$
	$D_{2\rm d}$	$E, C_2, 2C_2', 2\sigma_{\rm d}, 2S_4$	$111\sim122$
	$D_{4\rm h}$	$E, 2C_4, C_2, 2C_2', 2C_2'', i, 2S_4, \sigma_{\rm h}, 2\sigma_{\rm v}, 2\sigma_{\rm d}$	$123\sim142$
三角晶系	C_3	$E, 2C_3$	$143\sim146$
	S_6	$E, 2C_3, i, 2S_6$	147, 148
	D_3	$E, 2C_3, 3C_2$	$149\sim155$
	$C_{3\rm v}$	$E, 2C_3, 3\sigma_{\rm v}$	$156\sim161$
	$D_{3\rm d}$	$E, 2C_3, 3C_2, i, 2S_6, 3\sigma_{\rm v}$	$162\sim167$

①如果一个集合 H 的所有元素都在群 G 中，而且 H 自身也是在相同乘法法则下的一个群，则 H 称为群 G 的一个子群。任何一个点群都是本身的子群。

续表

晶系	点群	群元素	空间群
六角晶系	C_6	$E, 2C_6, 2C_3, C_2$	$168 \sim 173$
	$C_{3\mathrm{h}}$	$E, 2C_3, \sigma_\mathrm{h}, 2S_3$	174
	$C_{6\mathrm{h}}$	$E, 2C_6, 2C_3, C_2, i, 2S_3, 2S_6, \sigma_\mathrm{h}$	$175 \sim 176$
	D_6	$E, 2C_6, 2C_3, C_2, 3C_2', 3C_2''$	$177 \sim 182$
	$C_{6\mathrm{v}}$	$E, 2C_6, 2C_3, C_2, 3\sigma_\mathrm{v}, 3\sigma_\mathrm{d}$	$183 \sim 186$
	$D_{3\mathrm{h}}$	$E, 2C_3, 3C_2, \sigma_\mathrm{h}, 2S_3, 3\sigma_\mathrm{v}$	$187 \sim 190$
	$D_{6\mathrm{h}}$	$E, 2C_6, 2C_3, C_2, 3C_2', 3C_2'', i, 2S_3, 2S_6, \sigma_\mathrm{h}, 3\sigma_\mathrm{v}, 3\sigma_\mathrm{d}$	$191 \sim 194$
立方晶系	T	$E, 8C_3, 3C_2$	$195 \sim 199$
	T_h	$E, 8C_3, 3C_2, i, 8S_6, 3\sigma_\mathrm{h}$	$200 \sim 206$
	O	$E, 8C_3, 3C_2, 6C_2, 6C_4$	$207 \sim 214$
	T_d	$E, 8C_3, 3C_2, 6\sigma_\mathrm{d}, 6S_4$	$215 \sim 220$
	O_h	$E, 8C_3, 3C_2, 6C_2, 6C_4, i, 8S_6, 3\sigma_\mathrm{h}, 6\sigma_\mathrm{d}, 6S_4$	$221 \sim 230$

2.5 原 子 坐 标

2.5.1 分数坐标和直角坐标

在第一性原理计算中，元胞基矢和原子坐标是最基本和最重要的输入参数。有了晶体的元胞后，还需要确定元胞中原子的坐标。原子坐标通常有两种形式，一种是分数坐标 (fractional 或者 direct)，一种是直角坐标，即笛卡儿坐标 (Cartesian coordinate)。前者以元胞的基矢作为坐标的基矢。设元胞的三个基矢为 $\vec{a}_1$、$\vec{a}_2$、$\vec{a}_3$，那么原子坐标可以表示为

$$\vec{r} = a\vec{a}_1 + b\vec{a}_2 + c\vec{a}_3 \quad (0 \leqslant a, b, c < 1)$$

其中系数 (a, b, c) 即为这个原子的分数坐标。

例如图 2.3(b) 所示的体心立方晶体，位于顶点和体心的原子的分数坐标分别是

$$(0,0,0), \left(\frac{1}{2}, \frac{1}{2}, \frac{1}{2}\right)$$

而图 2.3(c) 所示的面心立方的顶点和三个面心的原子的分数坐标分别是

$$(0,0,0), \left(0, \frac{1}{2}, \frac{1}{2}\right), \left(\frac{1}{2}, 0, \frac{1}{2}\right), \left(\frac{1}{2}, \frac{1}{2}, 0\right)$$

很显然，分数坐标是无量纲的，而且一般分数坐标取值在 $0 \sim 1$ 之间 (也可以设定为 $-0.5 \sim 0.5$ 之间)。分数坐标的好处是以元胞基矢为单位，非常直观。对于结构相同的晶体，元胞大小不同，相同位置的原子的分数坐标也是相同的。

当然，也可以使用更加常见的直角坐标来确定原子的位置。直角坐标以晶体所在空间的直角坐标系的三个基矢 $\vec{i}$、$\vec{j}$、$\vec{k}$ 为基矢。

$$\vec{r}=x\vec{i}+y\vec{j}+z\vec{k}$$

其中，$\vec{i}$、$\vec{j}$、$\vec{k}$ 为单位矢量；(x,y,z) 即为原子的直角坐标。直角坐标的量纲是长度量纲，一般单位为 Å。如果一种体心立方材料的单胞的长度为 4 Å，则体心的原子的直角坐标为 (2.0 Å, 2.0 Å, 2.0 Å)。但如果另外一种体心立方材料的单胞的长度为 4.2 Å，则体心的原子的直角坐标为 (2.1 Å, 2.1 Å, 2.1 Å)。由此可见，直角坐标的数值会随着晶格常数的变化而变化，而且也会随着元胞的取向不同而改变，所以在晶体中，分数坐标一般会比直角坐标更为方便。

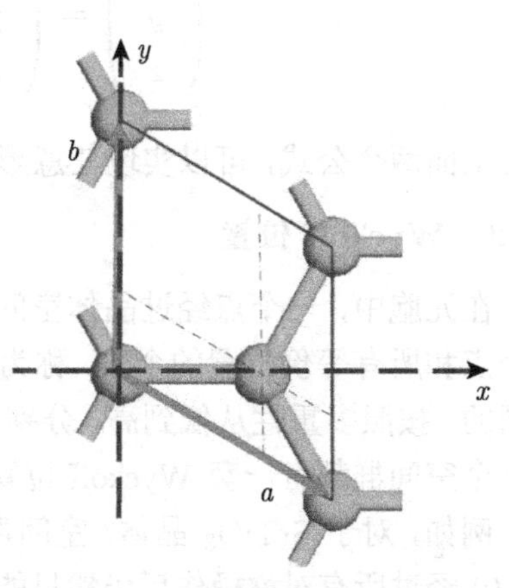

图 2.28　石墨烯的元胞和原子坐标

下面以石墨烯为例写出石墨烯的基矢和原子坐标。石墨烯的元胞如图 2.28 所示，在图中所建立的直角坐标系下，基矢为

$$\begin{cases}\vec{a}=\left(\dfrac{\sqrt{3}}{2}a,-\dfrac{1}{2}a\right)=(2.13,-1.23)\\[2ex]\vec{b}=(0,a)=(0,2.46)\end{cases}\tag{2.5}$$

其中 $a=2.46$ Å，也就是基矢的长度。石墨烯元胞顶点原子的坐标比较简单，不管是分数坐标，还是直角坐标，都是 $(0,0)$。元胞内部的原子正好在 x 轴上，其直角坐标比较简单，为 (1.42 Å, 0 Å)。其中 1.42 Å 为碳–碳键长。根据图 2.28 所示的几何学原理，可知其分数坐标为 $\left(\dfrac{2}{3},\dfrac{1}{3}\right)$。

2.5.2　分数坐标和直角坐标的转换

有时需要在分数坐标和直角坐标之间转换，本质上这是一个坐标变换的过程，这里给出一个一般性的公式。假设元胞的三个基矢为

$$\vec{a}=\begin{pmatrix}x_a\\y_a\\z_a\end{pmatrix},\quad\vec{b}=\begin{pmatrix}x_b\\y_b\\z_b\end{pmatrix},\quad\vec{c}=\begin{pmatrix}x_c\\y_c\\z_c\end{pmatrix}$$

设某一个原子的分数坐标为 (a,b,c)，直角坐标为 (x,y,z)，那么它们满足下列关系：

$$\begin{pmatrix}a\\b\\c\end{pmatrix}=\begin{pmatrix}x_a&x_b&x_c\\y_a&y_b&y_c\\z_a&z_b&z_c\end{pmatrix}^{-1}\cdot\begin{pmatrix}x\\y\\z\end{pmatrix}\tag{2.6}$$

和

$$\begin{pmatrix} x \\ y \\ z \end{pmatrix} = \begin{pmatrix} x_a & x_b & x_c \\ y_a & y_b & y_c \\ z_a & z_b & z_c \end{pmatrix} \cdot \begin{pmatrix} a \\ b \\ c \end{pmatrix} \tag{2.7}$$

根据上面两个公式，可以实现任意形状元胞中原子的两种坐标之间的变换。

2.5.3 Wyckoff 位置

在元胞中，一个点经过晶体空间群的对称操作后，会得到一系列的等价位置，这个点和所有等价位置的个数，称为多重性 (multiplicity)。不同点的多重性可能是不同的，按照多重性从低到高，分别用字母 $a, b, c, \cdots$ 来表示，称为 Wyckoff 字母。每一个空间群都有一套 Wyckoff 位置，这些都可以从网站上查询到[54]。

例如，对于 $SrTiO_3$ 晶体，空间群为 $Pm\bar{3}m$(221 号)，如表 2.7 所示，顶点位置 (0,0,0) 经过所有对称操作后仍然只能得到顶点，所以顶点的多重性为 1。体心 (1/2, 1/2, 1/2) 经过所有对称操作后也只能得到体心，体心的多重性也为 1。而一个面心如 (1/2, 1/2, 0) 经过对称操作可以得到另外两个面心 (1/2, 0, 1/2) 和 (0, 1/2, 1/2)，所以面心的多重性为 3。棱的中点 (1/2, 0, 0) 经过对称操作可以得到其他两个中点 (0, 1/2, 0) 和 (0, 0, 1/2)，所以棱的中点的多重性也为 3。但是对于棱上其他一般的点 (x, 0, 0)(很显然，这里 x 不等于 0.5)，经过对称操作可以得到 6 个位置：($\pm x$, 0 , 0)，(0, $\pm x$, 0) 和 (0, 0, $\pm x$)，所以 (x, 0, 0) 的多重性为 6。按照顺序，这些点分别用 1a、1b、3c、3d、6e 来表示。当然，$Pm\bar{3}m$ 群还有其他的 Wyckoff 位置，完整的表格见网站 [54]。其中对于一个最一般的位置 (x, y, z)，通过操作 (包括恒等操作) 可以得到 48 个等价位置，即每一个操作都会产生一个新的不同位置，所以其 Wyckoff 位置为 $48n$。

表 2.7 $Pm\bar{3}m$ 空间群的 Wyckoff 位置

多重性	Wyckoff 字母	坐标
1	a	(0, 0, 0)
1	b	(1/2, 1/2, 1/2)
3	c	(0, 1/2, 1/2) (1/2, 0, 1/2) (1/2, 1/2, 0)
3	d	(1/2, 0, 0) (0, 1/2, 0) (0, 0, 1/2)
6	e	($\pm x$, 0 , 0) (0, $\pm x$, 0) (0, 0, $\pm x$)
6	f	($\pm x$,1/2, 1/2) (1/2, $\pm x$, 1/2) (1/2, 1/2, $\pm x$)
⋮	⋮	⋮
48	n	$(x, y, z) \cdots$

利用 Wyckoff 符号，很容易表示晶体中原子的位置，如对 $SrTiO_3$ 而言，Sr 位

于 1a 位置，Ti 位于 1b 位置，而 O 位于 3c 位置。在晶体学数据库中，原子的位置一般都会注明其 Wyckoff 符号。

2.6　晶体的倒易空间

2.6.1　倒易空间和倒易点阵

晶体最重要的性质就是平移周期性，因此晶体相关的许多物理量也是坐标空间的周期函数，如点阵密度函数、势能函数、电荷密度函数等①，一般写成

$$f(\vec{r}+\vec{R}_l)=f(\vec{r}) \tag{2.8}$$

其中 $\vec{R}_l=l_1\vec{a}_1+l_2\vec{a}_2+l_3\vec{a}_3$ 是晶体的平移矢量，$\vec{a}_1$、$\vec{a}_2$、$\vec{a}_3$ 是晶体元胞的三个基矢，l_1、l_2、l_3 是任意整数。

对于任意的周期函数，可以用傅里叶级数展开，因此可以把上述 $f(r)$ 函数从坐标空间 (也称实空间) 变换到倒易空间 (reciprocal space)。倒易空间也称动量空间，许多物理问题在动量空间中讨论往往比在实空间中更方便。

周期函数 $f(\vec{r})$ 的傅里叶级数可以写成

$$f(\vec{r})=\sum_h f(\vec{K}_h)\mathrm{e}^{\mathrm{i}\vec{K}_h\cdot\vec{r}} \tag{2.9}$$

利用式 (2.8) 代入式 (2.9) 得

$$f(\vec{r}+\vec{R}_l)=\sum_h f(\vec{K}_h)\mathrm{e}^{\mathrm{i}\vec{K}_h\cdot(\vec{r}+\vec{R}_l)}=\sum_h f(\vec{K}_h)\mathrm{e}^{\mathrm{i}\vec{K}_h\cdot\vec{r}}\mathrm{e}^{\mathrm{i}\vec{K}_h\cdot\vec{R}_l} \tag{2.10}$$

对比式 (2.8)、式 (2.9) 和式 (2.10)，必须有 $\mathrm{e}^{\mathrm{i}\vec{K}_h\cdot\vec{R}_l}=1$，即

$$\vec{K}_h\cdot\vec{R}_l=2\pi n \tag{2.11}$$

其中 n 是任意整数。因为 $\vec{R}_l$ 是实空间的平移矢量，具有长度量纲。因此，傅里叶级数变换后的 $\vec{K}_h$ 是具有长度倒数的量纲，这其实就是波矢的量纲，所以用 K 来表示。而波矢和动量就相差一个普朗克常量，所以一个实空间的函数 $f(\vec{r})$ 进行傅里叶级数变换后得到的是一个动量空间的函数 $f(\vec{K}_h)$。

因为 $\vec{R}_l=l_1\vec{a}_1+l_2\vec{a}_2+l_3\vec{a}_3$，为了满足式 (2.11)，定义三个矢量 $\vec{b}_1$、$\vec{b}_2$、$\vec{b}_3$，它们和 K 一样也具有波矢的量纲，要求：

$$\vec{a}_i\cdot\vec{b}_j=2\pi\delta_{ij}\qquad(i,j=1,2,3) \tag{2.12}$$

① 波函数不是元胞的周期函数。

这里 δ_{ij} 是克罗内克 δ 函数 (Kronecker δ function)：

$$\delta_{ij} = \begin{cases} 1, & i = j \\ 0, & i \neq j \end{cases} \tag{2.13}$$

此时令

$$\vec{K}_h = h_1\vec{b}_1 + h_2\vec{b}_2 + h_3\vec{b}_3$$

这里 h_1、h_2、h_3 都是整数。很显然它满足式 (2.11)：

$$\begin{aligned} \vec{K}_h \cdot \vec{R}_l &= (h_1\vec{b}_1 + h_2\vec{b}_2 + h_3\vec{b}_3) \cdot (l_1\vec{a}_1 + l_2\vec{a}_2 + l_3\vec{a}_3) \\ &= 2\pi(h_1 l_1 + h_2 l_2 + h_3 l_3) = 2\pi n \end{aligned}$$

由此可见，$\vec{K}_h$ 也是一系列离散的矢量，它形式上与 $\vec{R}_l$ 完全一样，所以其实 $\vec{K}_h$ 就是动量空间的平移矢量，即动量空间中也存在一个点阵，称为倒易点阵 (reciprocal lattice)，它的基矢就是 $\vec{b}_1$、$\vec{b}_2$、$\vec{b}_3$。因为这些倒易点阵的基矢要满足关系式 $\vec{a}_i \cdot \vec{b}_j = 2\pi\delta_{ij}$，一个显而易见的表达式为

$$\begin{cases} \vec{b}_1 = \dfrac{2\pi}{\Omega}(\vec{a}_2 \times \vec{a}_3) \\ \vec{b}_2 = \dfrac{2\pi}{\Omega}(\vec{a}_3 \times \vec{a}_1) \\ \vec{b}_3 = \dfrac{2\pi}{\Omega}(\vec{a}_1 \times \vec{a}_2) \end{cases} \tag{2.14}$$

其中 $\Omega = \vec{a}_1 \cdot (\vec{a}_2 \times \vec{a}_3)$ 是实空间元胞的体积。请注意，这个公式只适合三维的情况，对于二维点阵，可以直接使用正交关系式 (2.12) 来求解倒易点阵的基矢，也可以使用如下的公式：

$$\begin{cases} \vec{b}_1 = \dfrac{2\pi}{\vec{a}_1 \cdot \boldsymbol{D}\vec{a}_2}\boldsymbol{D}\vec{a}_2 \\ \vec{b}_2 = \dfrac{2\pi}{\vec{a}_2 \cdot \boldsymbol{D}\vec{a}_1}\boldsymbol{D}\vec{a}_1 \end{cases} \tag{2.15}$$

这里 $\vec{a}_1$、$\vec{a}_2$、$\vec{b}_1$、$\vec{b}_2$ 都是二维矢量，而 $\boldsymbol{D}$ 是转动 90° 的二维方阵：

$$\boldsymbol{D} = \begin{bmatrix} 0 & -1 \\ 1 & 0 \end{bmatrix} \tag{2.16}$$

在实空间，基矢 $\vec{a}_1$、$\vec{a}_2$、$\vec{a}_3$ 围成平行六面体，是晶体的初基元胞，晶体的点阵可以通过平移矢量 $\vec{R}_l$ 获得。类似地，$\vec{b}_1$、$\vec{b}_2$、$\vec{b}_3$ 也可以围成一个平行六面体，称为倒易点阵的初基元胞，倒易点阵也可以通过倒易空间的平移矢量 $\vec{K}_h$ 获得。可以

证明，在三维情况下倒易点阵的元胞体积 (Ω^*) 与实空间元胞的体积 (Ω) 满足如下关系：

$$\Omega^* = \vec{b}_1 \cdot (\vec{b}_2 \times \vec{b}_3) = \frac{(2\pi)^3}{\Omega} \tag{2.17}$$

因此，一个晶体实空间的元胞越大，则倒易空间的元胞越小。这个规律在第一性原理计算中非常有用。因为计算时往往需要对倒易空间进行积分，在实际的计算中积分转换为有限个数 k 点的求和，而 k 点的数目显然和倒易空间元胞的大小成正比。

2.6.2　体心立方和面心立方的倒易点阵

下面以体心立方和面心立方为例来计算它们的倒易点阵。根据式 (2.2)，体心立方的基矢为

$$\begin{cases} \vec{a}_1 = \dfrac{a}{2}\left(-\vec{i}+\vec{j}+\vec{k}\right) \\ \vec{a}_2 = \dfrac{a}{2}\left(\vec{i}-\vec{j}+\vec{k}\right) \\ \vec{a}_3 = \dfrac{a}{2}\left(\vec{i}+\vec{j}-\vec{k}\right) \end{cases} \tag{2.18}$$

代入式 (2.14)，易得其倒易点阵的基矢：

$$\begin{cases} \vec{b}_1 = \dfrac{2\pi}{a}\left(\vec{j}+\vec{k}\right) \\ \vec{b}_2 = \dfrac{2\pi}{a}\left(\vec{i}+\vec{k}\right) \\ \vec{b}_3 = \dfrac{2\pi}{a}\left(\vec{i}+\vec{j}\right) \end{cases} \tag{2.19}$$

这个倒易点阵基矢的形式其实就是面心立方点阵的基矢 [见式 (2.3)]，只是基矢前面系数不同，所以体心立方点阵的倒易点阵其实具有面心立方结构。

还可以证明，面心立方点阵的倒易点阵其实具有体心立方结构，根据式 (2.3) 面心立方的基矢为：

$$\begin{cases} \vec{a}_1 = \dfrac{a}{2}\left(\vec{j}+\vec{k}\right) \\ \vec{a}_2 = \dfrac{a}{2}\left(\vec{i}+\vec{k}\right) \\ \vec{a}_3 = \dfrac{a}{2}\left(\vec{i}+\vec{j}\right) \end{cases} \tag{2.20}$$

代入式 (2.14)，易得其倒易点阵的基矢：

$$
\begin{cases}
\vec{b}_1 = \dfrac{2\pi}{a}\left(-\vec{i}+\vec{j}+\vec{k}\right) \\
\vec{b}_2 = \dfrac{2\pi}{a}\left(\vec{i}-\vec{j}+\vec{k}\right) \\
\vec{b}_3 = \dfrac{2\pi}{a}\left(\vec{i}+\vec{j}-\vec{k}\right)
\end{cases} \tag{2.21}
$$

这就是体心立方点阵的基矢。所以面心立方和体心立方互为倒易点阵。

2.6.3　布里渊区

由 $\vec{b}_1$、$\vec{b}_2$、$\vec{b}_3$ 围成的平行六面体为倒易点阵的元胞，但在倒易点阵中很少用这种取法，通常采用魏格纳–塞茨元胞，因为魏格纳–塞茨元胞不仅是最小的，而且可以充分反映出晶体的宏观对称性。倒易点阵的魏格纳–塞茨元胞又称第一布里渊区(Brillouin zone)，其取法和正点阵的魏格纳–塞茨元胞完全一样。

下面以二维石墨烯为例，计算其倒易点阵和第一布里渊区。关于石墨烯的元胞和正点阵已经在前面讨论过，这里如图 2.29(a) 所示，$\vec{a}_1$、$\vec{a}_2$ 是石墨烯的基矢，在直角坐标系下写成

$$
\begin{cases}
\vec{a}_1 = \dfrac{\sqrt{3}a}{2}\vec{i} - \dfrac{3a}{2}\vec{j} \\
\vec{a}_2 = \dfrac{\sqrt{3}a}{2}\vec{i} + \dfrac{3a}{2}\vec{j}
\end{cases} \tag{2.22}
$$

这里 a 是碳–碳键长。因为这是二维矢量，所以可以用式 (2.15)，也可以用正交关系式 (2.12)，都可以得到倒易点阵的基矢：

$$
\begin{cases}
\vec{b}_1 = \dfrac{2\pi}{\sqrt{3}a}\vec{i} - \dfrac{2\pi}{3a}\vec{j} \\
\vec{b}_2 = \dfrac{2\pi}{\sqrt{3}a}\vec{i} + \dfrac{2\pi}{3a}\vec{j}
\end{cases} \tag{2.23}
$$

所以倒易点阵的平移矢量为

$$
\vec{K}_h = h_1\vec{b}_1 + h_2\vec{b}_2
$$

倒易点阵的基矢和倒易点阵见图 2.29(b)。由此可见，石墨烯的倒易点阵也是一个三角点阵。在此基础上，做出该倒易点阵的魏格纳–塞茨元胞，如图 2.29(b) 的阴影部分，即石墨烯的第一布里渊区是一个正六边形。

布里渊区的一些高对称点通常用一些大写字母来表示，如石墨烯的六边形布里渊区的中心为 $\varGamma$ 点，六个顶点为 K 点，而六条边的中点为 M 点。石墨烯中电子形成的狄拉克点就出现在六个 K 点处。

体心立方点阵的倒易点阵为面心立方，而面心立方点阵的魏格纳–塞茨元胞是正十二面体，所以体心立方点阵的第一布里渊区是正十二面体。类似地，面心立方的第一布里渊区是截角八面体，即十四面体。而简单立方的布里渊区仍然是一个简单的立方体。这三种立方点阵的布里渊区如图 2.30 所示。对于其他点阵的第一布里渊区的推荐取法，可以参考附录二或者维基百科[55]。

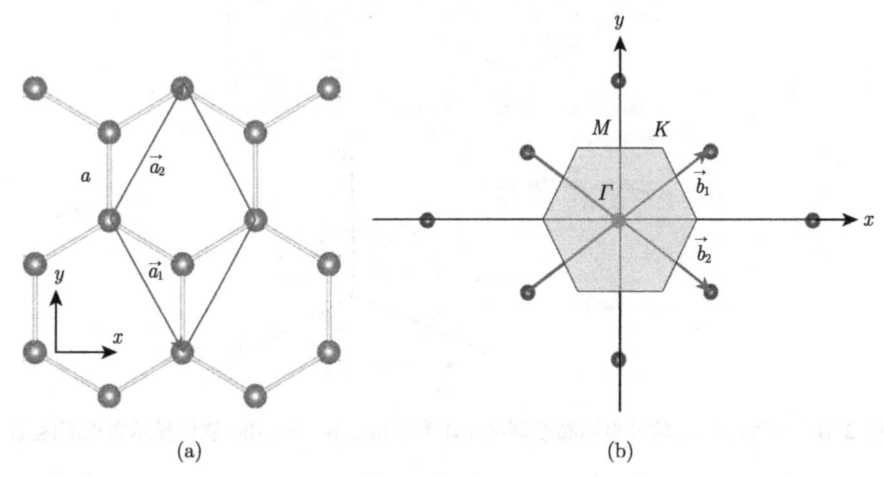

图 2.29　石墨烯的晶体结构和元胞 (a) 及其对应的倒易点阵和第一布里渊区 (b)

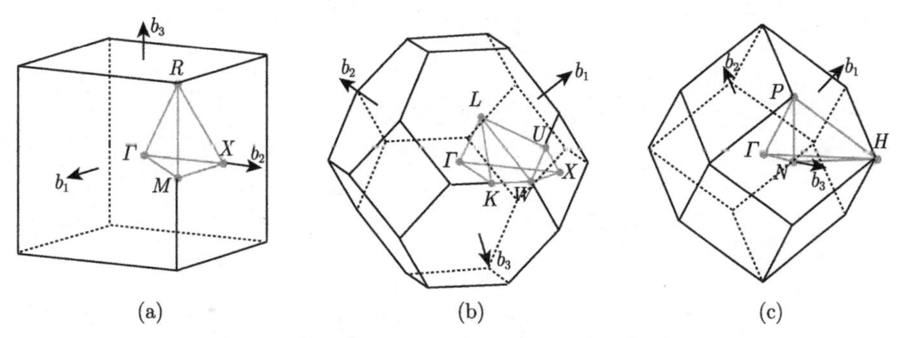

图 2.30　简单立方 (a)、面心立方 (b) 和体心立方
(c) 点阵的第一布里渊区及其高对称点坐标符号

借助一些软件可以画出任意晶体的布里渊区。例如，XCrySDen 和 Materials Studio 都可用来显示晶体结构、布里渊区以及获得高对称点坐标，如图 2.31 所示。

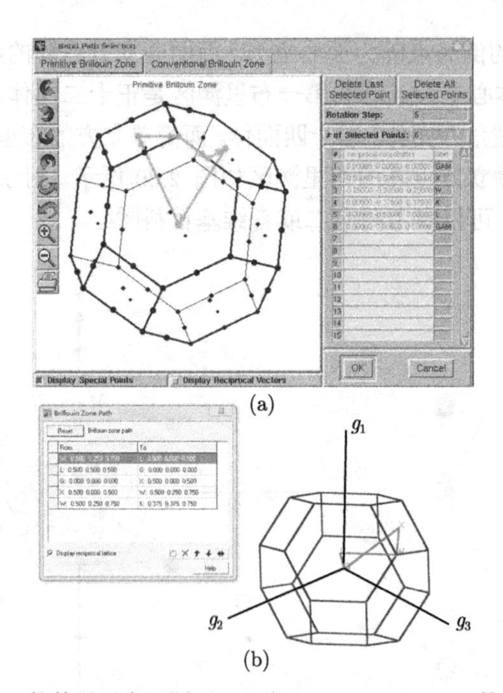

图 2.31　XCrySDen 软件显示布里渊区 (a) 和 Materials Studio 软件显示布里渊区 (b)

第 3 章 电子能带结构

3.1 引 言

在量子力学建立之前，人们对材料性质的研究已经取得了很多成果。例如，对材料比热容的研究，用能量均分定理可以很好地解释实验现象。使用经典的自由电子气模型得到了金属电导率的公式，并且可以解释金属的电导率 (σ) 和热导率 (κ) 的关系，即 Wiedeman-Franz 经验定律：$\dfrac{\kappa}{\sigma} = LT$，其中 L、T 分别是洛伦兹数 (Lorenz number) 和绝对温度。

但是，也有一些问题不能得到解释，如电子的比热容问题，经典的自由电子气模型不能解释为什么电子对比热容的贡献微乎其微。如果电子有充分的自由度来运载电流，那么这些自由度同样对比热容有贡献。Pauli 和 Sommerfeld 用量子力学处理电子的运动，采用费米–狄拉克 (Fermi-Dirac) 统计替代经典的玻尔兹曼统计，成功解决了这个问题。因为不是所有电子都贡献比热容，而是只有费米面附近的少数电子才会有贡献。因此，计算得到的电子气的比热容大大低于经典电子的比热容数值。

20 世纪初，量子力学首先在原子物理领域取得巨大成功。量子力学一方面是研究更微小的原子核和基本粒子，另一方面是研究分子和固体等大量粒子的系统。虽然薛定谔方程原则上给出了材料中电子的运动方程，但在实际应用中，直接利用薛定谔方程求解实际材料电子的波函数是非常困难的。薛定谔方程在单个氢原子系统中可以获得解析解，利用数值计算方法求解多电子孤立原子的波函数也是可行的，但直接利用薛定谔方程求解实际材料电子的波函数是非常困难的，仅限于一些小分子体系。

在一个固体材料中，原子数是阿伏伽德罗常量的量级，根本不可能用薛定谔方程直接求解。1928 年，布洛赫研究发现对于严格周期系统，不同元胞之间的波函数满足一定的关系，即布洛赫定理。利用该定理，对于严格周期系统 (如理想的单晶)，只需要研究一个元胞中的原子和电子即可，这为固体能带理论和电子结构计算的建立奠定了基础。

实际上，即使是一个元胞也是十分复杂的，多粒子哈密顿包含多种相互作用：

$$\hat{H}=-\frac{\hbar^2}{2}\sum_i\frac{\nabla^2_{\vec{R}_i}}{M_i}-\frac{\hbar^2}{2}\sum_i\frac{\nabla^2_{\vec{r}_i}}{m_i}-\frac{1}{4\pi\varepsilon_0}\sum_{i,j}\frac{e^2Z_i}{|\vec{R}_i-\vec{r}_j|}+\frac{1}{8\pi\varepsilon_0}\sum_{i\neq j}\frac{e^2}{|\vec{r}_i-\vec{r}_j|}+\frac{1}{8\pi\varepsilon_0}\sum_{i\neq j}\frac{e^2Z_iZ_j}{|\vec{R}_i-\vec{R}_j|}$$

上述方程右边的第一项是原子核的动能项，第二项是电子的动能项，第三项是电子与原子核之间的相互作用项，第四项是电子与电子之间的相互作用项，第五项是原子核与原子核之间的相互作用项，其中电子与电子之间的相互作用项最为复杂。上述哈密顿过于复杂，通常需要采用以下的近似：绝热近似和单电子近似。

原子核的质量远大于电子的质量，所以原子核的运动比电子缓慢得多。当原子核有微小运动时，周围的电子总能够迅速地调整运动状态而达到平衡。因此，可以把整个系统的运动分成两部分：原子核部分和电子部分。当考虑电子运动时，可以认为原子核是静止的，原子核只是作为一个正电的背景而存在，相当于一个外加的势场。电子的运动可以使用量子力学薛定谔方程来求解，而原子核的运动则可以使用牛顿方程来求解，两者可以分开处理。这就是所谓的 Born-Oppenheimer 近似[56]，由 Born 和 Oppenheimer 于 1927 年首先提出的，也称绝热近似 (adiabatic approximation)。从电子能带来看，常温下原子核运动的能量比电子的能量小两个数量级左右，原子核的运动不会造成电子波函数从一个态激发到另外一个态。例如，对于绝缘体或者半导体，电子能隙通常在电子伏特数量级，而常温下原子振动的能量一般为几毫电子伏特或者最多几十毫电子伏特的数量级，原子核的运动不会造成电子从基态跃迁到激发态。当然对于金属而言，原则上绝热近似是不成立的，因为金属没有能隙，任何非零的温度完全可以使电子发生跃迁。但是，由于电子的费米温度远远高于室温，所以室温下电子的激发只出现在费米面附近非常小的范围内，它对材料大部分性质的影响也是很小的。因此绝热近似对于大部分材料都是一个很好的近似，但对于特别轻的元素，如氢原子，则可能会带来较大的误差。因此在研究含有氢原子的体系 (如水分子)，有时要把原子核和电子同时用量子力学处理。

在绝热近似下，上述多粒子哈密顿可简化成如下的形式：

$$\begin{aligned}\hat{H}&=\hat{T}+\hat{V}_{\text{ee}}+\hat{V}_{\text{ext}}\\&=-\frac{\hbar^2}{2}\sum_i\frac{\nabla^2_{\vec{r}_i}}{m_i}+\frac{1}{8\pi\varepsilon_0}\sum_{i\neq j}\frac{e^2}{|\vec{r}_i-\vec{r}_j|}-\frac{1}{4\pi\varepsilon_0}\sum_{i,j}\frac{e^2Z_i}{|\vec{R}_i-\vec{r}_j|}\end{aligned}\tag{3.1}$$

此时，原子核的动能项没有了，而原子核之间的相互作用成为一个常数，可以直接去掉。哈密顿只剩下电子动能项、电子–电子相互作用项和电子与原子核的相互作用项，而且最后一项中原子核不动，可以看成外场项。

这里，电子–电子相互作用项处理起来仍然十分困难，这是因为任何一个电子的状态都会受到其他所有电子的影响，它们相互耦合，并不能单独处理。因此，固体电子结构计算的一个核心问题是要把多电子问题转换成单电子问题，一般称为单电子近似，这将在后面章节中讨论。

在本章中，我们简要介绍如何处理薛定谔方程。如图 3.1 所示，求解薛定谔方程主要需要考虑以下几个方面。

(1) 如何处理势能项：绝热近似和单电子近似是对多粒子哈密顿的简化，实际上还需要考虑更多的情况，例如，如何处理原子核和电子的相互作用，是否采用赝势方法？是周期系统还是孤立系统？是否需要考虑自旋极化？等等。

(2) 如何处理波函数本身：这里主要指选取什么基组来展开波函数，采用平面波、原子轨道或者混合基组？

(3) 对于动能项：是否考虑相对论效应？

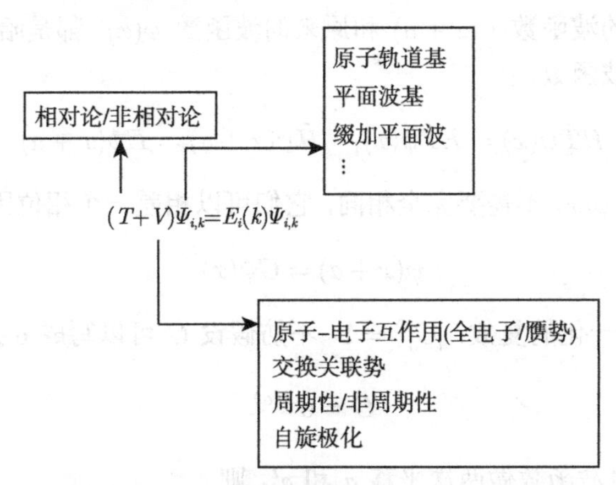

图 3.1　定态薛定谔方程和各项的可能处理方案

3.2　布洛赫定理

3.2.1　布洛赫定理的证明

布洛赫定理是由瑞士物理学家布洛赫 (Felix Bloch) 在 1928 年首先证明[57]，它是电子能带理论的基础。事实上，布洛赫定理具有普适性，只要是在周期系统中传播的波 (如光子晶体和声子晶体中的光波和声波) 都应该满足该定理。

布洛赫定理的基本出发点就是系统具有周期性。考虑一个一维无穷大周期系统，薛定谔方程为

$$\hat{H}\psi(x)=\left[-\frac{\hbar^2}{2m}\nabla^2+V(x)\right]\psi(x)=E\psi(x) \tag{3.2}$$

其中势能函数满足平移周期性：

$$V(x+a)=V(x)$$

a 为元胞长度。考虑一个平移算符 $\hat{T}(a)$，它的作用是对波函数平移 a：

$$\hat{T}(a)\psi(x)=\psi(x+a)$$

容易证明，平移算符 $\hat{T}$ 和哈密顿 $\hat{H}$ 是可对易的：

$$\begin{aligned}\hat{T}(a)\hat{H}\psi(x)&=\left[-\frac{\hbar^2}{2m}\nabla^2_{x+a}+V(x+a)\right]\psi(x+a)\\&=\left[-\frac{\hbar^2}{2m}\nabla^2+V(x)\right]\psi(x+a)\\&=\hat{H}\hat{T}(a)\psi(x)\end{aligned}$$

所以易知平移后的波函数 $\psi(x+a)$ 和原来的波函数 $\psi(x)$ 都是哈密顿相同能量本征值对应的本征波函数：

$$\hat{H}\hat{T}\psi(x)=E\hat{T}\psi(x),\quad \hat{H}\psi(x+a)=E\psi(x+a)\tag{3.3}$$

但是 $\psi(x+a)$ 和 $\psi(x)$ 不需要完全相同，它们可以相差一个相位因子 C：

$$\psi(x+a)=C\psi(x)\tag{3.4}$$

其中 C 是一个归一化的复数：$|C|^2=1$，不妨假设 C 可以写成 e 指数的形式：

$$C=\mathrm{e}^{\mathrm{i}\phi(a)}\tag{3.5}$$

另外，考虑对波函数做两次平移 a 和 a'，则

$$\begin{cases}\hat{T}(a)\hat{T}(a')\psi(x)=\hat{T}(a)C(a')\psi(x)=C(a)C(a')\psi(x)=\psi(x+a+a')\\ \hat{T}(a+a')\psi(x)=C(a+a')\psi(x)=\psi(x+a+a')\end{cases}$$

所以

$$C(a)C(a')=C(a+a')$$

由此可知，式 (3.5) 中的 $\phi(a)$ 函数应该是线性的，C 实际上可以写成

$$C=\mathrm{e}^{\mathrm{i}ka}$$

其中 k 为平移算符本征值对应的量子数。

所以平移前后波函数 [式 (3.4)] 满足如下关系：

$$\psi(x+a)=\mathrm{e}^{\mathrm{i}ka}\psi(x)$$

很容易把上面的结论推广到三维系统，对于特定波矢 $\vec{k}$ 和能带 n 的波函数：

$$\psi_{n,\vec{k}}(\vec{r}+\vec{R}_l)=\mathrm{e}^{\mathrm{i}\vec{k}\cdot\vec{R}_l}\psi_{n,\vec{k}}(\vec{r}) \tag{3.6}$$

这就是三维周期系统中的布洛赫定理。布洛赫定理证明：当平移晶格矢量 $\vec{R}_l$ 时，同一个能量本征值对应的波函数会增加一个相位因子 $\mathrm{e}^{\mathrm{i}\vec{k}\cdot\vec{R}_l}$。

布洛赫定理公式 (3.6) 还可写成另外一种形式：

$$\psi_{n,\vec{k}}(\vec{r}+\vec{R}_l)=\mathrm{e}^{\mathrm{i}\vec{k}\cdot\vec{r}}u_{n,\vec{k}}(\vec{r}) \tag{3.7}$$

其中等式右边第一项是一个平面波，而第二项可以看成平面波的调幅因子，它本身是晶体元胞的周期函数：

$$u_{n,\vec{k}}(\vec{r}+\vec{R})=u_{n,\vec{k}}(\vec{r})$$

很容易证明式 (3.7) 满足布洛赫定理公式 (3.6)。由此可见，在严格的周期性系统中，电子的波函数是一个调幅的平面波，称为布洛赫波。布洛赫波是一个无衰减的波，电子可以一直传播到无穷远处而不会被散射。在实际晶体中，缺陷和晶格振动 (声子) 总是存在的，它们会破坏原子的严格周期性，所以实际材料中的电子总是会受到散射从而产生电阻。

3.2.2　玻恩–冯·卡门边界条件

实际的晶体大小总是有限的，在晶体的边界处，元胞不满足平移周期性，此时布洛赫定理不成立。为此，玻恩和冯·卡门提出了一个解决办法，避免了晶体的边界问题，称之为玻恩–冯·卡门边界条件 (Born-von Karman boundary condition)。考虑一维有限长的点阵，有 N 个元胞，晶格常数为 a，如图 3.2 (a) 所示。为了避免端点的不连续，假设把点阵的最后一个点 (第 N 个) 和第一个点连起来，相当于形成如图 3.2(b) 所示的首尾相连的圆环，这样就不存在边界了。

此时，如果波函数平移 Na 的长度，相当于把第一个元胞的波函数平移到第 $N+1$ 个元胞，而第 $N+1$ 个和第一个元胞是同一个元胞，所以波函数必须完全恢复原状，即

$$\psi(x+Na)=\hat{T}(Na)\psi(x)=\mathrm{e}^{\mathrm{i}Nka}\psi(x)=\psi(x)$$

所以

$$\mathrm{e}^{\mathrm{i}Nka}=1$$

$$Nka=2\pi h\Rightarrow k=\frac{2\pi h}{Na}$$

其中 h 是整数。因为一维布里渊区的范围是 $-\dfrac{\pi}{a}<k\leqslant\dfrac{\pi}{a}$，所以 h 的取值范围是：$-\dfrac{N}{2}<h\leqslant\dfrac{N}{2}$，一共可以取 N 个值。所以，如果考虑玻恩–冯·卡门边界条件，

则电子的波矢 $\vec{k}$ 是离散的，在第一布里渊区一共可以取 N 个值，这里 N 为材料中元胞的数目。

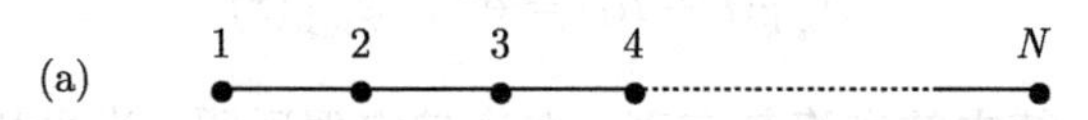

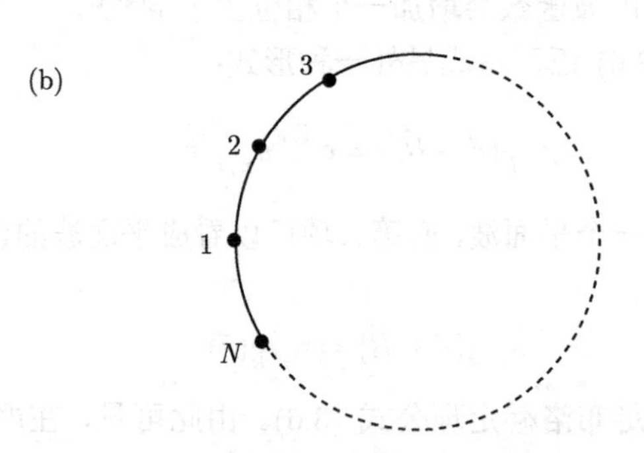

图 3.2 一维情况下的玻恩–冯・卡门边界条件

(a) 有限长的一维晶体；(b) 假想首尾相连以避免边界

以上讨论很容易扩展到三维情况，只需要考虑三个基矢方向分别满足一维的玻恩–冯・卡门边界条件，考虑晶体三个基矢为 $\vec{a}_1$、$\vec{a}_2$、$\vec{a}_3$，三个方向上分别有 N_1、N_2 和 N_3 个元胞，整个晶体一共有 N 个元胞，$N = N_1N_2N_3$，则

$$\begin{cases} \psi(\vec{r}+N_1\vec{a}_1) = \hat{T}(N_1\vec{a}_1)\psi(\vec{r}) = \mathrm{e}^{\mathrm{i}N_1\vec{k}\cdot\vec{a}_1}\psi(\vec{r}) = \psi(\vec{r}) \\ \psi(\vec{r}+N_2\vec{a}_2) = \hat{T}(N_2\vec{a}_2)\psi(\vec{r}) = \mathrm{e}^{\mathrm{i}N_2\vec{k}\cdot\vec{a}_2}\psi(\vec{r}) = \psi(\vec{r}) \\ \psi(\vec{r}+N_3\vec{a}_3) = \hat{T}(N_3\vec{a}_3)\psi(\vec{r}) = \mathrm{e}^{\mathrm{i}N_3\vec{k}\cdot\vec{a}_3}\psi(\vec{r}) = \psi(\vec{r}) \end{cases}$$

所以

$$\begin{cases} N_1\vec{k}\cdot\vec{a}_1 = 2\pi h_1 \\ N_2\vec{k}\cdot\vec{a}_2 = 2\pi h_2 \\ N_3\vec{k}\cdot\vec{a}_3 = 2\pi h_3 \end{cases}$$

其中 h_1、h_2、h_3 是整数。此时 $\vec{k}$ 可以写成如下形式：

$$\vec{k} = \frac{h_1}{N_1}\vec{b}_1 + \frac{h_2}{N_2}\vec{b}_2 + \frac{h_3}{N_3}\vec{b}_3$$

其中 $\vec{b}_1$、$\vec{b}_2$、$\vec{b}_3$ 是倒易点阵的基矢。而此时 h_1、h_2、h_3 的取值分别是

$$\begin{cases} -\dfrac{N_1}{2} < h_1 \leqslant \dfrac{N_1}{2} \\ -\dfrac{N_2}{2} < h_2 \leqslant \dfrac{N_2}{2} \\ -\dfrac{N_3}{2} < h_3 \leqslant \dfrac{N_3}{2} \end{cases}$$

也就是说，在三维晶体中，波矢 $\vec{k}$ 也是离散的，在三个方向上，分别可以取 N_1、N_2、N_3 个点，一共可以取的 $\vec{k}$ 点数目是 $N = N_1N_2N_3$ 个，即 $\vec{k}$ 点数目就是晶体的元胞数。

玻恩–冯・卡门边界条件是一种假设，但由于大部分实际晶体含有的元胞数都很大 (约为 10^{23} 数量级)，因此实际上 $\vec{k}$ 点是准连续的。一般情况下实际材料的边界原子对整个材料性质的影响总是很小的，因此利用玻恩–冯・卡门边界条件忽略边界的影响是合理的。

3.3 本征方程

3.3.1 本征方程的推导

布洛赫定理给出了周期系统中波函数需要满足的条件，但并不能直接给出具体的解。波函数可以看作是希尔伯特空间的矢量，类似于要在实空间表达一个矢量，波函数也需要在一组基函数上展开，即写成基函数的线性组合 (这里省略了波矢 $\vec{k}$):

$$\psi(\vec{r}) = \sum_{i=1}^{N} c_i\chi_i(\vec{r}) \tag{3.8}$$

这里 χ_i 为基函数，N 为基组的个数，c_i 为展开系数，能量期望值为

$$E = \frac{\langle\psi|\hat{H}|\psi\rangle}{\langle\psi|\psi\rangle} = \frac{\sum_{ij}^{N} H_{ij}c_i^*c_j}{\sum_{ij}^{N} S_{ij}c_i^*c_j} \tag{3.9}$$

其中 H_{ij} 和 S_{ij} 分别是哈密顿矩阵和交叠矩阵的矩阵元:

$$H_{ij} = \langle\chi_i|\hat{H}|\chi_j\rangle \tag{3.10}$$

$$S_{ij} = \langle\chi_i|\chi_j\rangle \tag{3.11}$$

如果基组 χ 是正交的，则 $S_{ij} = \delta_{ij}$，交叠矩阵是一个单位矩阵。根据变分原理，可以对波函数展开系数求导来求解基态能量:

$$\frac{\partial E}{\partial c_k^*} = 0$$

利用式 (3.9) 得

$$\frac{\sum_{j}^{N} H_{kj}c_j}{\sum_{ij}^{N} S_{ij}c_i^*c_j} - \frac{\sum_{ij}^{N} H_{ij}c_i^*c_j \sum_{j}^{N} S_{kj}c_j}{\left[\sum_{ij}^{N} S_{ij}c_i^*c_j\right]^2} = 0$$

方程两边同时乘以 $\sum_{ij}^{N} S_{ij}c_i^* c_j$ 得

$$\sum\nolimits_{j}^{N} H_{kj}c_j - \frac{\sum_{ij}^{N} H_{ij}c_i^* c_j}{\sum_{ij}^{N} S_{ij}c_i^* c_j} \sum_{j}^{N} S_{kj}c_j = 0$$

利用式 (3.9)，得

$$\sum\nolimits_{j}^{N} H_{kj}c_j - E\sum\nolimits_{j}^{N} S_{kj}c_j = 0$$

其实，这就是一个广义的本征方程，也可以写成矩阵的形式：

$$\boldsymbol{HC} - E\boldsymbol{SC} = 0 \tag{3.12}$$

其中 $\boldsymbol{H}$ 和 $\boldsymbol{S}$ 是两个方阵，而 $\boldsymbol{C}$ 是波函数的展开系数，是一个列矢量：

$$\boldsymbol{H} = \begin{pmatrix} H_{11} & H_{12} & \cdots & H_{1N} \\ H_{21} & H_{22} & \cdots & H_{2N} \\ \vdots & \vdots & & \vdots \\ H_{N1} & H_{N2} & \cdots & H_{NN} \end{pmatrix}, \quad \boldsymbol{S} = \begin{pmatrix} S_{11} & S_{12} & \cdots & S_{1N} \\ S_{21} & S_{22} & \cdots & S_{2N} \\ \vdots & \vdots & & \vdots \\ S_{N1} & S_{N2} & \cdots & S_{NN} \end{pmatrix},$$

$$\boldsymbol{C} = \begin{pmatrix} c_1 \\ c_2 \\ \vdots \\ c_N \end{pmatrix}$$

为了使 c_i 有非平庸解，方程 (3.12) 系数行列式要为 0，得到久期方程 (secular equation)：

$$\det(\boldsymbol{H} - E\boldsymbol{S}) = 0 \tag{3.13}$$

对于任意一个 $\vec{k}$ 点，求解该方程获得 n 个解，就是 n 个能量本征值 $E_n(\vec{k})$。很显然，本征值的个数等于基组的个数。

另外，波函数 (3.8) 其实省略了波矢 $\vec{k}$，所以实际上对于每一个波矢 $\vec{k}$，都会有一个本征方程 (3.12)。如果在布里渊区取不同的波矢 $\vec{k}$，然后把它们的能量本征值连起来，就得到了晶体的电子能带结构 $E_n(\vec{k})$。

因为一般计算中最花时间的部分就是求解本征方程，所以整个电子能带计算的时间与 $\vec{k}$ 点数目成正比。不同的波矢 $\vec{k}$ 对应的本征方程是完全独立的，因此在程序设计上可以采用 $\vec{k}$ 点并行的方法来实现高效的并行计算。

从上述推导可以看到，为了求解本征值，基组的选取十分重要。理论上，基组的选取没有特别的限制，要求可以构成一个希尔伯特空间即可。确定基组后，便可得到一个哈密顿矩阵和交叠矩阵的表达式。原则上基组的选取不影响能量本征值。目前常用的基组大概有以下几种形式：

(1) 平面波基组。

(2) 类原子轨道基：包括高斯型、Slater 型原子轨道基、数值原子轨道基等。

(3) 混合基组：FLAPW、LMTO 等。

从实际计算角度来看，一般希望基组的形式尽量简单，以方便计算矩阵元。另外还希望基组的形式与晶体波函数相近，从而减少基组展开的数目。事实上，这两个要求往往是矛盾的。例如，形式最简单的基组是平面波基组，但平面波的形式与晶体中原子核附近的波函数相去甚远，因此不是一种有效的基组。而类原子轨道基或者混合基组等虽然和晶体波函数接近，但是其解析表达式要复杂许多。

3.3.2　能量本征值的对称性

1. 能量本征值是倒格矢的周期函数

$$E_n(\vec{k}+\vec{K}_h)=E_n(\vec{k})$$

首先容易证明，能量本征值是倒格矢 $\vec{K}_h$ 的周期函数，考虑式 (3.7) 的布洛赫波，代入薛定谔方程：

$$\hat{H}\mathrm{e}^{\mathrm{i}\vec{k}\cdot\vec{r}}u_{n,\vec{k}}(\vec{r})=E_n(\vec{k})\mathrm{e}^{\mathrm{i}\vec{k}\cdot\vec{r}}u_{n,\vec{k}}(\vec{r})$$

两边同时乘以 $\mathrm{e}^{-\mathrm{i}\vec{k}\cdot\vec{r}}$，得

$$\hat{H}_k u_{n,\vec{k}}(\vec{r})=E_n(\vec{k})u_{n,\vec{k}}(\vec{r}) \tag{3.14}$$

其中 $\hat{H}_k=\mathrm{e}^{-\mathrm{i}\vec{k}\cdot\vec{r}}\hat{H}\mathrm{e}^{\mathrm{i}\vec{k}\cdot\vec{r}}$，对于每一个波矢 $\vec{k}$，都可以获得一个 $\hat{H}_k$，而这个算符的本征值就是晶体的本征能量。下面考虑波矢为 $\vec{k}+\vec{K}_h$ 的布洛赫波 ($\vec{K}_h$ 为倒格矢)：

$$\psi_{n,\vec{k}+\vec{K}_h}(\vec{r})=\mathrm{e}^{\mathrm{i}(\vec{k}+\vec{K}_h)\cdot\vec{r}}u_{n,\vec{k}+\vec{K}_h}(\vec{r})=\mathrm{e}^{\mathrm{i}\vec{k}\cdot\vec{r}}\left[\mathrm{e}^{\mathrm{i}\vec{K}_h\cdot\vec{r}}u_{n,\vec{k}+\vec{K}_h}(\vec{r})\right]=\mathrm{e}^{\mathrm{i}\vec{k}\cdot\vec{r}}u'_{n,\vec{k}+\vec{K}_h}(\vec{r})$$

其中 $u'_{n,\vec{k}+\vec{K}_h}(\vec{r})=\mathrm{e}^{\mathrm{i}\vec{K}_h\cdot\vec{r}}u_{n,\vec{k}+\vec{K}_h}(\vec{r})$ 仍然是正点阵的周期函数：$u'_{n,\vec{k}+\vec{K}_h}(\vec{r}+\vec{R}_l)=u'_{n,\vec{k}+\vec{K}_h}(\vec{r})$，把波函数 $\psi_{n,\vec{k}+\vec{K}_h}(\vec{r})$ 代入薛定谔方程，可以得到和方程 (3.14) 类似的方程：

$$\hat{H}_k u'_{n,\vec{k}+\vec{K}_h}(\vec{r})=E_n(\vec{k}+\vec{K}_h)u'_{n,\vec{k}+\vec{K}_h}(\vec{r}) \tag{3.15}$$

对比方程 (3.14) 和方程 (3.15)，它们应该具有相同的本征值和本征函数，即

$$\begin{cases}\psi_{n,\vec{k}}(\vec{r})=\psi_{n,\vec{k}+\vec{K}_h}(\vec{r})\\ E_n(\vec{k})=E_n(\vec{k}+\vec{K}_h)\end{cases}$$

所以能量本征值是倒格矢 $\vec{K}_h$ 的周期函数，在计算中只需将波矢限制在第一布里渊区里。

2. 点群操作下的能量本征值

晶体除了平移对称性一般还会有其他对称性，如中心反演对称性、旋转对称性等。这些点对称性是实空间的，但是倒易空间中的电子能带也会受到它们的影响。

在不考虑自旋轨道耦合时，倒易空间中电子能带会保留晶体实空间的点群对称性。例如，考虑晶体的一个对称操作 $\hat{D}$：

$$\vec{r}' = \hat{D}\vec{r}$$

这里 $\hat{D}$ 是幺正矩阵：$\hat{D}^T = \hat{D}^{-1}$。晶体势能函数满足：

$$V(\hat{D}\vec{r}) = V(\vec{r})$$

考虑薛定谔方程：

$$\left[-\frac{\hbar^2}{2m}\nabla^2_{\vec{r}} + V(\vec{r})\right]\psi^n_{\vec{k}}(\vec{r}) = E_n(\vec{k})\psi^n_{\vec{k}}(\vec{r})$$

把上述方程中的 $\vec{r}$ 全部替换成 $\hat{D}\vec{r}$ 得

$$\left[-\frac{\hbar^2}{2m}\nabla^2_{\hat{D}\vec{r}} + V(\hat{D}\vec{r})\right]\psi^n_{\vec{k}}(\hat{D}\vec{r}) = E_n(\vec{k})\psi^n_{\vec{k}}(\hat{D}\vec{r})$$

所以

$$\left[-\frac{\hbar^2}{2m}\nabla^2_{\vec{r}} + V(\vec{r})\right]\psi^n_{\vec{k}}(\hat{D}\vec{r}) = E_n(\vec{k})\psi^n_{\vec{k}}(\hat{D}\vec{r})$$

所以 $\psi^n_{\vec{k}}(\hat{D}\vec{r})$ 也是上述薛定谔方程的本征函数，能量本征值也是 $E_n(\vec{k})$。下面需要确定这个本征函数对应的波矢，对于这个新的波函数 $\psi^n_{\vec{k}}(\hat{D}\vec{r})$，利用布洛赫定理公式 (3.6)，有

$$\psi^n_{\vec{k}}(\hat{D}(\vec{r}+\vec{R}_l)) = \psi^n_{\vec{k}}(\hat{D}\vec{r}+\hat{D}\vec{R}_l) = \mathrm{e}^{\mathrm{i}\vec{k}\cdot\hat{D}\vec{R}_l}\psi^n_{\vec{k}}(\hat{D}\vec{r}) = \mathrm{e}^{\mathrm{i}(\hat{D}^{-1}\vec{k})\cdot\vec{R}_l}\psi^n_{\vec{k}}(\hat{D}\vec{r})$$

可知这个新的波矢是 $\hat{D}^{-1}\vec{k}$，即

$$E_n(\hat{D}^{-1}\vec{k}) = E_n(\vec{k})$$

把对称操作 $\hat{D}$ 替换它的逆操作 $\hat{D}^{-1}$，可得

$$E_n(\hat{D}\vec{k}) = E_n(\vec{k})$$

因此，在没有自旋轨道耦合时，倒空间的能量本征值也会具有实空间晶体点群的对称性。

利用上面的结论，如果考虑晶体具有空间反演对称性 $\hat{D}$，因为 $\hat{D}\vec{k} = -\vec{k}$，所以

$$E_n(\vec{k}) = E_n(-\vec{k})$$

3. 时间反演不变下的能量本征值

下面考虑时间反演不变性对材料能带的影响。写出含时薛定谔方程:

$$\left[-\frac{\hbar^2}{2m}\nabla_{\vec{r}}^2+V(\vec{r})\right]\psi_{n,\vec{k}}(\vec{r},t)=\mathrm{i}\hbar\frac{\partial\psi_{n,\vec{k}}(\vec{r},t)}{\partial t} \tag{3.16}$$

通过分离变量，它的解可以写成空间部分和时间部分的乘积:

$$\psi_{n,\vec{k}}(\vec{r},t)=\psi_{n,\vec{k}}(\vec{r})\mathrm{e}^{\mathrm{i}\frac{E_n(\vec{k})}{\hbar}t}$$

空间部分满足定态薛定谔方程:

$$\left[-\frac{\hbar^2}{2m}\nabla_{\vec{r}}^2+V(\vec{r})\right]\psi_{n,\vec{k}}(\vec{r})=E_n(\vec{k})\psi_{n,\vec{k}}(\vec{r})$$

对上式取复共轭，考虑到 $V(\vec{r})$ 为实数:

$$\left[-\frac{\hbar^2}{2m}\nabla_{\vec{r}}^2+V(\vec{r})\right]\psi^*_{n,\vec{k}}(\vec{r})=E_n(\vec{k})\psi^*_{n,\vec{k}}(\vec{r})$$

所以 $\psi^*_{n,\vec{k}}(\vec{r})$ 和 $\psi_{n,\vec{k}}(\vec{r})$ 都是薛定谔方程的解，且它们具有相同的能量本征值。

对含时薛定谔方程 (3.16) 做时间反演操作 (即把方程中的 t 换成 $-t$)，得

$$\left[-\frac{\hbar^2}{2m}\nabla_{\vec{r}}^2+V(\vec{r})\right]\psi_{n,\vec{k}}(\vec{r},-t)=-\mathrm{i}\hbar\frac{\partial\psi_{n,\vec{k}}(\vec{r},-t)}{\partial t}$$

与最初的薛定谔方程 [式 (3.16)] 进行比较，可以发现方程的右边多了一个负号，这个负号可以通过对方程取复共轭消除:

$$\left[-\frac{\hbar^2}{2m}\nabla_{\vec{r}}^2+V(\vec{r})\right]\psi^*_{n,\vec{k}}(\vec{r},-t)=\mathrm{i}\hbar\frac{\partial\psi^*_{n,\vec{k}}(\vec{r},-t)}{\partial t}$$

所以，$\psi^*_{n,\vec{k}}(\vec{r},-t)$ 也是含时薛定谔方程的解，它是波函数 $\psi_{n,\vec{k}}(\vec{r},t)$ 对应的时间反演态。下面寻找这个新的波函数的波矢。只考虑其空间部分波函数 $\psi^*_{n,\vec{k}}(\vec{r})$ ，利用布洛赫定理公式 (3.6):

$$\psi^*_{n,\vec{k}}(\vec{r}+\vec{R}_l)=\left[\psi_{n,\vec{k}}(\vec{r}+\vec{R}_l)\right]^*=\left[\mathrm{e}^{\mathrm{i}\vec{k}\cdot\vec{R}_l}\psi_{n,\vec{k}}(\vec{r})\right]^*=\mathrm{e}^{\mathrm{i}(-\vec{k})\cdot\vec{R}_l}\psi^*_{n,\vec{k}}(\vec{r})$$

也就是说，这个新的波矢就是 $-\vec{k}$，即

$$E_n(-\vec{k})=E_n(\vec{k})$$

换言之，具有时间反演不变的系统，即使没有空间反演对称性 (如 GaAs)，它的能带仍然满足:

$$E_n(-\vec{k})=E_n(\vec{k})$$

4. 自旋轨道耦合的情况

有自旋轨道耦合时，情况会变得更加复杂，下面只介绍基本结果。

如果晶体有时间反演对称性，则

$$E_{n,\uparrow}(-\vec{k}) = E_{n,\downarrow}(\vec{k}) \tag{3.17}$$

如果晶体具有空间反演对称性，则还有

$$E_{n,\uparrow}(-\vec{k}) = E_{n,\uparrow}(\vec{k})$$

如果晶体同时具有时间和空间反演对称性，则

$$E_{n,\uparrow}(\vec{k}) = E_{n,\downarrow}(\vec{k})$$

这里 ↑、↓ 分别代表自旋向上和自旋向下。可以看出，同时具有时间和空间反演不变性的体系，其能带是自旋简并的，这种简并称为 Kramers 简并。

以 Ge 和 GaAs 的能带为例，如图 3.3 所示，两者都具有时间反演对称性，即都满足方程 (3.17)，但是 Ge 具有空间反演对称性，而 GaAs 则没有。所以反映在能带上，GaAs 会有自旋劈裂，而 Ge 没有。

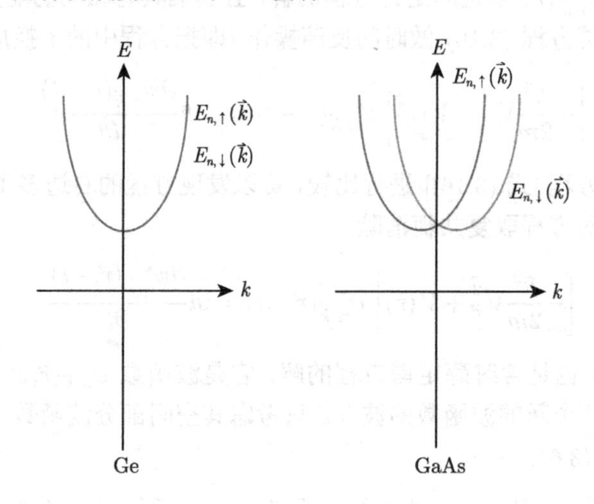

图 3.3　考虑自旋轨道耦合后 Ge 和 GaAs 导带能带的示意图

3.4　紧束缚近似

3.4.1　紧束缚近似方法

为了求解本征方程，必须给出基组和势能函数的具体形式。我们将在第 4 章介绍比较严谨的密度泛函理论，在此之前，可以考虑如下简单近似，即直接采用原

子轨道作为基函数，并且把哈密顿矩阵元参数化 (不具体计算积分数值)，由此可获得一些简单系统电子能带的解析解，如石墨烯等。这种方法称为原子轨道线性组合 (linear combination of atomic orbital，LCAO)，也称紧束缚近似。通过紧束缚近似计算，可以对材料的电子能带有更加深刻的认识。

在紧束缚近似下，晶体波函数写成原子轨道的线性组合。假设一个元胞中有 n 个轨道，把每个轨道写成布洛赫波的形式：

$$\Phi_j(\vec{k},\vec{r})=\frac{1}{\sqrt{N}}\sum_{i=1}^{N}\mathrm{e}^{\mathrm{i}\vec{k}\cdot\vec{R}_{j,i}}\phi_j(\vec{r}-\vec{R}_{j,i}) \tag{3.18}$$

其中 N 为元胞数；$\phi_j(\vec{r}-\vec{R}_{j,i})$ 为第 i 个元胞的第 j 个原子轨道 (这里，一个原子上可以有多个轨道)。容易证明，上述波函数满足布洛赫定理。用以上 n 个波函数构成基组，展开晶体波函数：

$$\Psi_j(\vec{k},\vec{r})=\sum_{l=1}^{n}c_{j,l}(\vec{k})\Phi_l(\vec{k},\vec{r}) \tag{3.19}$$

其中 $c_{j,l}$ 是待求的组合系数，也就是波函数系数。

下面计算哈密顿矩阵和交叠矩阵，即式 (3.10) 和式 (3.11)。

首先考虑哈密顿矩阵的对角项 $H_{AA}=\langle\Phi_A|H|\Phi_A\rangle$，$A=1,2,3,\cdots,n$。将波函数 (3.18) 代入式 (3.10)，得

$$H_{AA}=\frac{1}{N}\sum_{i=1}^{N}\sum_{j=1}^{N}\mathrm{e}^{\mathrm{i}\vec{k}\cdot(\vec{R}_{A,j}-\vec{R}_{A,i})}\langle\phi_A(\vec{r}-\vec{R}_{A,i})|H|\phi_A(\vec{r}-\vec{R}_{A,j})\rangle \tag{3.20}$$

这里需要对所有轨道进行双重求和，作为近似，一般认为其中最主要的贡献来自同轨道的积分，即求和指标 $i=j$，由此上述方程写为

$$\begin{aligned}H_{AA}&\approx\frac{1}{N}\sum_{i=1}^{N}\langle\phi_A(\vec{r}-\vec{R}_{A,i})|H|\phi_A(\vec{r}-\vec{R}_{A,i})\rangle\\&=\langle\phi_A(\vec{r}-\vec{R}_{A,i})|H|\phi_A(\vec{r}-\vec{R}_{A,i})\rangle=\epsilon_A\end{aligned} \tag{3.21}$$

这个能量 ϵ_A 也称在位能 (on-site energy)，原则上需要计算式 (3.21) 中的积分，但在紧束缚计算中，这个积分直接简化为一个参数。类似地，我们也可以计算交叠矩阵的对角项

$$S_{AA}=\langle\Phi_A|\Phi_A\rangle$$

将波函数 (3.18) 代入上式，同样只考虑相同轨道的积分，考虑到原子轨道的正交性，得

$$
\begin{aligned}
S_{AA} &= \frac{1}{N}\sum_{i=1}^{N}\sum_{j=1}^{N} e^{i\vec{k}\cdot(\vec{R}_{A,j}-\vec{R}_{A,i})}\langle\phi_A(\vec{r}-\vec{R}_{A,i})|\phi_A(\vec{r}-\vec{R}_{A,j})\rangle \\
&\approx \frac{1}{N}\sum_{i=1}^{N}\langle\phi_A(\vec{r}-\vec{R}_{A,i})|\phi_A(\vec{r}-\vec{R}_{A,i})\rangle \\
&= \frac{1}{N}\sum_{i=1}^{N} 1 = 1
\end{aligned} \tag{3.22}
$$

下面计算哈密顿矩阵的非对角项：

$$
H_{AB} = \langle\varPhi_A|H|\varPhi_B\rangle
$$

这里 $A=1,2,3,\cdots,n$，$B=1,2,3,\cdots,n$，但要求 $A\neq B$，否则就是前面已经计算过的对角项。同样将波函数 (3.18) 代入上式，得

$$
H_{AB} = \frac{1}{N}\sum_{i=1}^{N}\sum_{j=1}^{N} e^{i\vec{k}\cdot(\vec{R}_{B,j}-\vec{R}_{A,i})}\langle\phi_A(\vec{r}-\vec{R}_{A,i})|H|\phi_B(\vec{r}-\vec{R}_{B,j})\rangle
$$

上式中的积分项表示轨道 AB 之间的跃迁 (hopping) 积分，对于固定的一个轨道 A，需要对其他所有轨道求和，同时 A 也要遍历所有轨道。由于原子轨道的局域性，两个轨道相距很远时两者的积分基本为 0，因此上述双重求和可以大大简化。作为最粗糙的近似，只考虑最近邻之间的积分，而忽略次近邻以及更远的相互作用，这就是紧束缚计算中的最近邻近似 (nearest neighbor approximation)。在此近似下，哈密顿矩阵的非对角项为

$$
H_{AB} \approx \frac{1}{N}\sum_{i=1}^{N}\sum_{l=1}^{\text{N.N.}} e^{i\vec{k}\cdot(\vec{R}_{B,l}-\vec{R}_{A,i})}\langle\phi_A(\vec{r}-\vec{R}_{A,i})|H|\phi_B(\vec{r}-\vec{R}_{B,l})\rangle
$$

上式第二个求和的上限 N.N. 代表最近邻轨道的数目，通常是一个较小的数。例如，对于石墨烯，考虑每个碳原子一个轨道，则每个碳原子有三个最近邻，则 N.N.=3。在紧束缚近似中，用一个参数 $-t$ 来替代上式中的最近邻之间的积分，从而简化计算：

$$
\langle\phi_A(\vec{r}-\vec{R}_{A,i})|H|\phi_B(\vec{r}-\vec{R}_{B,l})\rangle = -t
$$

如果所有最近邻的积分相同，则非对角项为

$$
\begin{aligned}
H_{AB} &\approx -\frac{1}{N}\sum_{i=1}^{N}\sum_{l=1}^{\text{N.N.}} e^{i\vec{k}\cdot(\vec{R}_{B,l}-\vec{R}_{A,i})}t = -t\frac{1}{N}\sum_{i=1}^{N}\sum_{l=1}^{\text{N.N.}} e^{i\vec{k}\cdot\vec{\delta}_l} \\
&= -t\sum_{l=1}^{\text{N.N.}} e^{i\vec{k}\cdot\vec{\delta}_l} = -tf(\vec{k})
\end{aligned} \tag{3.23}
$$

其中

$$f(\vec{k})=\sum_{l=1}^{\text{N.N.}}\mathrm{e}^{\mathrm{i}\vec{k}\cdot\vec{\delta}_l},\qquad \vec{\delta}_l=\vec{R}_{B,l}-\vec{R}_{A,i}$$

这里 $f(\vec{k})$ 为结构因子，包含了晶体结构的信息，$\vec{\delta}_l$ 为最近邻轨道位置之间的矢量。特别注意，在式 (3.23) 中，我们假设所有最近邻之间的积分相等，所以 t 可以移到求和符号的前面，否则 H_{AB} 只能写成

$$H_{AB}=-\sum_{l}^{\text{N.N.}}t(\vec{\delta}_l)\mathrm{e}^{\mathrm{i}\vec{k}\cdot\vec{\delta}_l} \tag{3.24}$$

类似地计算交叠矩阵的非对角项，同样在最近邻假设下，轨道的交叠积分相等，可以得

$$\begin{aligned}S_{AB}&=\frac{1}{N}\sum_{i=1}^{N}\sum_{j=1}^{N}\mathrm{e}^{\mathrm{i}\vec{k}\cdot(\vec{R}_{B,j}-\vec{R}_{A,i})}\langle\phi_A(\vec{r}-\vec{R}_{A,i})|\phi_B(\vec{r}-\vec{R}_{B,j})\rangle\\&\approx\frac{1}{N}\sum_{i=1}^{N}\sum_{l=1}^{\text{N.N.}}\mathrm{e}^{\mathrm{i}\vec{k}\cdot(\vec{R}_{B,l}-\vec{R}_{A,i})}\langle\phi_A(\vec{r}-\vec{R}_{A,i})|\phi_B(\vec{r}-\vec{R}_{B,l})\rangle\\&=s_0f(\vec{k})\end{aligned} \tag{3.25}$$

其中

$$s_0=\langle\phi_A(\vec{r}-\vec{R}_{A,i})|\phi_B(\vec{r}-\vec{R}_{B,l})\rangle$$

表示最近邻轨道的积分，如果假设它们是正交的，这一项为零。

哈密顿和交叠矩阵是厄米的，满足：

$$H_{BA}=H_{AB}^*$$

$$S_{BA}=S_{AB}^*$$

紧束缚计算中一个重要问题是如何计算积分 t。事实上，对于 s 轨道，由于它是球对称的，所以不管两个轨道取向如何，积分结果与方向没有关系。而对于 p 和 d 轨道，积分 t 很显然与原子方位有关。为此，Slater 等提出了一套方案，可以计算任意方位的积分，即 Slater-Koster 关系，这里暂不作讨论，具体可以参考文献 [58, 59]。

在一个轨道的情况下，可以直接写出其色散关系。因为只有一个轨道，所以式 (3.18) 只有一项，即其中 j 只能取 1：

$$\varPhi(\vec{k},\vec{r})=\frac{1}{\sqrt{N}}\sum_{\vec{R}_i}^{N}\mathrm{e}^{\mathrm{i}\vec{k}\cdot\vec{R}_i}\phi(\vec{r}-\vec{R}_i)$$

计算哈密顿矩阵元:

$$\begin{aligned}E(\vec{k}) &= \langle \Phi(\vec{k},\vec{r})|H|\Phi(\vec{k},\vec{r})\rangle \\ &= \frac{1}{N}\sum_{\vec{R}_i}^{N}\sum_{\vec{R}_j}^{N} \mathrm{e}^{\mathrm{i}\vec{k}\cdot(\vec{R}_j-\vec{R}_i)}\langle\phi(\vec{r}-\vec{R}_i)|H|\phi(\vec{r}-\vec{R}_j)\rangle \\ &= \frac{1}{N}\sum_{\vec{R}_i=\vec{R}_j}^{N}\langle\phi(\vec{r}-\vec{R}_i)|H|\phi(\vec{r}-\vec{R}_i)\rangle \\ &\quad +\frac{1}{N}\sum_{\vec{R}_i=\vec{R}_j+\vec{\delta}_l}^{\mathrm{N.N.}} \mathrm{e}^{-\mathrm{i}\vec{k}\cdot\vec{\delta}_l}\langle\phi(\vec{r}-\vec{R}_i)|H|\phi(\vec{r}-(\vec{R}_i-\vec{\delta}_l))\rangle+\cdots \\ &= \epsilon-\sum_{l=1}^{\mathrm{N.N.}} t(\vec{\delta}_l)\mathrm{e}^{-\mathrm{i}\vec{k}\cdot\vec{\delta}_l}\end{aligned} \tag{3.26}$$

这里 $\vec{\delta}_l$ 是最近邻轨道的矢量，如果考虑不同轨道之间的跃迁积分 $t(\vec{\delta}_l)$ 和方向无关，则上述公式可以写成

$$E(\vec{k})=\epsilon-t\sum_{l=1}^{\mathrm{N.N.}}\mathrm{e}^{-\mathrm{i}\vec{k}\cdot\vec{\delta}_l}$$

这样就直接得到了电子色散关系。

3.4.2　一维聚乙炔的能带

考虑一维材料聚乙炔，化学式 $-\!\!\left(\mathrm{CH}=\mathrm{CH}\right)\!\!-_n$，它包含交替排列的碳–碳单键和双键。聚乙炔经过掺杂后导电性会极大提高，电导率和金属差不多，称为导电聚合物。白川英树 (Hideki Shirakawa)、艾伦 · 黑格 (Alan Heeger) 和艾伦 · 麦克迪尔米德 (Alan MacDiarmid) 因对导电聚合物的开创性研究获得了 2000 年的诺贝尔化学奖。

聚乙炔的结构如图 3.4(a) 所示，为简单起见，不考虑氢原子。一个元胞包含两个碳原子，图 3.4(b) 为经过抽象后的模型。假设元胞的长度为 a，很显然其倒格矢为 $b=2\pi/a$。考虑一个碳原子只有一个 2p 轨道 (垂直于链)，即一个元胞中有两个轨道，所以哈密顿矩阵和交叠矩阵都是 2×2 的矩阵。首先假设两个碳原子轨道之间的跃迁系数都是 t，如图 3.4(b) 所示。

哈密顿矩阵的对角元:

$$H_{AA}=H_{BB}=\epsilon_{2\mathrm{p}}$$

对于非对角元，从图 3.4(b) 中可以看到，每个原子周围有 2 个最近邻 (最近邻近似)，两个矢量分别是

$$\delta_1=a/2,\quad \delta_2=-a/2$$

所以

$$f(k)=\sum_{l=1}^{2}\mathrm{e}^{\mathrm{i}k\delta_l}=\mathrm{e}^{\mathrm{i}ka/2}+\mathrm{e}^{-\mathrm{i}ka/2}=2\cos\left(\frac{ka}{2}\right)$$

$$H_{AB}=-2t\cos\left(\frac{ka}{2}\right)$$

$$H_{BA}=H_{AB}^{*}=-2t\cos\left(\frac{ka}{2}\right)$$

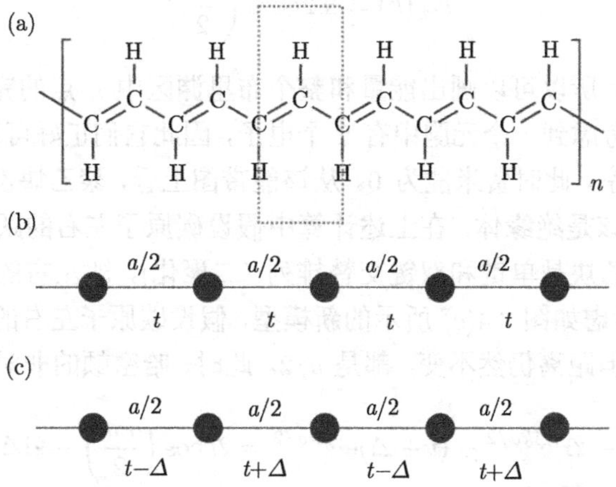

图 3.4　准一维材料聚乙炔的结构图和元胞 (a)，经过抽象后的聚乙炔模型 (b) 以及考虑了二聚化后的聚乙炔模型 (c)

交叠矩阵的对角元：

$$S_{AA}=S_{BB}=1$$

交叠矩阵的非对角元：

$$S_{AB}=S_{BA}=2s_0\cos\left(\frac{ka}{2}\right)$$

哈密顿矩阵和交叠矩阵分别为

$$\boldsymbol{H}=\begin{pmatrix}\epsilon_{2\mathrm{p}} & -2t\cos\left(\dfrac{ka}{2}\right)\\ -2t\cos\left(\dfrac{ka}{2}\right) & \epsilon_{2\mathrm{p}}\end{pmatrix},\quad \boldsymbol{S}=\begin{pmatrix}1 & 2s_0\cos\left(\dfrac{ka}{2}\right)\\ 2s_0\cos\left(\dfrac{ka}{2}\right) & 1\end{pmatrix}$$

利用久期方程 (3.13)，得

$$\det\begin{pmatrix}\epsilon_{2\mathrm{p}}-E & -2(t+Es_0)\cos\left(\dfrac{ka}{2}\right)\\ -2(t+Es_0)\cos\left(\dfrac{ka}{2}\right) & \epsilon_{2\mathrm{p}}-E\end{pmatrix}=0$$

最后可以解出聚乙炔的能量本征值的解析解，很显然它有两个解：

$$E_{\pm}(k)=\frac{\epsilon_{2p}\mp 2t\cos\left(\dfrac{ka}{2}\right)}{1\pm 2s_0\cos\left(\dfrac{ka}{2}\right)}$$

如果认为基组是正交的 (即 $s_0=0$)，且设定 $\epsilon_{2\mathrm{p}}=0$，则

$$E_{\pm}(k)=\pm 2t\cos\left(\frac{ka}{2}\right) \tag{3.27}$$

因为是一维材料，所以可以画出能量和整个布里渊区中 k 点的完整色散关系，如图 3.5(a) 所示。考虑到一个元胞中有 2 个电子，因此它们正好可以填满 E_- 能带，而 E_+ 能带为全空，此时费米能为 0。从该能带图上看，聚乙炔没有能隙，但是不掺杂的聚乙炔应该是绝缘体，在上述计算中假设碳原子左右的跃迁积分 t 是相同的，而实际上聚乙炔是单键和双键交替排列 (二聚化)，即左右的跃迁积分是不同的。为此，可以考虑如图 3.4(c) 所示的新模型，假设碳原子左右的跃迁积分分别是 $t-\varDelta$ 和 $t+\varDelta$，但距离仍然不变，都是 $a/2$。此时，哈密顿的非对角元为

$$H_{AB}=(t-\varDelta)\mathrm{e}^{ika/2}+(t+\varDelta)\mathrm{e}^{-ika/2}=2t\cos\left(\frac{ka}{2}\right)-2\mathrm{i}\varDelta\sin\left(\frac{ka}{2}\right)$$

$$H_{BA}=H_{AB}^{*}=2t\cos\left(\frac{ka}{2}\right)+2\mathrm{i}\varDelta\sin\left(\frac{ka}{2}\right)$$

为简单起见，假设基组是正交的 (即 $s_0=0$)，且设定 $\epsilon_{2\mathrm{p}}=0$，则此时哈密顿矩阵和交叠矩阵分别为

$$\boldsymbol{H}=\begin{pmatrix}0 & 2t\cos\left(\dfrac{ka}{2}\right)-2\mathrm{i}\varDelta\sin\left(\dfrac{ka}{2}\right)\\ 2t\cos\left(\dfrac{ka}{2}\right)+2\mathrm{i}\varDelta\sin\left(\dfrac{ka}{2}\right) & 0\end{pmatrix},\quad \boldsymbol{S}=\begin{pmatrix}1 & 0\\ 0 & 1\end{pmatrix}$$

利用久期方程 (3.13)，得

$$\det\begin{pmatrix}-E & 2t\cos\left(\dfrac{ka}{2}\right)-2\mathrm{i}\varDelta\sin\left(\dfrac{ka}{2}\right)\\ 2t\cos\left(\dfrac{ka}{2}\right)+2\mathrm{i}\varDelta\sin\left(\dfrac{ka}{2}\right) & -E\end{pmatrix}=0$$

最后求解得到二聚化后的电子能带：

$$E_{\pm}(k)=\pm 2\sqrt{t^2\cos^2\left(\frac{ka}{2}\right)+\varDelta^2\sin^2\left(\frac{ka}{2}\right)} \tag{3.28}$$

这里仍然有两条能带，而且可见当 $\Delta = 0$ 时，这个电子能带可以退化到原来的能带公式 (3.27)。当 $\Delta \neq 0$ 时，电子能带如图 3.5(b) 所示，此时仍然是下面的能带被完全填满，而上面的能带全空，但很明显两条能带之间出现了能隙，即二聚化后的聚乙炔为绝缘体，其能隙大小为 4Δ。

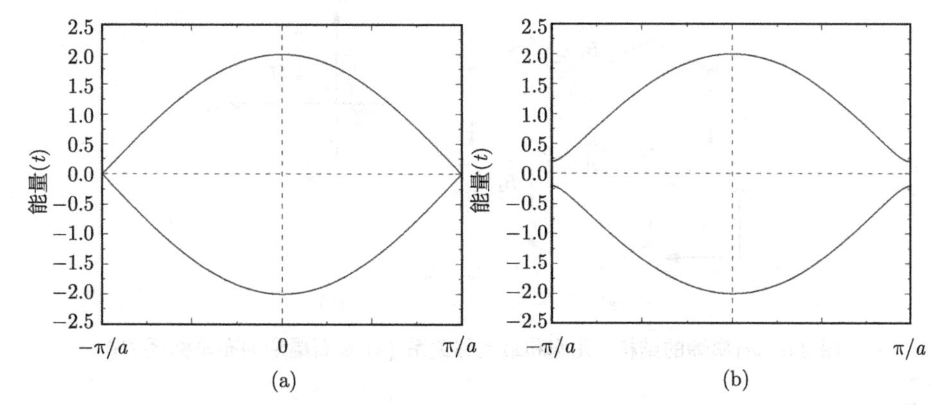

图 3.5　准一维材料聚乙炔的电子能带

(a) 不考虑二聚化；(b) 考虑二聚化

3.4.3　二维石墨烯的能带

下面通过紧束缚近似方法计算二维石墨烯的电子能带。石墨烯是单层的石墨，具有许多非同寻常的力学、电学、热学和光学等性质。虽然单层石墨的理论研究在 20 世纪 60 年代就开始了，但石墨烯受到重视是从英国科学家 Andre Geim 和 Konstantin Novoselov 的工作开始[33]，他们也获得了 2010 年的诺贝尔物理学奖。在最近的十几年，石墨烯成为全球最热门的材料之一，在各个领域都得到了广泛的研究。

石墨烯的结构和布里渊区如图 3.6 所示。一个元胞含有两个原子。为简单起见，这里只考虑碳原子的 p_z 轨道 (垂直于石墨烯平面)，因为石墨烯在费米能附近只包含 p_z 轨道。石墨烯的 p_z 电子也称 π 电子，所以这种做法也称 π 电子近似。很显然，一个元胞中有两个轨道，分别记作 A、B，所以哈密顿矩阵和交叠矩阵都是 2×2 的矩阵。

哈密顿矩阵的对角元比较简单：

$$H_{AA} = H_{BB} = \epsilon_{2\mathrm{p}}$$

哈密顿矩阵的非对角元略微复杂，从图 3.6 中可以看到，每个碳原子周围有 3 个最近邻 (这里采用最近邻近似)，三个矢量分别是

$$\vec{\delta}_1 = \left(0, \frac{a}{\sqrt{3}}\right), \quad \vec{\delta}_2 = \left(\frac{a}{2}, -\frac{a}{2\sqrt{3}}\right), \quad \vec{\delta}_3 = \left(-\frac{a}{2}, -\frac{a}{2\sqrt{3}}\right)$$

$$f(\vec{k})=\sum_{l=1}^{3}\mathrm{e}^{\mathrm{i}\vec{k}\cdot\vec{\delta}_l}=\mathrm{e}^{\mathrm{i}k_y a/\sqrt{3}}+2\mathrm{e}^{-\mathrm{i}k_y a/2\sqrt{3}}\cos(k_x a/2)$$

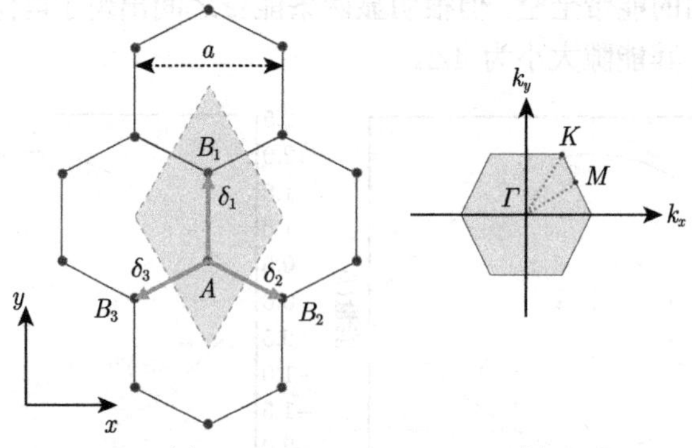

图 3.6　石墨烯的结构、元胞和最近邻关系 (a) 及石墨烯的布里渊区 (b)

所以

$$H_{AB}=-tf(\vec{k}),\quad H_{BA}=-tf^*(\vec{k})$$

交叠矩阵的对角元：

$$S_{AA}=S_{BB}=1$$

交叠矩阵的非对角元：

$$S_{AB}=s_0f(\vec{k}),\quad S_{BA}=s_0f^*(\vec{k})$$

哈密顿矩阵和交叠矩阵分别为

$$\boldsymbol{H}=\begin{pmatrix}\epsilon_{2\mathrm{p}} & -tf(\vec{k})\\ -tf^*(\vec{k}) & \epsilon_{2\mathrm{p}}\end{pmatrix},\quad \boldsymbol{S}=\begin{pmatrix}1 & s_0f(\vec{k})\\ s_0f^*(\vec{k}) & 1\end{pmatrix}$$

利用久期方程 (3.13)，得

$$\det\begin{pmatrix}\epsilon_{2\mathrm{p}}-E & -(t+Es_0)f(\vec{k})\\ -(t+Es_0)f^*(\vec{k}) & \epsilon_{2\mathrm{p}}-E\end{pmatrix}=0$$

最后可以得到石墨烯能量本征值的解析解，很显然它有两支本征解，而且是 $\vec{k}$ 的函数。

$$E_{\pm}(\vec{k})=\frac{\epsilon_{2\mathrm{p}}\pm t|f(\vec{k})|}{1\mp s_0|f(\vec{k})|}$$

对于石墨烯，参数可以取 $t=3.033$ eV, $s_0=0.129$ eV, $\epsilon_{2\mathrm{p}}=0$[44]。在这些参数下，可以沿着布里渊区高对称点 $\Gamma-K-M-\Gamma$ 的路径取 $\vec{k}$ 点，计算出每个 $\vec{k}$ 点的能

量本征值，连接起来就形成了能带，如图 3.7 所示。考虑到石墨烯是二维材料，实际上也可以画出整个三维的色散关系：$E_{\pm}(k_x, k_y)$，如图 3.8 所示。而对于三维材料，因为 $\vec{k}$ 本身就是三维矢量，整个色散关系 $E(\vec{k})$ 是一个四维函数，没有办法直观地显示。所以对于三维材料一般不给出整个布里渊区所有能量的本征值，而只给出某些高对称点上的电子能带。

特别地，我们可以证明在布里渊区的六个顶点 (即 K 点) 处，电子能带其实满足线性色散关系：

$$E_{\pm}(\vec{k}) = \pm v|\vec{k}|$$

这里 v 是一个常数；$|\vec{k}|$ 表示离开布里渊区顶点 (K 点) 的距离。而在顶点处，能量本征值是简并的 (在考虑自旋轨道耦合的情况下，在 K 点处会打开一个约 10^{-6} eV 的能隙)，称为狄拉克点。而在 K 点附近整个色散关系形成一个狄拉克锥，如图 3.8 所示。所以石墨烯是一个狄拉克半金属 (Dirac semi-metal)。石墨烯的许多有趣的性质都来源于这个特殊的狄拉克点。

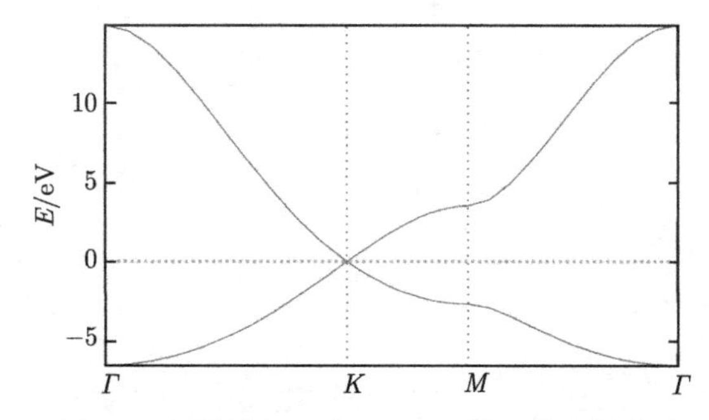

图 3.7　石墨烯在 π 电子近似下的二维色散关系

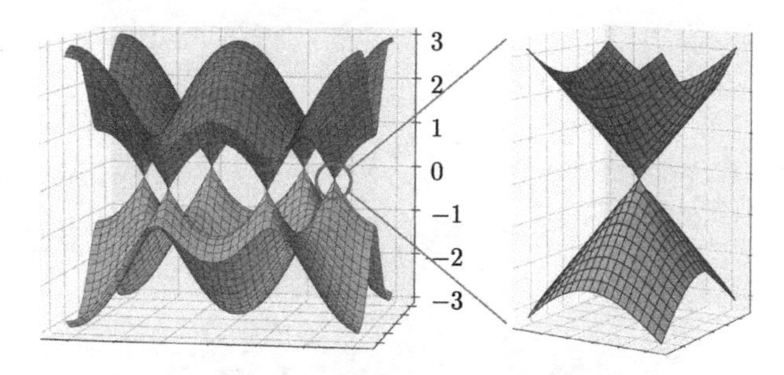

图 3.8　石墨烯的三维色散关系

导带和价带在六个 K 点接触，形成六个狄拉克点

在本小节中，我们介绍了紧束缚近似，并且以聚乙炔和石墨烯为例，得到了这两个材料色散关系的解析表达式，画出了它们的电子能带图，从中也可以直接看到

半导体和半金属在能带上的特点。

紧束缚方法形式简单，有时可以得到解析表达式，这对理解材料物理性质的本质非常有帮助。对于更复杂的多轨道情况 (如考虑半导体硅时，必须考虑 8 个轨道)，利用数值计算的方法，也可以快速得到电子能带，比较适合大体系的计算。但因为紧束缚方法使用经验参数，在材料计算中的普适性和精度较差。本书第 4 章将介绍密度泛函理论，基本上避免了经验参数的使用，从而具有更好的精度和计算通用性。但不管是密度泛函理论还是紧束缚近似，都是基于薛定谔方程，两者的求解过程和结果有相似之处，所以对紧束缚方法的掌握有助于理解密度泛函的基本理论。

第4章 密度泛函理论

4.1 波函数方法

4.1.1 多粒子哈密顿

在绝热近似下，多粒子哈密顿可以简化成 [即式 (3.1)，但这里采用原子单位制]:

$$\begin{aligned}\hat{H} =& \hat{T} + \hat{V}_{\text{ext}} + \hat{V}_{\text{ee}} \\ =& -\frac{1}{2}\sum_{i}^{N}\nabla_{\vec{r}_i}^2 - \sum_{i}^{N}\sum_{j}^{N_{\text{ion}}}\frac{Z_j}{|\vec{R}_j - \vec{r}_i|} + \frac{1}{2}\sum_{i}^{N}\sum_{j\neq i}^{N}\frac{1}{|\vec{r}_i - \vec{r}_j|}\end{aligned} \tag{4.1}$$

式中，N、N_{ion} 分别为电子数和离子数；$\hat{V}_{\text{ext}}$ 为电子和离子相互作用项；$\hat{V}_{\text{ee}}$ 为电子–电子相互作用项，这是最复杂的多体项。如果可以写出多粒子波函数 $|\Psi\rangle$，就可以得到能量期望值:

$$E = \langle\Psi|\hat{H}|\Psi\rangle \tag{4.2}$$

4.1.2 Hartree 方程

量子力学刚创立时，总以波函数作为最根本的物理量，即通过薛定谔方程直接求解系统的波函数，这被称为波函数方法。Hartree 在 1928 年假设多粒子波函数可直接写成单粒子波函数的乘积 [60]，这很显然是不对的，因为它不满足电子波函数的反对称性，但仍然可以得到一些有用的结果。

Hartree 把多粒子波函数直接写成单粒子波函数的乘积:

$$\Psi_{\text{H}}(\vec{r}) = \prod_{i=1}^{N}\psi_i(\vec{r}_i) \tag{4.3}$$

另外，先把多粒子方程 (4.1) 改写成如下形式:

$$\hat{H} = \sum_{i}^{N}\hat{h}_1(\vec{r}_i) + \frac{1}{2}\sum_{i}^{N}\sum_{j\neq i}^{N}\hat{v}_2(\vec{r}_i, \vec{r}_j)$$

其中 $\hat{h}_1(\vec{r}_i)$ 代表单电子算符，它包含式 (4.1) 的前两项，因为它们都只涉及一个电子 i:

$$\hat{h}_1(\vec{r}_i) = -\frac{1}{2}\nabla_{\vec{r}_i}^2 + v_{\text{ext}}(\vec{r}_i)$$

其中

$$v_{\text{ext}}(\vec{r}_i) = -\sum_{j}^{N_{\text{ion}}} \frac{Z_j}{|\vec{R}_j - \vec{r}_i|}$$

表示第 i 个电子感受到所有离子的作用。

而 $\hat{v}_2(\vec{r}_i, \vec{r}_j)$ 是双电子算符，它其实就是式 (4.1) 中的第三项，即电子–电子相互作用项，它涉及两个电子 i, j：

$$\hat{v}_2(\vec{r}_i, \vec{r}_j) = \frac{1}{|\vec{r}_i - \vec{r}_j|}$$

把 Hartree 波函数 (4.3) 代入式 (4.2) 得到系统的能量，它可以分为两部分，第一部分是单电子项 E_1：

$$\begin{aligned} E_1 &= \left\langle \Psi_{\text{H}}(\vec{r}) \left| \sum_{i}^{N} \hat{h}_1(\vec{r}_i) \right| \Psi_{\text{H}}(\vec{r}) \right\rangle \\ &= \left\langle \psi_1(\vec{r}_1) \cdots \psi_N(\vec{r}_N) \left| \sum_{i}^{N} \hat{h}_1(\vec{r}_i) \right| \psi_1(\vec{r}_1) \cdots \psi_N(\vec{r}_N) \right\rangle \\ &= \sum_{i}^{N} \left\langle \psi_1(\vec{r}_1) \cdots \psi_N(\vec{r}_N) \left| \hat{h}_1(\vec{r}_i) \right| \psi_1(\vec{r}_1) \cdots \psi_N(\vec{r}_N) \right\rangle \end{aligned}$$

在上式中，对于某一个特定的 $\hat{h}_1(\vec{r}_i)$，只会作用到第 i 个电子的波函数上，而其他电子的波函数是归一的：$\langle \psi_j(\vec{r}_j) | \psi_j(\vec{r}_j) \rangle = 1$，所以

$$E_1 = \sum_{i}^{N} \left\langle \psi_i(\vec{r}_i) \left| \hat{h}_1(\vec{r}_i) \right| \psi_i(\vec{r}_i) \right\rangle = \sum_{i}^{N} \left\langle \psi_i \left| \hat{h}_1 \right| \psi_i \right\rangle \tag{4.4}$$

类似地，对于双电子算符，会涉及两个电子的波函数：

$$\begin{aligned} E_2 &= \left\langle \Psi_{\text{H}}(\vec{r}) \left| \frac{1}{2} \sum_{i}^{N} \sum_{j \neq i}^{N} \hat{v}_2(\vec{r}_i, \vec{r}_j) \right| \Psi_{\text{H}}(\vec{r}) \right\rangle \\ &= \left\langle \psi_1(\vec{r}_1) \cdots \psi_N(\vec{r}_N) \left| \frac{1}{2} \sum_{i}^{N} \sum_{j \neq i}^{N} \hat{v}_2(\vec{r}_i, \vec{r}_j) \right| \psi_1(\vec{r}_1) \cdots \psi_N(\vec{r}_N) \right\rangle \\ &= \frac{1}{2} \sum_{i}^{N} \sum_{j \neq i}^{N} \left\langle \psi_1(\vec{r}_1) \cdots \psi_N(\vec{r}_N) \left| \hat{v}_2(\vec{r}_i, \vec{r}_j) \right| \psi_1(\vec{r}_1) \cdots \psi_N(\vec{r}_N) \right\rangle \\ &= \frac{1}{2} \sum_{i}^{N} \sum_{j \neq i}^{N} \left\langle \psi_i(\vec{r}_i) \psi_j(\vec{r}_j) \left| \hat{v}_2(\vec{r}_i, \vec{r}_j) \right| \psi_j(\vec{r}_j) \psi_i(\vec{r}_i) \right\rangle \end{aligned}$$

$$=\frac{1}{2}\sum_{i}^{N}\sum_{j\neq i}^{N}\langle\psi_i\psi_j\left|\hat{v}_2\right|\psi_j\psi_i\rangle \tag{4.5}$$

上式也可以写成

$$E_2=\frac{1}{2}\sum_{i}^{N}\sum_{j\neq i}^{N}\int\int\frac{\rho_i(i)\rho_j(j)}{|\vec{r}_i-\vec{r}_j|}\mathrm{d}\vec{r}_i\mathrm{d}\vec{r}_j$$

其中 $\rho_i(\vec{r}_i)=|\psi_i(\vec{r}_i)|^2$ 就是单个电子的密度。所以这一项 [式 (4.5)] 就是经典的库仑相互作用。

把两个能量 [式 (4.4) 和式 (4.5)] 加起来就是 Hartree 波函数下系统的能量:

$$E_{\mathrm{H}}=\sum_{i}^{N}\langle\psi_i\left|\hat{h}_1\right|\psi_i\rangle+\frac{1}{2}\sum_{i}^{N}\sum_{j\neq i}^{N}\langle\psi_i\psi_j\left|\hat{v}_2\right|\psi_j\psi_i\rangle \tag{4.6}$$

对上述能量进行变分 (针对 ψ_i^*)，同时考虑限制条件 (即波函数归一化) 引入拉格朗日乘子 ε_i:

$$\delta\left[\sum_{i}^{N}\langle\psi_i\left|\hat{h}_1\right|\psi_i\rangle+\frac{1}{2}\sum_{i}^{N}\sum_{j\neq i}^{N}\langle\psi_i\psi_j\left|\hat{v}_2\right|\psi_j\psi_i\rangle-\sum_{i}^{N}\varepsilon_i\left(\langle\psi_i|\psi_i\rangle-1\right)\right]=0$$

最后得到 Hartree 方程:

$$\left[-\frac{1}{2}\nabla^2+V_{\mathrm{ext}}+\sum_{j\neq i}^{N}\int\frac{|\psi_j(\vec{r}_j)|^2}{|\vec{r}_j-\vec{r}_i|}\mathrm{d}\vec{r}_j\right]\psi_i(\vec{r}_i)=E_i\psi_i(\vec{r}_i) \tag{4.7}$$

上述方程哈密顿中的第三项经典静电势，表示第 i 个电子感受到其他所有电子的库仑相互作用，也称为 Hartree 项。这个方程只针对第 i 个电子，所以是一个单电子方程。

4.1.3 Hartree-Fock 方法

Hartree 假设的多粒子波函数 [式 (4.3)] 直接写成单电子波函数的乘积，很显然不满足反对称性。后来，Slater 发现行列式形式的波函数自然地满足这种反对称性 [61]:

$$\varPsi_{\mathrm{HF}}(\vec{x}_1,\vec{x}_2,\cdots,\vec{x}_N)=\frac{1}{\sqrt{N!}}\begin{vmatrix}\psi_1(\vec{x}_1) & \psi_2(\vec{x}_1) & \cdots & \psi_N(\vec{x}_1)\\ \psi_1(\vec{x}_2) & \psi_2(\vec{x}_2) & \cdots & \psi_N(\vec{x}_2)\\ \vdots & \vdots & & \vdots\\ \psi_1(\vec{x}_N) & \psi_2(\vec{x}_N) & \cdots & \psi_N(\vec{x}_N)\end{vmatrix}$$

其中 $\psi_i(\vec{x}_j)$ 表示第 i 个单电子的波函数，$\vec{x}_j$ 表示空间和自旋两部分的坐标，$\vec{x}_j = (\vec{r}_j, \sigma_j)$。因为交换行列式的任意两列，行列式整体会多一个负号，即自然满足了波函数的反对称性。

根据行列式的莱布尼茨 (Leibniz) 公式，上述波函数可以写成 $N!$ 个多项式相加：

$$\Psi_{\mathrm{HF}}(\vec{x}_1, \vec{x}_2, \cdots, \vec{x}_N) = \frac{1}{\sqrt{N!}} \sum_i^{N!} (-1)^{P(i)} \psi_{i_1}(\vec{x}_1)\psi_{i_2}(\vec{x}_2)\cdots\psi_{i_N}(\vec{x}_N) \tag{4.8}$$

这里每一个多项式就是 N 个单电子波函数的乘积，但是其乘积的顺序不同，可以用 $(i_1, i_2, \cdots, i_N)$ 表示第 i 个多项式中波函数的乘积顺序。前面 Hartree 波函数只是其中一种最基本的情况，即电子乘积的顺序是 $(1, 2, \cdots, N)$。而所有可能的电子乘积顺序其实就是集合 $(1, 2, \cdots, N)$ 所有元素的全排列，一共有 $N!$ 种可能性。上述求和公式中，多项式前会有一个系数：$+1$ 或者 -1，取决于整数 $P(i)$ 的奇偶性。$P(i)$ 表示一个序列 $(i_1, i_2, \cdots, i_N)$，通过对调相邻元素恢复到 $(1, 2, \cdots, N)$ 所需的步数。例如，交换第 1 个电子和第 2 个电子，因为只交换一次，即 $P = 1$，此时波函数前的系数为 -1。但如果交换两次，如第 1 个电子和第 2 个电子交换，然后第 1 个电子和第 3 个电子再交换，即 $P = 2$，则波函数前的系数为 $+1$。

把上述满足反对称性的多粒子波函数 [式 (4.8)] 代入式 (4.2)，便可求出系统的总能量。类似于前面对 Hartree 方程的推导，此时仍然有单电子和双电子两个部分。首先考虑单电子的哈密顿：

$$\begin{aligned}
E_1 =& \langle \Psi_{\mathrm{HF}} | \sum_n^N \hat{h}_1(\vec{x}_n) | \Psi_{\mathrm{HF}} \rangle \\
=& \frac{1}{N!} \sum_n^N \sum_i^{N!} \sum_j^{N!} (-1)^{P(i)} (-1)^{P(j)} \\
&\times \langle \psi_{j_1}(\vec{x}_1)\psi_{j_2}(\vec{x}_2)\cdots\psi_{j_N}(\vec{x}_N) | \hat{h}_1(\vec{x}_n) | \psi_{i_1}(\vec{x}_1)\psi_{i_2}(\vec{x}_2)\cdots\psi_{i_N}(\vec{x}_N) \rangle \\
=& \frac{1}{N!} \sum_n^N \sum_i^{N!} \sum_j^{N!} (-1)^{P(i)} (-1)^{P(j)} \langle \psi_{j_1}(\vec{x}_1) | \psi_{i_1}(\vec{x}_1) \rangle \cdots \langle \psi_{j_{n-1}}(\vec{x}_{n-1}) | \psi_{i_{n-1}}(\vec{x}_{n-1}) \rangle \\
&\times \langle \psi_{j_n}(\vec{x}_n) | \hat{h}_1(\vec{x}_n) | \psi_{i_n}(\vec{x}_n) \rangle \\
&\times \langle \psi_{j_{n+1}}(\vec{x}_{n+1}) | \psi_{i_{n+1}}(\vec{x}_{n+1}) \rangle \cdots \langle \psi_{j_N}(\vec{x}_N) | \psi_{i_N}(\vec{x}_N) \rangle
\end{aligned} \tag{4.9}$$

式 (4.9) 中，对于任意一个单电子算符 $\hat{h}_1(\vec{x}_n)$，都有 $N! \times N!$ 项的求和，但 $\hat{h}_1(\vec{x}_n)$ 只会作用到单粒子 n 上，而其他所有指标的波函数满足正交归一，$\langle \psi_j(\vec{x}) | \psi_i(\vec{x}) \rangle = \delta_{ij}$。因此式 (4.9) 可以写成

$$E_1 = \frac{1}{N!} \sum_n^N \sum_i^{N!} \sum_j^{N!} (-1)^{P(i)} (-1)^{P(j)} \delta_{j_1, i_1} \cdots \delta_{j_{n-1}, i_{n-1}}$$

$$\times\langle\psi_{j_n}(\vec{x}_n)|\hat{h}_1(\vec{x}_n)|\psi_{i_n}(\vec{x}_n)\rangle\delta_{j_{n+1},i_{n+1}}\cdots\delta_{j_N,i_N}$$

这里，根据克罗内克 δ 函数的性质，要求所有的 i 和 j 指标都相等 (除了 i_n 可以不等于 j_n)，即必须要求 $i_k = j_k$ $(k \neq n)$。但因为每个电子指标有且只有出现一次，所以上述要求实际上表明 i_n 也一定等于 j_n。同时，$i_k = j_k$ 也意味着 $P(i) = P(j)$，即 $(-1)^{P(i)}(-1)^{P(j)} = 1$。由此，上式可以进一步简化：

$$E_1 = \frac{1}{N!}\sum_{n}^{N}\sum_{i}^{N!}\langle\psi_{i_n}(\vec{x}_n)|\hat{h}_1(\vec{x}_n)|\psi_{i_n}(\vec{x}_n)\rangle$$

第一个求和符号是对所有单电子的求和 [来自 $\sum\limits_{n}^{N}\hat{h}_1(\vec{x}_n)$]，第二个求和是对 N 个电子全排列的求和，有 $N!$ 种可能性。对于特定的 $\hat{h}_1(\vec{x}_n)$ 以及特定的 i_n，一共有 $(N-1)!$ 项求和。例如，对于 $\hat{h}_1(\vec{x}_1)$，上述求和公式中出现的可能项无非就是 $\langle\psi_1(\vec{x}_1)|\hat{h}_1(\vec{x}_1)|\psi_1(\vec{x}_1)\rangle$，$\langle\psi_2(\vec{x}_1)|\hat{h}_1(\vec{x}_1)|\psi_2(\vec{x}_1)\rangle$，$\cdots$，$\langle\psi_N(\vec{x}_1)|\hat{h}_1(\vec{x}_1)|\psi_N(\vec{x}_1)\rangle$，一共有 N 种可能性。但求和有 $N!$ 项，所以对于任意一项：$\langle\psi_i(\vec{x}_1)|\hat{h}_1(\vec{x}_1)|\psi_i(\vec{x}_1)\rangle$，有 $N!/N = (N-1)!$ 项是完全一样的。换个角度理解，对于 N 个整数，如果已经确定其中某一个位置的数字，那么剩下 $N-1$ 个数字的全排列数只有 $(N-1)!$ 种。因此，上式可以写成：

$$E_1 = \frac{(N-1)!}{N!}\sum_{n}^{N}\sum_{i_n}^{N}\langle\psi_{i_n}(\vec{x}_n)|\hat{h}_1(\vec{x}_n)|\psi_{i_n}(\vec{x}_n)\rangle$$

这里对于每一个 i_n，对 $\vec{x}_n$ 的积分都是一样的，所以

$$\begin{aligned}E_1 &= \frac{(N-1)!}{N!}\sum_{i_n}^{N}N\langle\psi_{i_n}(\vec{x})|\hat{h}_1(\vec{x})|\psi_{i_n}(\vec{x})\rangle\\ &= \sum_{i}^{N}\langle\psi_i|\hat{h}_1|\psi_i\rangle\end{aligned} \tag{4.10}$$

很显然，这一项的能量和 Hartree 波函数下的能量 [式 (4.4)] 是完全一样的。

对于双电子算符，情况是类似的，区别在于双电子哈密顿涉及两个电子 $\vec{x}_n$、$\vec{x}_m$，所以积分中要涉及两个电子的波函数 (不失一般性，假设 $n < m$)：

$$\begin{aligned}E_2 &= \langle\Psi_{\mathrm{HF}}|\frac{1}{2}\sum_{n}^{N}\sum_{m\neq n}^{N}\hat{v}_2(\vec{x}_n,\vec{x}_m)|\Psi_{\mathrm{HF}}\rangle\\ &= \frac{1}{N!}\frac{1}{2}\sum_{n}^{N}\sum_{m\neq n}^{N}\sum_{i}^{N!}\sum_{j}^{N!}(-1)^{P(i)}(-1)^{P(j)}\end{aligned}$$

$$\times\delta_{j_1,i_1}\cdots\delta_{j_{n-1},i_{n-1}}\delta_{j_{n+1},i_{n+1}}\cdots\delta_{j_{m-1},i_{m-1}}\delta_{j_{m+1},i_{m+1}}\cdots\delta_{j_N,i_N}$$
$$\times\langle\psi_{j_n}(\vec{x}_n)\psi_{j_m}(\vec{x}_m)|\hat{v}_2(\vec{x}_n,\vec{x}_m)|\psi_{i_n}(\vec{x}_n)\psi_{i_m}(\vec{x}_m)\rangle \tag{4.11}$$

由于 δ 函数，j_n、i_n、j_m、i_m 四个数之间只存在以下两种可能性 (很显然，$i_n \neq i_m$，$j_n \neq j_m$)：

(1) $j_n = i_n$ 且 $j_m = i_m$

(2) $j_n = i_m$ 且 $j_m = i_n$

对于第一种情况，即求和项形式为 $\langle\psi_{i_n}(\vec{x}_n)\psi_{i_m}(\vec{x}_m)|\hat{v}_2(\vec{x}_n,\vec{x}_m)|\psi_{i_n}(\vec{x}_n)\psi_{i_m}(\vec{x}_m)\rangle$，这其实和 Hartree 近似中的双电子项 [式 (4.5)] 是一样的。而第二种情况，可以看成是在第一种情况中把两个电子交换了一下，所以波函数前会多一个负号。在 Hartree 近似中没有这个第二项。把这两项加起来，得

$$E_2=\frac{1}{N!}\frac{1}{2}\sum_{n}^{N}\sum_{m\neq n}^{N}\sum_{i}^{N!}[\langle\psi_{i_n}(\vec{x}_n)\psi_{i_m}(\vec{x}_m)|\hat{v}_2(\vec{x}_n,\vec{x}_m)|\psi_{i_n}(\vec{x}_n)\psi_{i_m}(\vec{x}_m)\rangle$$
$$-\langle\psi_{i_m}(\vec{x}_n)\psi_{i_n}(\vec{x}_m)|\hat{v}_2(\vec{x}_n,\vec{x}_m)|\psi_{i_n}(\vec{x}_n)\psi_{i_m}(\vec{x}_m)\rangle] \tag{4.12}$$

此时对于特定的 i_n、i_m、i，相当于对于 N 个整数，已经确定其中某两个位置的数字，那么剩下 $N-2$ 个数字的全排列可能性就是 $(N-2)!$。所以

$$E_2=\frac{(N-2)!}{N!}\frac{1}{2}\sum_{n}^{N}\sum_{m\neq n}^{N}\sum_{i_n\neq i_m}^{N}[\langle\psi_{i_n}(\vec{x}_n)\psi_{i_m}(\vec{x}_m)|\hat{v}_2(\vec{x}_n,\vec{x}_m)|\psi_{i_n}(\vec{x}_n)\psi_{i_m}(\vec{x}_m)\rangle$$
$$-\langle\psi_{i_m}(\vec{x}_n)\psi_{i_n}(\vec{x}_m)|\hat{v}_2(\vec{x}_n,\vec{x}_m)|\psi_{i_n}(\vec{x}_n)\psi_{i_m}(\vec{x}_m)\rangle] \tag{4.13}$$

第二个对 n、m 的求和符号中，要求 $n\neq m$，所以一共可能的组合是 $N(N-1)$。令 $i_n\to i$，$i_m\to j$，式 (4.13) 可以写成

$$E_2=\frac{1}{2}\sum_{i\neq j}^{N}[\langle\psi_i(\vec{x}_i)\psi_j(\vec{x}_j)|\hat{v}_2(\vec{x}_i,\vec{x}_j)|\psi_i(\vec{x}_i)\psi_j(\vec{x}_j)\rangle$$
$$-\langle\psi_j(\vec{x}_i)\psi_i(\vec{x}_j)|\hat{v}_2(\vec{x}_i,\vec{x}_j)|\psi_i(\vec{x}_i)\psi_j(\vec{x}_j)\rangle] \tag{4.14}$$

$$E_2=\frac{1}{2}\sum_{i,j}^{N}[\langle\psi_i\psi_j|\hat{v}_2|\psi_i\psi_j\rangle-\langle\psi_j\psi_i|\hat{v}_2|\psi_i\psi_j\rangle]$$

这里求和指标 $i=j$ 是允许的，这是因为当 $i=j$ 时，上式求和中的两项正好抵消，并不影响最后的结果。

最后，可以得到 Slater 行列式形式的多粒子波函数的总能量：

$$E_{\mathrm{HF}}=\sum_{i}^{N}\langle\psi_i|\hat{h}_1|\psi_i\rangle+\frac{1}{2}\sum_{i,j}^{N}[\langle\psi_i\psi_j|\hat{v}_2|\psi_i\psi_j\rangle-\langle\psi_j\psi_i|\hat{v}_2|\psi_i\psi_j\rangle]$$

同样，对该能量进行变分，同时需要考虑单粒子波函数的正交归一条件：$\langle\psi_i|\psi_j\rangle=\delta_{ij}$，引入拉格朗日算子 λ_{ij}：

$$\delta\left[E_{\mathrm{HF}}-\sum_{i,j}\lambda_{ij}(\langle\psi_i|\psi_j\rangle-\delta_{ij})\right]=0$$

得到著名的 Hartree-Fock 方程：

$$\left[-\frac{1}{2}\nabla^2+V_{\mathrm{ext}}+\sum_j^N\int\frac{|\psi_j(\vec{r}_j)|^2}{|\vec{r}_j-\vec{r}_i|}\mathrm{d}\vec{r}_j\right]\psi_i(\vec{r}_i)-\sum_j^N\int\frac{\psi_j^*(\vec{r}_j)\psi_i(\vec{r}_j)}{|\vec{r}_j-\vec{r}_i|}\mathrm{d}\vec{r}_j\psi_j(\vec{r}_i)$$
$$=\sum_j\lambda_{ij}\psi_j(\vec{r}_i) \tag{4.15}$$

在等式的右边，总可以做一个幺正变换，使得 λ 对角化：$\lambda_{ki}=\delta_{ki}\varepsilon_k$，由此 Hartree-Fock 方程可以写成

$$\left[-\frac{1}{2}\nabla^2+V_{\mathrm{ext}}+\sum_j^N\int\frac{|\psi_j(\vec{r}\,')|^2}{|\vec{r}\,'-\vec{r}|}\mathrm{d}\vec{r}\,'\right]\psi_i(\vec{r})-\sum_j^N\int\frac{\psi_j^*(\vec{r}\,')\psi_i(\vec{r}\,')}{|\vec{r}\,'-\vec{r}|}\mathrm{d}\vec{r}\,'\psi_j(\vec{r})=\varepsilon_i\psi_i(\vec{r}) \tag{4.16}$$

Hartree-Fock 方程比 Hartree 方程 [即式 (4.7)] 多了一项，即式 (4.16) 等式左边的最后一项，这一项也被称为交换相互作用项 (exchange interaction) 或者交换项。交换项来自电子波函数的反对称性，是一个完全量子的行为，在经典物理中没有对应项。正是因为 Hartree-Fock 方法中的波函数考虑了反对称性，所以才出现了这一项。此时 Hartree-Fock 方程和 Hartree 方程不同，不再是一个单电子的方程。

Hartree-Fock 方法考虑了波函数的反对称性，但这种反对称性只存在于自旋平行的情况下。Hartree-Fock 方法还有一部分能量并没有考虑到。一方面，单个 Slater 行列式形式的波函数依然不能完全描述多体波函数，这会造成一部分的能量差。另一方面，Hartree-Fock 方法中的电子库仑相互作用，考虑的是一个电子与其他所有电子的平均作用，而实际上电子是运动的，任何一个电子的运动都会影响其他电子的分布，所以这种动态的库仑相互作用在 Hartree-Fock 方法里也是没有考虑的。通常，Hartree-Fock 方法可以考虑约 99% 的总能量，在量子化学中，把 Hartree-Fock 方法的能量和真正的能量之间的差别称为关联能 (correlation energy)。

为了提高计算精度，人们发展了一些 post-Hartree-Fock 方法。例如，把多个 Slater 行列式进行线性组合来得到多体波函数，称为组态相互作用 (configuration interaction, CI) 方法；还有在 Hartree-Fock 基础上通过微扰方法来考虑电子关联，即 Mølloer-Plesset 微扰理论；等等。这些 post-Hartree-Fock 方法虽然精度高，但计算量太大，通常都是按照 M^5 甚至更高的次数增加 (其中 M 是基组的数目)。所以

实际上这些方法通常在量子化学领域运用较多，用于处理一些小分子体系，而很少在材料领域应用。而本书的主要内容是密度泛函理论，这个理论的特点是在计算精度和计算速度上取得了比较好的平衡，在可接受的误差范围内，可以用来研究许多实际的材料。但因为密度泛函理论和 Hartree-Fock 方法有许多相似之处，所以了解 Hartree-Fock 方法有助于理解密度泛函理论。

4.2 密度泛函理论基础

4.2.1 Thomas-Fermi-Dirac 近似

Hartree 方程和 Hartree-Fock 方程都是以波函数为出发点，这些方法称为波函数方法。这个想法是很自然的，因为薛定谔方程本身就是一个关于电子波函数的方程。但是对于多电子系统，波函数本身是非常复杂的。1927 年，Thomas 和 Fermi 另辟蹊径 [62,63]，他们首先提出在均匀电子气中电子的动能可以写成电子密度的泛函：

$$T_{\mathrm{TF}}[\rho]=\frac{3}{10}(3\pi^2)^{2/3}\int\rho^{5/3}(\vec{r})\mathrm{d}\vec{r}$$

而电子的其他项也都可以写成电子密度的函数，如狄拉克提出交换能也可写成电荷密度的泛函 [64]：

$$E_{\mathrm{x}}[\rho]=-\frac{3}{4}\left(\frac{3}{\pi}\right)^{1/3}\int\rho(\vec{r})^{4/3}\mathrm{d}\vec{r}\tag{4.17}$$

以上近似称为 Thomas-Fermi-Dirac 理论。而维格纳给出了关联能的形式 [65]：

$$E_{\mathrm{c}}[\rho]=-0.056\int\frac{\rho(\vec{r})^{4/3}}{0.079+\rho(\vec{r})^{1/3}}\mathrm{d}\vec{r}\tag{4.18}$$

所以最后电子的总能量可以写成电子密度的泛函。关于这方面的相关理论可见综述文献 [66]。

相对于波函数，使用电子密度的好处是明显的，因为电子密度只是三维空间的函数，而不像波函数是一个高维函数。但 Thomas-Fermi-Dirac 理论只是针对电子气系统，在实际材料中的应用效果很差。特别是它甚至不能得到成键态，最主要的原因是该理论对电子动能项的近似过于粗糙。它把电子动能项直接写成局域密度的函数，而动能项是含有梯度项的 (动量算符)。但是，这个理论给出了另外一个方向，即用电子密度表示系统的能量，而这也是现代密度泛函理论的思路。

Thomas-Fermi-Dirac 理论是不含有轨道的，完全使用了电子密度，而现代密度泛函虽然也写成电子密度的函数，但它却含有轨道，电子密度通过波函数来构造。这是现代密度泛函理论优于传统的 Thomas-Fermi-Dirac 理论的原因。

4.2.2 Hohenberg-Kohn 定理

电子密度是波函数模的平方，所以很显然电子密度包含了比波函数更少的信息，缺少了波函数的相位信息。那么电子密度是否可以完全决定能量呢？回答是肯定的，这是由 P. Hohenberg 和 W. Kohn 在 1964 年首先证明的[67]，称为 Hohenberg-Kohn 定理，该定理分为两个部分：

定理一 哈密顿的外势场 V_{ext} 是电子密度的唯一泛函，即电子密度可以唯一确定外势场。

证明 使用反证法，假设有两个不同的外势场 $\hat{V}_{\text{ext}}$、$\hat{V}'_{\text{ext}}$，它们具有相同的基态电子密度 ρ，对应的哈密顿分别为 [式 (4.1)]：

$$\hat{H} = \hat{T} + \hat{V}_{\text{ext}} + \hat{V}_{\text{ee}}$$
$$\hat{H}' = \hat{T} + \hat{V}'_{\text{ext}} + \hat{V}_{\text{ee}}$$

哈密顿 $\hat{H}$ 对应的波函数和电子能量分别为 Ψ 和 $E_0 = \langle\Psi|\hat{H}|\Psi\rangle$，哈密顿 $\hat{H}'$ 的波函数和电子能量分别为 Ψ' 和 $E'_0 = \langle\Psi'|\hat{H}'|\Psi'\rangle$，因为两个哈密顿是不同的，所以这两个基态波函数是不同的 ($\Psi \neq \Psi'$)。根据变分原理，得

$$\begin{aligned} E_0 = \langle\Psi|\hat{H}|\Psi\rangle < \langle\Psi'|\hat{H}|\Psi'\rangle &= \langle\Psi'|\hat{H}'|\Psi'\rangle + \langle\Psi'|\hat{H} - \hat{H}'|\Psi'\rangle \\ &= E'_0 + \int \rho(\vec{r}) \left[\hat{V}_{\text{ext}} - \hat{V}'_{\text{ext}}\right] \mathrm{d}\vec{r} \end{aligned}$$

这里，外势对应的能量写成了电子密度的泛函：$\int \rho(\vec{r})\hat{V}_{\text{ext}}\mathrm{d}\vec{r}$，类似地，还可以得

$$\begin{aligned} E'_0 = \langle\Psi'|\hat{H}'|\Psi'\rangle < \langle\Psi|\hat{H}'|\Psi\rangle &= \langle\Psi|\hat{H}|\Psi\rangle + \langle\Psi|\hat{H}' - \hat{H}|\Psi\rangle \\ &= E_0 - \int \rho(\vec{r}) \left[\hat{V}_{\text{ext}} - \hat{V}'_{\text{ext}}\right] \mathrm{d}\vec{r} \end{aligned}$$

把上述两个不等式相加，得

$$E_0 + E'_0 < E'_0 + E_0$$

这显然是不可能的。因此，不存在两个不同的外势场 ($\hat{V}_{\text{ext}} \neq \hat{V}'_{\text{ext}}$) 具有相同的基态电子密度。当然，这两个外势场可以相差一个常数，但是哈密顿中的常数项是不重要的。

Hohenberg-Kohn 定理一直接的推论是：电子密度唯一确定势能 V_{ext}，所以整个多粒子哈密顿量也就确定了。通过求解多粒子薛定谔方程就可以确定基态波函数。

定理二 能量可以写成电子密度的泛函：$E[\rho]$，而且该泛函的最小值就是系统的基态能量。

证明　系统能量可以写成电子密度的泛函：

$$E[\rho] = \langle \Psi|\hat{T} + \hat{V}_{\text{ext}} + \hat{V}_{\text{ee}}|\Psi\rangle = \langle \Psi|\hat{T} + \hat{V}_{\text{ee}}|\Psi\rangle + \langle \Psi|\hat{V}_{\text{ext}}|\Psi\rangle$$

可以定义

$$F[\rho] = \langle \Psi|\hat{T} + \hat{V}_{\text{ee}}|\Psi\rangle$$

为一个通用的泛函，它只包含电子的信息只依赖于电子密度，不依赖于外势，不包含任何原子或者晶体结构的信息。如果知道了这个泛函 $F[\rho]$ 的表达式，那么就可用于任意的材料系统。此时总能量可以写成 ρ 的泛函：

$$E[\rho] = F[\rho] + \int \rho(\vec{r})\hat{V}_{\text{ext}}\mathrm{d}\vec{r}$$

假设 ρ 是基态的电子密度，对应的能量为基态能量 $E_0 = \langle \Psi|\hat{H}|\Psi\rangle$，那么对于任意一个其他的电子密度 $\rho' \neq \rho$ (也需要满足 $\rho' \geqslant 0$ 和 $\int \rho'(\vec{r})\mathrm{d}\vec{r} = N$)，必然有一个不同的波函数 $\Psi' \neq \Psi$，假设它的能量是 E'，则

$$E_0 = \langle \Psi|\hat{H}|\Psi\rangle < \langle \Psi'|\hat{H}|\Psi'\rangle = E'$$

所以通过将 $E[\rho]$ 对电子密度做变分，就可以得到基态能量，而此时的电子密度就是基态电子密度。

以上证明适用于基态是非简并的情况，但后续的研究表明，上述结论对于简并的基态也成立。Hohenberg-Kohn 定理证明了电子密度可以完全确定系统的基态能量，这也成为密度泛函理论的理论基础。

4.2.3　Kohn-Sham 方程

Hohenberg-Kohn 定理证明系统的能量可以写成电子密度的泛函，但并没有给出具体可解的方程。为此，回到本章一开始的多粒子哈密顿 [式 (4.1)]，与前面的 Hartree 或者 Hartree-Fock 方法不同，这里不直接写出多体波函数的具体形式，而是把整个哈密顿中的每一项都写成电子密度的函数，因为 Hohenberg-Kohn 定理证明电子密度和波函数其实具有相同的地位，都可以唯一确定系统的基态能量，最后写出具体的方程，即 Kohn-Sham 方程 [68]。

对于具有 N 个电子的系统，多粒子波函数写成 $\Psi(\vec{r}_1, \vec{r}_2, \cdots, \vec{r}_N)$，而单粒子 (one-body) 电子密度 $\rho(\vec{r})$ 为 (这里直接省略了自旋的指标)：

$$\rho(\vec{r}) = N \int \cdots \int |\Psi(\vec{r}_1, \vec{r}_2, \cdots, \vec{r}_N)|^2 \mathrm{d}\vec{r}_2 \cdots \mathrm{d}\vec{r}_N$$

这里的电子密度 $\rho(\vec{r})$ 表示在空间 $\mathrm{d}\vec{r}$ 内找到任意一个电子的概率。严格来说 $\rho(\vec{r})$ 是概率密度，但通常也称电子密度。因为电子是不可区分的粒子，所以找到任意一

个电子的概率都是一样的，直接乘以 N。我们还可以定义双粒子 (two-body) 电子密度 $\rho^{(2)}$，它表示在某一个位置找到一个电子，同时在另一个位置找到另一个电子的概率：

$$\rho^{(2)}(\vec{r},\vec{r}') = N(N-1)\int\cdots\int|\Psi(\vec{x}_1,\vec{x}_2,\cdots,\vec{x}_N)|^2\mathrm{d}\vec{r}_3\cdots\mathrm{d}\vec{r}_N$$

通常可以定义一个电子对关联函数 g，把单粒子和双粒子电子密度联系起来：

$$\rho^{(2)}(\vec{r},\vec{r}') = \rho(\vec{r})\rho(\vec{r}')g(\vec{r},\vec{r}')$$

现分别考虑多粒子哈密顿 [式 (4.1)] 中的三项，首先考虑多粒子哈密顿中的外场项：

$$V_{\text{ext}} = -\sum_i^N\sum_j^{N_{\text{ion}}}\frac{Z_j}{|\vec{R}_j-\vec{r}_i|}$$

其能量为

$$\begin{aligned}
\langle\Psi|V_{\text{ext}}|\Psi\rangle =& -\sum_i^N\sum_j^{N_{\text{ion}}}\int\Psi^*(\vec{x}_1,\vec{x}_2,\cdots,\vec{x}_N)\frac{Z_j}{|\vec{R}_j-\vec{r}_i|}\Psi(\vec{x}_1,\vec{x}_2,\cdots,\vec{x}_N)\mathrm{d}\vec{r}_1\mathrm{d}\vec{r}_2\cdots\mathrm{d}\vec{r}_N\\
=& -\sum_i^N\sum_j^{N_{\text{ion}}}\int\frac{Z_j}{|\vec{R}_j-\vec{r}_i|}|\Psi(\vec{x}_1,\vec{x}_2,\cdots,\vec{x}_N)|^2\mathrm{d}\vec{r}_1\mathrm{d}\vec{r}_2\cdots\mathrm{d}\vec{r}_N\\
=& -\sum_j^{N_{\text{ion}}}\left[\int\frac{Z_j}{|\vec{R}_j-\vec{r}_1|}|\Psi(\vec{x}_1,\vec{x}_2,\cdots,\vec{x}_N)|^2\mathrm{d}\vec{r}_1\mathrm{d}\vec{r}_2\cdots\mathrm{d}\vec{r}_N\right.\\
&\left.+\int\frac{Z_j}{|\vec{R}_j-\vec{r}_2|}|\Psi(\vec{x}_1,\vec{x}_2,\cdots,\vec{x}_N)|^2\mathrm{d}\vec{r}_1\mathrm{d}\vec{r}_3\cdots\mathrm{d}\vec{r}_N+\cdots\right]\\
=& -\sum_j^{N_{\text{ion}}}\left[\int\frac{Z_j}{|\vec{R}_j-\vec{r}_1|}\mathrm{d}\vec{r}_1\int|\Psi(\vec{x}_1,\vec{x}_2,\cdots,\vec{x}_N)|^2\mathrm{d}\vec{r}_2\mathrm{d}\vec{r}_3\cdots\mathrm{d}\vec{r}_N\right.\\
&\left.+\int\frac{Z_j}{|\vec{R}_j-\vec{r}_2|}\mathrm{d}\vec{r}_2\int|\Psi(\vec{x}_1,\vec{x}_2,\cdots,\vec{x}_N)|^2\mathrm{d}\vec{r}_1\mathrm{d}\vec{r}_3\cdots\mathrm{d}\vec{r}_N+\cdots\right]\\
=& -\frac{1}{N}\sum_j^{N_{\text{ion}}}\left[\int\frac{Z_j}{|\vec{R}_j-\vec{r}_1|}\rho(\vec{r}_1)\mathrm{d}\vec{r}_1+\int\frac{Z_j}{|\vec{R}_j-\vec{r}_2|}\rho(\vec{r}_2)\mathrm{d}\vec{r}_2+\cdots\right]\\
=& -\sum_j^{N_{\text{ion}}}\int\frac{Z_j}{|\vec{R}_j-\vec{r}|}\rho(\vec{r})\mathrm{d}\vec{r}\\
=& -\int\sum_j^{N_{\text{ion}}}\frac{Z_j}{|\vec{R}_j-\vec{r}|}\rho(\vec{r})\mathrm{d}\vec{r}
\end{aligned}$$

$$= \int v_{\text{ext}}(\vec{r})\rho(\vec{r})\text{d}\vec{r} \tag{4.19}$$

上述推导用到了单粒子电子密度的定义。所以，外场项可以写成电子密度的泛函。

外场项是一个单粒子项，而电子–电子相互作用项涉及两个电子，所以它需要写成双粒子电子密度的泛函：

$$\langle \Psi | V_{\text{ee}} | \Psi \rangle = \frac{1}{2} \int\int \frac{\rho^{(2)}(\vec{r}, \vec{r}')}{|\vec{r} - \vec{r}'|} \text{d}\vec{r}\text{d}\vec{r}'$$

这里的双粒子电子密度 $\rho^{(2)}(\vec{r}, \vec{r}')$ 表示一个电子在 $\vec{r}$ 处，而另外一个电子在 $\vec{r}'$ 处的概率，它包含了多电子的信息。如果能严格得到双粒子电子密度函数，就可以严格求解多粒子系统。但实际上只能采用一些近似方法，如果考虑两个电子完全没有关联，那么双粒子电子密度简单地等于两个单粒子密度函数的乘积：$\rho^{(2)}(\vec{r}, \vec{r}') = \rho(\vec{r})\rho(\vec{r}')$，这其实就是 Hartree 项。实际上电子是有关联的，所以需要额外增加一个对 Hartree 能的修正项 Δ_{ee}，整个电子–电子相互作用项可以写成：

$$\langle \Psi | V_{\text{ee}} | \Psi \rangle = \frac{1}{2} \int\int \frac{\rho(\vec{r})\rho(\vec{r}')}{|\vec{r} - \vec{r}'|} \text{d}\vec{r}\text{d}\vec{r}' + \Delta_{\text{ee}}$$

上式右边第一项就是 Hartree 能，而第二项是对前者的修正项。

下面考虑电子的动能项：

$$T = -\frac{1}{2} \int \Psi^*(\vec{x}_1, \vec{x}_2, \cdots, \vec{x}_N) \nabla^2 \Psi^*(\vec{x}_1, \vec{x}_2, \cdots, \vec{x}_N) \text{d}\vec{r}_1 \cdots \text{d}\vec{r}_N$$

这里，动能算符中有求导项，而对多粒子波函数的导数是未知的，所以这里的动能项不能写成电子密度的泛函。Kohn 和 Sham 建议，既然多粒子波函数的动能项是未知的，那就考虑一个假象的没有相互作用的多粒子系统，它的电子密度可以简单写成单粒子轨道的求和：

$$\rho(\vec{r}) = \sum_i^N |\psi_i(\vec{r})|^2$$

这里，$\psi_i(\vec{r})$ 就是假设的无相互作用的单粒子轨道，也称 Kohn-Sham 轨道。这个假设也是密度泛函理论的关键之处。这些 Kohn-Sham 轨道构成一个无相互作用的参考系统，并期望这个无相互作用多粒子系统和有相互作用的多粒子系统具有相同的基态电子密度。如果存在这样一个无相互作用系统，那么其动能项就可以很方便地写成单个粒子动能之和。当然，这个无相互作用系统的动能和真实的多粒子系统的动能是不一样的，为此，也必须加一个修正项：

$$T = -\frac{1}{2} \sum_i^N \int \psi_i^*(\vec{r}) \nabla^2 \psi_i(\vec{r}) \text{d}\vec{r} + \Delta T$$

其中上式右边第一项就是无相互作用系统的动能项，而第二项是对前者的修正项。

最后，把上述三项合并起来，得到基态总能量：

$$E=-\frac{1}{2}\sum_{i}^{N}\int\psi_i^*(\vec{r})\nabla^2\psi_i(\vec{r})\mathrm{d}\vec{r}+\int v_{\mathrm{ext}}(\vec{r})\rho(\vec{r})\mathrm{d}\vec{r}+\frac{1}{2}\int\int\frac{\rho(\vec{r})\rho(\vec{r}')}{|\vec{r}-\vec{r}'|}\mathrm{d}\vec{r}\mathrm{d}\vec{r}'+\varDelta_{\mathrm{ee}}+\Delta T$$

上式右边第一项是假想的一个无相互作用系统的动能项；第二项是外场项；第三项是经典的库仑作用项，即 Hartree 项；第四项是对 Hartree 项的修正项；第五项是对无相互作用系统动能的修正项。这里前三项都有明确的表达式，而最后两个修正项的具体形式是未知的，但这两项是至关重要的。如果知道了它们的准确表达式，则整个能量的表达式是严格的，不存在任何近似 (除绝热近似之外)。但在实际计算中，这两项的表达式都是未知的，不妨直接把它们合并起来称为交换关联能 (exchange-correlation energy)：

$$E_{\mathrm{xc}}=\varDelta_{\mathrm{ee}}+\Delta T$$

此时，基态能量表达式为

$$E=-\frac{1}{2}\sum_{i}^{N}\int\psi_i^*(\vec{r})\nabla^2\psi_i(\vec{r})\mathrm{d}\vec{r}+\int v_{\mathrm{ext}}(\vec{r})\rho(\vec{r})\mathrm{d}\vec{r}+\frac{1}{2}\int\int\frac{\rho(\vec{r})\rho(\vec{r}')}{|\vec{r}-\vec{r}'|}\mathrm{d}\vec{r}\mathrm{d}\vec{r}'+E_{\mathrm{xc}} \tag{4.20}$$

交换关联能包含有相互作用多粒子系统和无相互作用多粒子系统之间的能量差，既包括电子的交换项，也包括关联项。这个交换关联能的严格表达式是未知的，但可以把它写成电子密度的泛函，最简单的一种方法就是认为交换关联能只是依赖局域的电子密度，可以写成电子密度的泛函：$E_{\mathrm{xc}}[\rho]=\int\epsilon_{\mathrm{xc}}(\rho)\rho(\vec{r})\mathrm{d}\vec{r}$，这就是局域密度近似 (local density approximation, LDA)。这个方案虽然看似简单，但实际使用效果不错，目前依然广泛用于实际材料的计算中。

基于上面能量的表达式 (4.20)，对 $\psi_i^*(\vec{r})$ 进行变分，同时利用单粒子波函数的正交归一条件：$\langle\psi_i|\psi_j\rangle=\delta_{ij}$，引入拉格朗日算子 λ_{ij}。类似前面推导 Hartree-Fock 方程一样，总是可以把 λ 对角化 ($\lambda_{ki}=\delta_{ki}\varepsilon_k$)，最后得到方程：

$$-\frac{1}{2}\nabla^2\psi_i(\vec{r})+\left[V_{\mathrm{ext}}(\vec{r})+\int\mathrm{d}\vec{r}'\frac{\rho(\vec{r}')}{|\vec{r}-\vec{r}'|}+\mu_{\mathrm{xc}}[\rho]\right]\psi_i(\vec{r})=\varepsilon_i\psi_i(\vec{r}) \tag{4.21}$$

这就是著名的 Kohn-Sham 方程，其中

$$\mu_{\mathrm{xc}}[\rho]=\frac{\delta E_{\mathrm{xc}}[\rho]}{\delta\rho}$$

为交换关联势 (exchange-correlation potential)。

把方程 (4.21) 中的所有势能项写成一个有效势能 $\hat{V}_{\rm eff}$，可以得到一个更为简洁的形式：

$$[\hat{T}+\hat{V}_{\rm eff}]\psi_i(\vec{r})=\varepsilon_i\psi_i(\vec{r})$$

Kohn-Sham 方程使密度泛函理论成为一种切实可行的计算方法，随着近几十年计算机技术的飞速发展，利用数值计算求解 Kohn-Sham 方程已经成为非常常规的任务。现在，密度泛函理论在凝聚态物理、材料科学、化学甚至生物等领域都有了非常广泛的应用。

Kohn-Sham 方程有许多含义：Kohn-Sham 方程的核心思想是把有相互作用的多粒子系统转换成一个无相互作用的单粒子系统 (图 4.1)，而把电子间的相互作用归结到未知的交换关联势中。因此，Kohn-Sham 方程的形式与 Hartree 方程类似，都是单粒子方程。但是 Kohn-Sham 方程比 Hartree 方程多考虑了交换关联势，而常规的交换关联势 (如采用局域密度近似) 计算速度很快，所以两者具有类似的计算量。但是，Kohn-Sham 方程与 Hartree-Fock 方程相比，计算量要小很多，因为 Hartree-Fock 方程中包含非局域的交换能。另外，Kohn-Sham 方程除了绝热近似之外是严格的，当然遗憾的是交换关联势的形式是未知的，必须进一步引入近似，但原则上可以通过寻求更好的交换关联势来充分考虑多电子的关联效应，提高计算精度，而且交换关联势的形式不依赖于具体材料，具有一定的普适性。

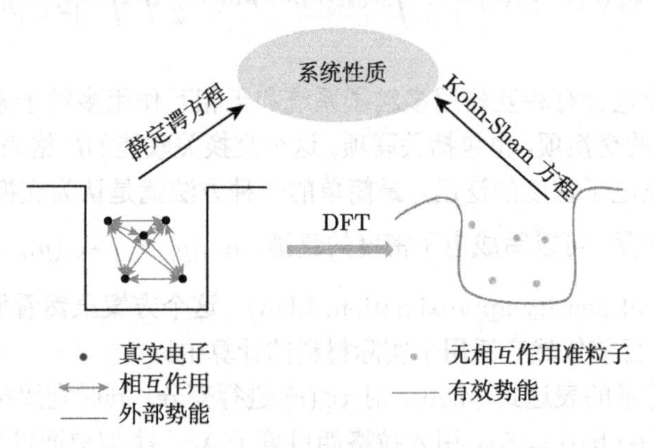

图 4.1　薛定谔方程和 Kohn-Sham 方程的意义

Kohn-Sham 方程通常要通过自洽求解，因为要求解 Kohn-Sham 方程，必须先得到哈密顿量。哈密顿是电子密度的泛函，电子密度是从波函数得到的，而波函数又需要利用哈密顿求解。因此只能通过自洽求解的方式来求解 Kohn-Sham 方程，整个流程图如图 4.2 所示。首先可以随机构造一个电子密度，然后通过构造有效势能 $V_{\rm eff}$，再求解 Kohn-Sham 方程得到波函数。而波函数又可以构造一个新的电子密度，通常这个电子密度和初始猜测的电子密度是不同的，此时需要用这个新的电子密度 (一般需要和老的电子密度进行混合) 重新构造势能函数，再次求解 Kohn-Sham

方程获得新的波函数。由此通过多次的迭代，直到最后收敛，并计算所需的各种物理量 (如能量、力等)。这里所谓的收敛可以有多种判断条件，最简单的是通过总能量来判断，如果最后两次迭代能量差小于一个预设的小量，则表示计算已经收敛。也可以通过迭代过程中电子密度、力，甚至波函数的差异来判断是否收敛。

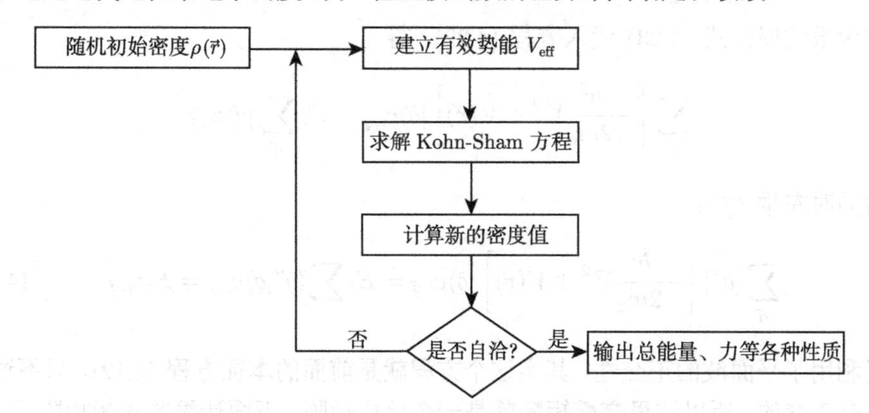

图 4.2　Kohn-Sham 方程的自洽求解流程

当然，在具体求解过程中，还会涉及很多细节。例如，为了求解 Kohn-Sham 方程，也必须先选定基组，才能够得到本征方程。另外，在 Kohn-Sham 方程中交换关联势的形式还是未知的，在计算中也必须选取一个具体的形式才可以。关于更深入的密度泛函理论可以参考相关综述论文和书籍 [69–74]。下面对基组、赝势、交换关联势等做简要的介绍。

4.3 基 函 数

4.3.1 平面波基组

在求解 Kohn-Sham 方程过程中，首先需要确定基组。其中平面波基形式简单，是比较常用的一种基组。

1. 平面波基组下的本征方程

考虑一个一般的哈密顿：

$$\hat{H}\psi_i(\vec{r}) = \left[-\frac{\hbar^2}{2m_e}\nabla^2 + V(\vec{r})\right]\psi_i(\vec{r}) = E_i\psi_i(\vec{r}) \tag{4.22}$$

波函数用平面波展开：

$$\psi_i(\vec{r}) = \frac{1}{\sqrt{\Omega}}\sum_{\vec{q}} c_{i,\vec{q}}\mathrm{e}^{\mathrm{i}\vec{q}\cdot\vec{r}} = \sum_{\vec{q}} c_{i,\vec{q}}|\vec{q}\rangle \tag{4.23}$$

很显然，平面波 $|\vec{q}\rangle = \dfrac{1}{\sqrt{\Omega}}\mathrm{e}^{\mathrm{i}\vec{q}\cdot\vec{r}}$ 本身是正交的 (Ω 是元胞的体积)：

$$\langle\vec{q}'|\vec{q}\rangle = \frac{1}{\Omega}\int_V \mathrm{e}^{-\mathrm{i}(\vec{q}'-\vec{q})\cdot\vec{r}}\mathrm{d}\vec{r} = \delta_{\vec{q}',\vec{q}} \tag{4.24}$$

把波函数的展开式 (4.23) 代入方程 (4.22)，得

$$\sum_{\vec{q}}\left[-\frac{\hbar^2}{2m_\mathrm{e}}\nabla^2 + V(\vec{r})\right]|\vec{q}\rangle c_{i,\vec{q}} = E_i\sum_{\vec{q}}|\vec{q}\rangle c_{i,\vec{q}}$$

两边同时左乘 $\langle\vec{q}'|$：

$$\sum_{\vec{q}}\langle\vec{q}'|\left[-\frac{\hbar^2}{2m_\mathrm{e}}\nabla^2 + V(\vec{r})\right]|\vec{q}\rangle c_{i,\vec{q}} = E_i\sum_{\vec{q}}\langle\vec{q}'|\vec{q}\rangle c_{i,\vec{q}} = E_i c_{i,\vec{q}'} \tag{4.25}$$

这里利用了平面波的正交性。其实这个方程就是前面的本征方程 (3.12)，只不过平面波是正交的，所以这里交叠矩阵就是一个单位矩阵。下面计算哈密顿矩阵元，它显然有两项，其中第一项是动能项，容易计算：

$$\langle\vec{q}'| - \frac{\hbar^2}{2m_\mathrm{e}}\nabla^2|\vec{q}\rangle = \frac{\hbar^2}{2m_\mathrm{e}}|\vec{q}|^2\delta_{\vec{q}',\vec{q}} \tag{4.26}$$

第二项是势能项：

$$\langle\vec{q}'|V(\vec{r})|\vec{q}\rangle \tag{4.27}$$

这里，势能函数是正格矢的周期函数 $V(\vec{r}) = V(\vec{r}+\vec{R}_l)$，用傅里叶级数展开：

$$V(\vec{r}) = \sum_{\vec{K}_h} V(\vec{K}_h)\mathrm{e}^{\mathrm{i}\vec{K}_h\cdot\vec{r}} \tag{4.28}$$

其中展开系数：

$$V(\vec{K}_h) = \frac{1}{\Omega}\int_\Omega V(\vec{r})\mathrm{e}^{-\mathrm{i}\vec{K}_h\cdot\vec{r}}\mathrm{d}\vec{r} \tag{4.29}$$

把势能函数的展开式 (4.28) 代入式 (4.27)，得

$$\langle\vec{q}'|V(\vec{r})|\vec{q}\rangle = \sum_{\vec{K}_h} V(\vec{K}_h)\int_\Omega \mathrm{e}^{-\mathrm{i}(\vec{q}'-\vec{q}-\vec{K}_h)\cdot\vec{r}}\mathrm{d}\vec{r} = \sum_{\vec{K}_h} V(\vec{K}_h)\delta_{\vec{q}'-\vec{q},\vec{K}_h} \tag{4.30}$$

即只有当 $\vec{q}'-\vec{q}=\vec{K}_h$ 时，上述矩阵元才不等于 0。

特别注意，当 $\vec{q}'=\vec{q}$，即 $\vec{K}_h=0$ 时，$V(0)$ 其实代表了势能的平均值，式 (4.29) 变成

$$V(0) = \frac{1}{\Omega}\int_\Omega V(\vec{r})\mathrm{d}\vec{r} = \overline{V}$$

这是一个常数，而一个常数在哈密顿的对角项上是不重要的。为简单起见，可以假设 $\overline{V}=0$。最后，重新定义波矢：$\vec{q}=\vec{k}+\vec{K}_m$，$\vec{q}'=\vec{k}+\vec{K}_{m'}$，显然 $\vec{K}_h=\vec{K}_{m'}-\vec{K}_m$，在此定义下，动量矩阵元 (4.26) 和势能矩阵元 (4.30) 分别写成

$$
\begin{aligned}
\langle\vec{q}'|-\frac{\hbar^2}{2m_\mathrm{e}}\nabla^2|\vec{q}\rangle &= \frac{\hbar^2}{2m_\mathrm{e}}|\vec{k}+\vec{K}_m|^2\delta_{m',m} \\
\langle\vec{q}'|V(\vec{r})|\vec{q}\rangle &= V(\vec{K}_{m'}-\vec{K}_m)
\end{aligned}
$$

即整个哈密顿矩阵元为

$$
H_{m'm}(\vec{k})=\frac{\hbar^2}{2m_\mathrm{e}}|\vec{k}+\vec{K}_m|^2\delta_{m'm}+V(\vec{K}_{m'}-\vec{K}_m)
$$

最后，得到本征方程 [即式 (4.25)]：

$$
\sum_m H_{m'm}(\vec{k})c_{i,m}=E_i c_{i,m'}
$$

上述方程也可以写成

$$
\frac{\hbar^2}{2m_\mathrm{e}}|\vec{k}+\vec{K}_{m'}|^2 c_{i,m'}+\sum_m V(\vec{K}_{m'}-\vec{K}_m)c_{i,m}=E_i c_{i,m'}
$$

这其实是一个关于 $c_{i,m}$ 的线性方程组，通过求解其系数行列式，便可求出能量本征值。

为清楚起见，也可以写出整个哈密顿矩阵的具体形式：

$$
\boldsymbol{H}=\begin{pmatrix}
\frac{\hbar^2}{2m}|\vec{k}+\vec{K}_1|^2 & V(\vec{K}_1-\vec{K}_2) & V(\vec{K}_1-\vec{K}_3) & \cdots \\
V(\vec{K}_2-\vec{K}_1) & \frac{\hbar^2}{2m}|\vec{k}+\vec{K}_2|^2 & V(\vec{K}_2-\vec{K}_3) & \cdots \\
V(\vec{K}_3-\vec{K}_1) & V(\vec{K}_3-\vec{K}_2) & \frac{\hbar^2}{2m}|\vec{k}+\vec{K}_3|^2 & \cdots \\
\vdots & \vdots & \vdots &
\end{pmatrix}
$$

通过求解系数行列式便可求出能量本征值：

$$
\det\begin{vmatrix}
\frac{\hbar^2}{2m}|\vec{k}+\vec{K}_1|^2-E & V(\vec{K}_1-\vec{K}_2) & V(\vec{K}_1-\vec{K}_3) & \cdots \\
V(\vec{K}_2-\vec{K}_1) & \frac{\hbar^2}{2m}|\vec{k}+\vec{K}_2|^2-E & V(\vec{K}_2-\vec{K}_3) & \cdots \\
V(\vec{K}_3-\vec{K}_1) & V(\vec{K}_3-\vec{K}_2) & \frac{\hbar^2}{2m}|\vec{k}+\vec{K}_3|^2-E & \cdots \\
\vdots & \vdots & \vdots &
\end{vmatrix}=0
$$

如果考虑到具体的 Kohn-Sham 哈密顿，则势能部分会包括很多项，如外场项，交换关联项等，因此需要针对每一项分别在平面波下做傅里叶展开，得到每一项对

应的 $V(\vec{k})$ 的解析表达式。这里我们只是简单展示平面波计算的大致数学过程，所以并没有写出 $V(\vec{k})$ 的具体表达式。如果需要编写密度泛函程序，则必须明确每一个解析表达式。

原则上，只有无穷多个平面波才可以构成一套完备的基组，换言之，上述哈密顿矩阵的维度是无穷大，这显然是不可求解的。因此，实际计算中只能取有限多个平面波，如 N 个。此时哈密顿矩阵是一个 $N \times N$ 的矩阵，求解可得到 N 个能量本征值。同时上述方程针对的是某一个波矢 $\vec{k}$，对于不同的 $\vec{k}$ 点，会得到类似的本征方程，即每个 $\vec{k}$ 点都会有 N 个本征值。通过改变 $\vec{k}$ 点，就可以获得材料的电子结构 $E_n(\vec{k})$。

最后，因为 $\vec{q} = \vec{k} + \vec{K}_m$，所以一开始定义的平面波展开公式也可以直接写成

$$\psi_{i,\vec{k}}(\vec{r}) = \frac{1}{\sqrt{\Omega}} \sum_{\vec{K}_m} c_{i,\vec{k}+\vec{K}_m} \mathrm{e}^{\mathrm{i}(\vec{k}+\vec{K}_m)\cdot\vec{r}} \tag{4.31}$$

2. 平面波截断能

在具体计算中，如果平面波个数 N 取得太少，则计算精度不够；如果取得太多，则会大大增加计算量，浪费计算资源。因此，在计算中必须小心选取平面波个数，以保证获得可靠的结果。在实际的程序中，并不是直接指定需要多少个平面波来展开波函数，而是通过设定平面波截断能 (plane wave cutoff energy) E_{cut} 来控制平面波个数。在平面波展开公式 (4.31) 中，凡是能量小于 E_{cut} 的平面波都会被采用：

$$\frac{\hbar^2}{2m_{\mathrm{e}}}|\vec{k} + \vec{K}_m|^2 < E_{\mathrm{cut}}$$

而更高能量的平面波会被舍去。

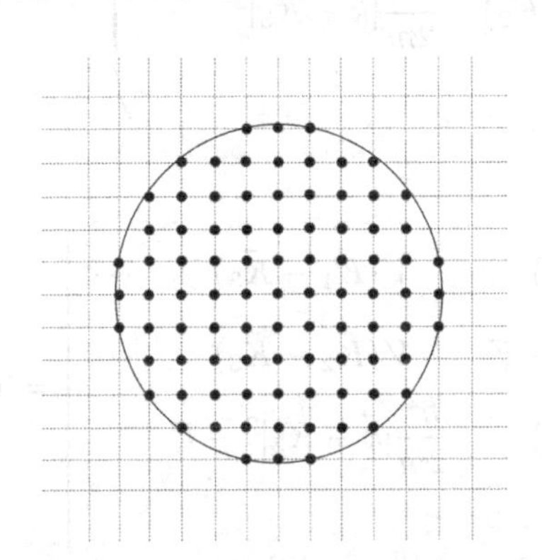

图 4.3　倒易点阵和平面波的截断能

对于 Γ 点 ($\vec{k} = 0$)，可以考虑如图 4.3 所示的一个二维倒易点阵，以任意一点作为原点，选取一个最大的倒格矢 $K_{\mathrm{cut}} = \sqrt{2m_{\mathrm{e}}E_{\mathrm{cut}}}/\hbar$，以 K_{cut} 为半径做一个圆 (在三维系统中，以 K_{cut} 为半径做一个球)，凡是在该圆 (球) 之内的倒格矢都是需要的，而在该圆 (球) 之外的倒格矢都是被舍去的。对于非 Γ 点 ($\vec{k} \neq 0$)，在相同的截断能下，平面波的个数会略有不同，但差别不会很大。

3. 使用平面波基组的困难

在平面波基组的计算中必须对平面波截断，即在倒易空间中存在一个最大的 K_{cut} (对应的能量为 E_{cut})，变换到实空间，则对应波函数存在一个最小的波长 $\lambda_m = 2\pi/K_{\mathrm{cut}}$，也就是说用平面波展开的晶体波函数的波长不可能小于 λ_m。换言之，如果实际材料的波函数的波长比 λ_m 更短，则不可以用截断能为 E_{cut} 的平面波去展开。

事实上，在靠近原子核附近，由于库仑势是按照 $-1/r$ 发散的，所以该区域波函数的能量非常高 (即波长很短)。以图 4.4 为例，考虑 Ca 原子的 3s 轨道，可以发现在离原子核附近约 0.1 Å的位置，波函数就出现了节点 (即波函数为 0 的点)。为了展开这里的波函数，要求平面波的波长更短，假设为 0.01 Å，由此可反推出平面波的 $K_{\mathrm{cut}} = 2\pi/0.01 \approx 628$ Å^{-1}。假设 Ca 的元胞是一个边长为 3 Å 的正方体，则其布里渊区的体积为 $(2\pi)^3/3^3 \approx 9.19$ Å^{-3}，由此可以估算出在以 K_{cut} 为半径的球内，一共大约有 10^8 个平面波，即哈密顿矩阵的大小约为 $10^8 \times 10^8$，而这已经远远超出了当今计算机的能力范围。

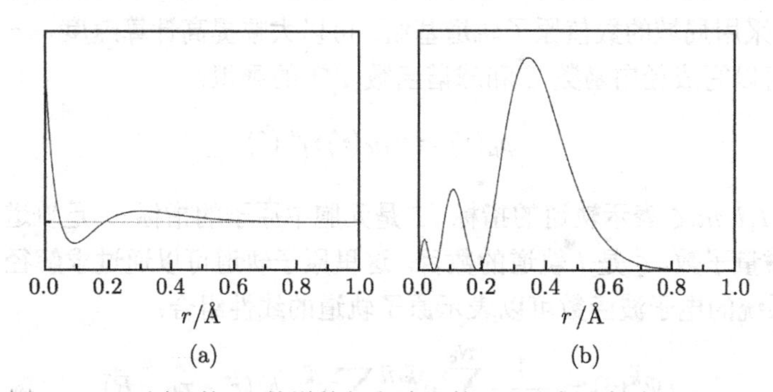

图 4.4　Ca 原子的 3s 轨道的径向波函数 (a) 和径向概率分布 (b)

因此，直接使用平面波去展开实际材料的真实波函数是不可行的，为了解决这个问题，通常有两种方法：第一种方法是构造一个赝势去替代真实的 $-1/r$ 形式的势能，保证赝势在原子核附近不发散，从而使得晶体波函数变得比较平滑 (称为赝波函数)，在此基础上再用平面波展开，可大大减少平面波的个数。这就是当今许多密度泛函程序中使用的赝势平面波方法。第二种方法是改造平面波，如使用混合基组等。

4. 平面波基组的优缺点

平面波基组有许多优点：① 平面波形式简单，方便计算哈密顿矩阵元。许多物理量 (如力、应力) 的表达式也比较简单。② 平面波下矩阵元的表达式其实就是傅里叶变换，所以许多物理量可以通过高效的快速傅里叶变换 (FFT) 在实空间和倒空间之间转换。③ 平面波不依赖于原子的位置，方便对材料中的原子进行结构优化。④ 平面波的个数可方便地通过截断能来调节。当然，平面波基组也有一些缺点：① 平面波不适合展开原子核附近的波函数。一般情况下只能采用赝势来替代真实的相互作用势。但此时芯电子完全被舍去，而且价电子的波函数也不再是真实波函数，而是赝波函数。但是，最新的 PAW (projector augmented wave) 方法是对赝势方法的改进，PAW 方法形式上与赝势相似，可以用纯平面波展开，但 PAW 方法仍然能够获得真实的波函数 [75]。② 平面波是非局域的，所以哈密顿矩阵元一般是稠密矩阵，难以实现线性标度 (order-N) 算法，难以计算原子数很多的材料。③ 平面波方法一定要求是周期性边界条件，对于低维系统 (如分子、纳米线等)，只能通过增加真空层的超元胞方法来模拟，大大增加了计算量。

目前很多常用的密度泛函程序都采用平面波基组，如 VASP [4]、Quantum ESPRESSO (原名 PWscf) [76]、CASTEP [77]、Abinit [78] 等。

4.3.2 数值原子轨道基组

平面波基组虽然形式简单，但对于原子数较多的系统，平面波基组计算效率较低。此时，采用局域的数值原子轨道基组，可以大幅提高计算速度。一个元胞中的原子轨道可以写成径向函数 u 和球谐函数 Y_l^m 的乘积：

$$\phi_\mu(\vec{r}) = u_{Il\zeta}(\vec{r})Y_l^m(\hat{r})$$

式中，$\mu = I, l, m, \zeta$ 表示轨道的指标，I 是元胞中原子的指标，l 是轨道角动量量子数，m 是磁量子数，ζ 是 l 轨道的数目。这里原子轨道可以通过求解径向薛定谔方程获得。系统的电子波函数可以表示原子轨道的线性组合：

$$\Psi_n^{\vec{k}}(\vec{r}) = \frac{1}{\sqrt{N_\mathrm{c}}}\sum_{\vec{R}}^{N_\mathrm{c}} \mathrm{e}^{\mathrm{i}\vec{k}\cdot\vec{R}} \sum_{\mu} c_{n\mu}^{\vec{k}} \phi_\mu(\vec{r} - \tau_I - \vec{R}) \tag{4.32}$$

式中，n 是能带指标；N_c 是元胞数；$\vec{k}$ 是电子的波矢；$\vec{R}$ 是晶格的平移矢量；$\phi_\mu(\vec{r} - \tau_I - \vec{R})$ 表示元胞 $\vec{R}$ 中的原子轨道 μ。将该波函数代入 Kohn-Sham 方程，可以得到和前面类似的本征方程 [式 (3.12)]，只是这里的哈密顿矩阵元和交叠矩阵元分别是

$$H_{\mu,\nu} = \langle\phi_\mu|H|\phi_\nu\rangle \quad S_{\mu,\nu} = \langle\phi_\mu|\phi_\nu\rangle$$

波函数为

$$C = (c_{n1}, c_{n2}, \cdots)^\mathrm{T}$$

这种方法其实就是前面紧束缚近似中的原子轨道线性组合方法，式 (4.32) 和前面的式 (3.19) 是一样的。主要区别在于，紧束缚近似中哈密顿矩阵元和交叠矩阵元中的积分结果往往直接使用经验参数，而这里需要通过数值方法计算这些积

分。另外，在紧束缚近似中，轨道的数目往往就是实际材料中原子真实轨道的数目，很多时候还可以舍去很多不感兴趣的轨道。例如，对于石墨烯，因为费米能附近只有碳的 p_z 电子，所以在紧束缚计算中每个碳只取一个轨道即可。但是在密度泛函中，为了提高求解 Kohn-Sham 方程的精度，往往需要较多的基函数。此时原子真实轨道的数目是不够的，一般需要采用所谓多数值基 (multiple ζ basis) 的方法增加基组。例如，每个碳原子考虑四个轨道 $2s, 2p_x, 2p_y, 2p_z$ (不考虑 1s 电子)，为了增加基组数目，可以把每个真实轨道扩充到两个数值轨道，称为双数值基 (double ζ basis，DZ)，也可以扩充到三个数值轨道，称为三数值基 (triple ζ basis，TZ)，等等。如果数值轨道的数目和真实轨道的数目一样多，则称为最小基组，也称单数值基 (single ζ basis，SZ)，通常最小基组的精度是不够的，但计算速度很快，可以给出一些半定量的结果。除此以外，数值原子轨道还可以额外增加极化轨道 (polarization orbital) 和扩散轨道 (diffuse orbital)。

数值原子轨道的优点是：① 基组数目少，计算速度快；② 原子轨道在空间是局域的，由此得到的哈密顿矩阵和交叠矩阵都是稀疏矩阵，可以实现线性标度算法 (即计算时间和系统的大小呈线性关系)，用于大规模系统的计算 [79]；③ 适合处理真空层。原子轨道也有一些缺点：① 基组数目增加不方便，可以通过多数值基方法增加基组数目，但不如平面波方便和系统化；② 基组依赖于原子位置，在结构优化或者分子动力学过程中会发生移动；③ 数值原子轨道基组需要事先用专门的程序产生；④ 数值轨道基组有时会出现过完备 (over completeness) 的情况。

除了数值原子轨道，在量子化学领域，人们往往更多使用解析形式的轨道，如 Gaussian 和 Slater 型轨道。但是在材料计算领域，人们往往更多地使用数值原子轨道。目前国内外开发了多款基于数值原子轨道基组的程序，如 OpenMX [80]、SIESTA [81]、ABACUS 等。其中 ABACUS 由中国科学技术大学何力新教授小组开发，是国内为数不多的具有完全自主知识产权的、完整的第一性原理软件包[82]。

4.3.3 缀加波方法

1. Muffin-tin 球

晶体中靠近原子核区域的电子波函数振荡剧烈，非常接近自由原子的情况，可以用原子轨道展开。但远离原子核区域的电子，电子波函数变化比较平缓，适合用平面波展开。所以可以把晶体元胞在空间上划分为两部分。如图 4.5 所示，以每个原子的原子核为中心，半径为 R 作球，称为 Muffin-tin 球。Muffin-tin 球内的区域称为球区。不同 Muffin-tin 球之间的区域称为间隙区 (interstitial region)。不同原子的 Muffin-tin 球半径可以不同，只要保证半径足够大，可以包括所有的芯电子，但通常也要求不同 Muffin-tin 球之间不相交。在球区和间隙区，电子波函数便可用不同的基组分别展开。

势能函数也可以在两个区域分别展开：

$$V(\vec{r})=\begin{cases}\sum\limits_{lm}V_{lm}(\vec{r})Y_l^m(\hat{r}) & r<R\\ \sum\limits_{\vec{K}}V_{\vec{K}}\mathrm{e}^{\mathrm{i}\vec{K}\cdot\vec{r}} & r\geqslant R\end{cases}\tag{4.33}$$

这里 R 为 Muffin-tin 球半径。在 Muffin-tin 球内部，势能函数用球谐函数展开，而在间隙区仍然用平面波展开。在早期的计算中，往往只保留 $L=0$ 和 $K=0$ 的项，对势能函数做了很大的近似。但现代的计算中一般都可以取到足够多的项，所以也被称为“全势”(full-potential) 方法。同时，Muffin-tin 球内的电子波函数可以用原子轨道展开，而不像赝势方法那样只能得到赝波函数，芯电子能级也可以通过求解类自由原子的薛定谔方程得到，所以这也被称为“全电子”(all-electron) 方法。

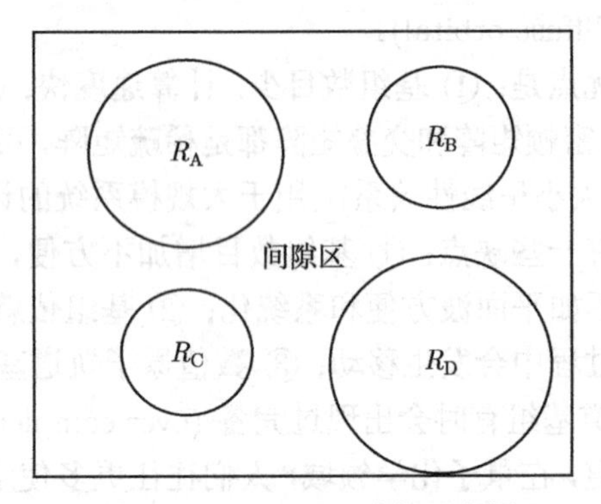

图 4.5 Muffin-tin 球的示意图

其中 R_A、R_B、R_C、R_D 表示元胞中四个原子所取的 Muffin-tin 球的半径，而不同 Muffin-tin 球之间的空间称为间隙区

2. 缀加平面波

所谓的缀加平面波 (augmented plane wave，APW) 方法最早由 Slater 提出 [83]，在 APW 方法中，基组的选取也分为球内和间隙区：

$$\phi_{\vec{K}}^{\vec{k}}(\vec{r},E)=\begin{cases}\sum\limits_{lm}A_{lm}^{\alpha,\vec{k}+\vec{K}}u_l^\alpha(r',E)Y_l^m(\hat{r}') & r<R\\ \dfrac{1}{\sqrt{V}}\mathrm{e}^{\mathrm{i}(\vec{k}+\vec{K})\cdot\vec{r}} & r\geqslant R\end{cases}\tag{4.34}$$

在 Muffin-tin 球内部，基函数使用原子轨道展开，其中 α 是原子指标，$u_l^\alpha(r',E)$ 则是孤立原子径向薛定谔方程在能量为 E 时的解①，坐标 $\vec{r}'$ 代表以该原子为原点的

① 实际的孤立原子的径向波函数在无穷远处应该趋近于 0，利用这个边界条件便可得到孤立原子的能级 E_n。但这里 E 并不是孤立原子中的电子能级，而是晶体中电子的能级。

局域坐标系下的矢量 $\vec{r}' = \vec{r} - \vec{r}_\alpha$。其中 r' 表示矢量 $\vec{r}'$ 的长度, $\hat{r}'$ 表示矢量 $\vec{r}'$ 的方向。Y_l^m 为球谐函数，$A_{lm}^{\alpha,\vec{k}+\vec{K}}$ 为待定的组合系数。为了确定这个系数，可以利用基函数的连续性条件，即要求 Muffin-tin 球内部的原子轨道和间隙区的平面波在 Muffin-tin 球表面数值上连续。为此可以将平面波用球谐函数展开:

$$\frac{1}{\sqrt{V}}\mathrm{e}^{\mathrm{i}(\vec{k}+\vec{K})\cdot\vec{r}} = \frac{4\pi}{\sqrt{V}}\mathrm{e}^{\mathrm{i}(\vec{k}+\vec{K})\cdot\vec{r}_\alpha}\sum_{lm} i^l j_l(|\vec{k}+\vec{K}||\vec{r}|)Y_l^{m^*}(\widehat{\vec{k}+\vec{K}})Y_l^m(\hat{r}) \tag{4.35}$$

$j_l(x)$ 是贝塞尔 (Bessel) 函数。由此得到展开系数:

$$A_{lm}^{\alpha,\vec{k}+\vec{K}} = \frac{4\pi i^l \mathrm{e}^{\mathrm{i}(\vec{k}+\vec{K})\cdot\vec{r}_\alpha}}{\sqrt{V}u_l^\alpha(R_\alpha, E)} j_l(|\vec{k}+\vec{K}||\vec{R}_\alpha|)Y_l^{m^*}(\widehat{\vec{k}+\vec{K}}) \tag{4.36}$$

在确定基组后，晶体波函数便可在此基础上展开:

$$\Psi_{\vec{K}}^{\vec{k}}(\vec{r}) = \sum_{\vec{K}} c_{\vec{K}}^{\vec{k}} \phi_{\vec{K}}^{\vec{k}}(\vec{r}, E)$$

通过求解本征方程就可以确定能量本征值。但 APW 方法一个不便之处在于基函数中含有能量参数 E，这个能量在求解本征方程前是未知的。在实际的计算中，需要采用自洽循环的方法来求解，而这个自洽过程是嵌套在常规的密度泛函自洽循环中的，所以整个 APW 计算需要两重自洽循环，从而速度非常慢。

3. 线性缀加平面波

为了克服 APW 方法中基组依赖于 E 的问题，O. K. Andersen 提出了线性化方法，即线性缀加平面波 (linearized augmented plane wave，LAPW) 方法 [84]，该方法将径向函数 $u_l^\alpha(r, E)$ 在某一个合适的能量 E_0 处进行泰勒展开:

$$\begin{aligned} u_l^\alpha(r', E) &= u_l^\alpha(r', E_0) + (E_0 - E)\frac{\partial u_l^\alpha(r', E)}{\partial E} + O(E_0 - E)^2 \\ &= u_l^\alpha(r', E_0) + (E_0 - E)\dot{u}_l^\alpha(r', E_0) + O(E_0 - E)^2 \end{aligned} \tag{4.37}$$

其中 $\dot{u}$ 表示 u 对能量的导数; E_0 是一个常数。上述泰勒展开只保留到一阶项，此时计算得到 E_0 处的径向波函数后，便可通过线性化条件得到其他能量处的值。但很显然 E 和 E_0 不能相差太大，否则会带来较大的误差。

将式 (4.37) 的前两项代入 APW 的基函数中，便可得到 LAPW 的基组:

$$\phi_{\vec{K}}^{\vec{k}}(\vec{r}) = \begin{cases} \sum_{lm}\left(A_{lm}^{\alpha,\vec{k}+\vec{K}} u_l^\alpha(r', E_0) + B_{lm}^{\alpha,\vec{k}+\vec{K}} \dot{u}_l^\alpha(r', E_0)\right) Y_l^m(\hat{r}') & r < R \\ \frac{1}{\sqrt{V}}\mathrm{e}^{\mathrm{i}(\vec{k}+\vec{K})\cdot\vec{r}} & r \geqslant R \end{cases} \tag{4.38}$$

利用 Muffin-tin 球面上基函数连续和导数连续条件，可确定两个系数 $A_{lm}^{\alpha,\vec{k}+\vec{K}}$ 和 $B_{lm}^{\alpha,\vec{k}+\vec{K}}$。在实际计算中，能量 E_0 往往选择在能带中心，以便最大程度地减少线性化的误差。很显然，对于不同的原子 (不同的 α) 和不同的轨道 (不同的 l)，需要选择不同的能带中心，所以实际上 E_0 应该写成 E_l^α。把 E_l^α 代入基组中才得到真正的 LAPW 基函数：

$$\phi_{\vec{K}}^{\vec{k}}(\vec{r}) = \begin{cases} \sum_{lm}\left(A_{lm}^{\alpha,\vec{k}+\vec{K}} u_l^\alpha(r', E_l^\alpha) + B_{lm}^{\alpha,\vec{k}+\vec{K}} \dot{u}_l^\alpha(r', E_l^\alpha)\right) Y_l^m(\hat{r}') & r < R \\ \dfrac{1}{\sqrt{V}} \mathrm{e}^{\mathrm{i}(\vec{k}+\vec{K})\cdot\vec{r}} & r \geqslant R \end{cases} \tag{4.39}$$

4. LAPW + LO

晶体中的电子可以分为芯电子和价电子两种，芯电子能量远离费米能，波函数全部限制在 Muffin-tin 球内，也不参与化学键。而价电子可以延伸到 Muffin-tin 球外，参与化学反应。但是有时会出现“半芯态”的情况，即不同主量子数，但相同 l 轨道的电子都靠近费米能，如 bcc 铁的 4p 电子靠近费米能，是价电子。但是其 3p 电子也比较靠近费米能，不能当作芯电子，这被称为半芯态。这种情况对 E_l^α 的选取造成一定的困难。为此，人们又在 LAPW 的基函数基础上增加了局域轨道 (Local Orbital, LO) 基函数，这样便可以分别对 3p 和 4p 电子指定不同的能量中心。局域基组定义在特定的原子 (α) 和轨道 (lm) 上，且只局限在 Muffin-tin 球内，所以称为局域轨道。局域轨道的形式如下：

$$\phi_{\alpha,\mathrm{LO}}^{lm}(\vec{r}') = \begin{cases} \left[A_{lm}^{\alpha,\mathrm{LO}} u_l^\alpha(r', E_{1,l}^\alpha) + B_{lm}^{\alpha,\mathrm{LO}} \dot{u}_l^\alpha(r', E_{1,l}^\alpha) + C_{lm}^{\alpha,\mathrm{LO}} u_l^\alpha(r', E_{2,l}^\alpha)\right] Y_l^m(\hat{r}') & r < R \\ 0 & r \geqslant R \end{cases}$$

这里 $E_{1,l}^\alpha$ 和 $E_{2,l}^\alpha$ 分别可以对应两个相同 l 轨道的能带中心。局域轨道不与平面波连接，所以不依赖于 $\vec{k}$ 或者 $\vec{K}$。局域轨道基函数的三个系数 $A_{lm}^{\alpha,\mathrm{LO}}$、$B_{lm}^{\alpha,\mathrm{LO}}$、$C_{lm}^{\alpha,\mathrm{LO}}$ 可以由局域轨道的归一化条件，以及它们在 Muffin-tin 球面上数值和导数都为零这些条件确定。

5. APW + lo

Sjöstedt 等[85] 证明 LAPW 方法并不是解决 APW 基组能量依赖问题的最有效方法，事实上可直接对 APW 基组增加另外一种局域轨道 (local orbital)①，这被

① 这里的 local orbitals 是小写的，缩写成 lo 。而前面 LAPW+Local Orbitals 中 LO 是大写的，两者不一样。

称为 APW+lo 方法。该方法中，APW 基函数固定在某一个特定的能量 $E_{1,l}^{\alpha}$ 上:

$$\phi_{\vec{K}}^{\vec{k}}(\vec{r}) = \begin{cases} \sum_{lm} A_{lm}^{\alpha,\vec{k}+\vec{K}} u_l^{\alpha}(r', E_{1,l}^{\alpha}) Y_l^m(\hat{r}') & r < R \\ \frac{1}{\sqrt{V}} \mathrm{e}^{\mathrm{i}(\vec{k}+\vec{K})\cdot\vec{r}} & r \geqslant R \end{cases} \tag{4.40}$$

同时增加额外一个局域轨道:

$$\phi_{\alpha,\mathrm{lo}}^{lm}(\vec{r}) = \begin{cases} \left[A_{lm}^{\alpha,\mathrm{lo}} u_l^{\alpha}(r', E_{1,l}^{\alpha}) + B_{lm}^{\alpha,\mathrm{lo}} \dot{u}_l^{\alpha}(r', E_{1,l}^{\alpha})\right] Y_l^m(\hat{r}') & r < R \\ 0 & r \geqslant R \end{cases}$$

这里的局域轨道形式上不同于 LAPW+LO 中的局域轨道，相同之处是都定义在 Muffin-tin 球内，其中系数 $A_{lm}^{\alpha,\mathrm{lo}}$、$B_{lm}^{\alpha,\mathrm{lo}}$ 可以由归一化条件和局域轨道在 Muffin-tin 球面上数值为零这两个条件确定。

测试计算表明，在相同的精度下，APW+lo 方法可以获得与 LAPW 方法一样的计算结果，但是通常可以大大减小基组的数目 (最多减少 50%左右)，从而大大缩短计算时间 (最多可以缩短一个能量级)。

6. APW + lo + LO

在使用 APW+lo 基组时，也会遇到半芯态的问题，类似 LAPW 方法，这里也可以通过增加局域基组 (Local Orbitals) 的方法来解决。但是 APW+lo 的局域基组和 LAPW+LO 的局域基组形式略有不同:

$$\phi_{\alpha,\mathrm{LO}}^{lm}(\vec{r}') = \begin{cases} \left[A_{lm}^{\alpha,\mathrm{LO}} u_l^{\alpha}(r', E_{1,l}^{\alpha}) + C_{lm}^{\alpha,\mathrm{LO}} u_l^{\alpha}(r', E_{2,l}^{\alpha})\right] Y_l^m(\hat{r}') & r < R \\ 0 & r \geqslant R \end{cases}$$

这里并没有 u_l^{α} 的导数项。系数 $A_{lm}^{\alpha,\mathrm{LO}}$ 和 $C_{lm}^{\alpha,\mathrm{LO}}$ 仍然可以通过归一化条件以及波函数在 Muffin-tin 球面数值为零这些条件确定。

缀加波方法，特别是 (L)APW+lo 方法是目前能带计算方法中最为有效和精确的方法之一。该方法不使用赝势或者数值原子轨道基组，所以原则上更少依赖经验参数，具有更好的通用性。缀加波方法是全电子和全势的，可以获得真实的波函数和芯电子的能级，这在一些计算领域显得特别重要，如高压计算或者 X 射线吸收谱等。另外，(L)APW+lo 方法公式推导和程序编写都较为复杂，虽然基组数目比平面波少很多，但计算速度往往并不快，在处理真空层时效率也较低。著名的密度泛函理论程序 WIEN2k 就是使用了 (L)APW+lo 方法 [86]。

4.4 赝势方法

4.4.1 正交化平面波

赝势 (pseudopotential) 方法是密度泛函理论计算中常用的方法。所谓赝势，顾名思义，是一种“假”的有效势，用来替代真实的原子核与电子相互作用势 ($-1/r$ 的形式)。在 4.3 节介绍平面波基组时可以看到，真实电子波函数在原子核附近具有较大的振荡，必须用非常多的平面波才可以展开，所需平面波的数目远远超出了目前超级计算机的能力范围。而赝势方法的思想是用一个不发散的有效势替代真实势能，形成一个变化比较平缓的赝波函数，再用较少数量的平面波展开来求解能量本征值。

赝势的思想源于正交化平面波 (orthogonalized plane-wave，OPW) 方法。事实上，原子内部的电子波函数可以分为芯态 (core state) 和价态 (valence state)。其中芯态被认为基本不受外界环境的影响，不参与成键，在晶体中形成窄带，远离费米能，基本保持孤立原子时的性质。而价态则是原子的外层电子，在原子形成晶体时一般会参与化学键的形成，价态处于费米能附近，决定固体的主要物理化学性质。1940 年，C. Herring 为了克服平面波基组无法有效展开原子核附近波函数的问题，提出了正交化平面波方法 [87]。这种方法的核心思想是在平面波的基组上，额外增加一项芯电子的波函数。芯态电子写成原子轨道的布洛赫波的形式：

$$\psi_{\mathrm{c}}(\vec{k},\vec{r})=\frac{1}{\sqrt{N}}\sum_{\vec{R}_l}\mathrm{e}^{\mathrm{i}\vec{k}\cdot\vec{R}_l}\phi_{\mathrm{c}}(\vec{r}-\vec{R}_l)\tag{4.41}$$

其中，$\phi_{\mathrm{c}}(\vec{r}-\vec{R}_l)$ 是孤立原子芯电子的波函数。假定上式是晶体哈密顿的本征函数，本征值为芯电子的能量 E_{c}：

$$\hat{H}|\psi_{\mathrm{c}}\rangle=(\hat{T}+\hat{V})|\psi_{\mathrm{c}}\rangle=E_{\mathrm{c}}|\psi_{\mathrm{c}}\rangle\tag{4.42}$$

晶体波函数同时用平面波和芯态波函数展开：

$$|\psi_k\rangle=\sum_{\vec{K}_h}c_{\vec{k}+\vec{K}_h}|\vec{k}+\vec{K}_h\rangle+\sum_{\mathrm{c}}\beta_{\mathrm{c}}|\psi_{\mathrm{c}}\rangle\tag{4.43}$$

其中 $|\vec{k}+\vec{K}_h\rangle=\mathrm{e}^{\mathrm{i}(\vec{k}+\vec{K}_h)\cdot\vec{r}}$。上式右边第二个求和是对所有芯态的求和。为了获得芯电子的展开系数 β_{c}，考虑正交化条件：

$$\langle\psi_{\mathrm{c}}|\psi_k\rangle=0$$

得

$$\beta_{\rm c} = -\sum_{\vec{K}_h} c_{\vec{k}+\vec{K}_h} \langle \psi_{\rm c} | \vec{k} + \vec{K}_h \rangle$$

代入方程 (4.43) 得晶体波函数

$$|\psi_k\rangle = \sum_{\vec{K}_h} c_{\vec{k}+\vec{K}_h} \left[|\vec{k}+\vec{K}_h\rangle - \sum_{\rm c} |\psi_{\rm c}\rangle\langle\psi_{\rm c}|\vec{k}+\vec{K}_h\rangle \right] = \sum_{\vec{K}_h} c_{\vec{k}+\vec{K}_h} |{\rm OPW}_{\vec{k}+\vec{K}_h}\rangle \quad (4.44)$$

其中 $|{\rm OPW}\rangle$ 就是正交化后的平面波：

$$|{\rm OPW}_{\vec{k}+\vec{K}_h}\rangle = |\vec{k}+\vec{K}_h\rangle - \sum_{\rm c} |\psi_{\rm c}\rangle\langle\psi_{\rm c}|\vec{k}+\vec{K}_h\rangle$$

正交化平面波是常规的平面波减去芯电子的波函数，因为芯电子波函数总是靠近原子核且剧烈振荡，所以正交化平面波在远离原子核处的行为接近常规的平面波，而在原子核附则会有剧烈振荡，总体而言正交化平面波非常接近晶体中电子的真实波函数。因此原则上只需要少量的正交化平面波就可以展开晶体的波函数，从而方便求解本征方程。

在 20 世纪 60 年代，OPW 方法已经可以用于求解硅、锗等材料的能带结构。但从现在的角度来看，OPW 方法不够精确，如假设芯电子波函数是晶体哈密顿的本征态 [式 (4.42)] 为一个近似，将引起较大的误差，因此现在基本不用 OPW 方法。

4.4.2　赝势

1959 年，J. C. Philips 和 L. Kleinman 在 OPW 方法基础上提出了最早的赝势概念 [88]。把波函数展开式 (4.44) 代入单电子薛定谔方程：

$$\hat{H}|\psi_k\rangle = (\hat{T}+\hat{V})|\psi_k\rangle = E(\vec{k})|\psi_k\rangle \quad (4.45)$$

即

$$\sum_{\vec{K}_h} c_{\vec{k}+\vec{K}_h} (\hat{T}+\hat{V}) \left[|\vec{k}+\vec{K}_h\rangle - \sum_{\rm c} |\psi_{\rm c}\rangle\langle\psi_{\rm c}|\vec{k}+\vec{K}_h\rangle \right]$$

$$= E(\vec{k}) \sum_{\vec{K}_h} c_{\vec{k}+\vec{K}_h} \left[|\vec{k}+\vec{K}_h\rangle - \sum_{\rm c} |\psi_{\rm c}\rangle\langle\psi_{\rm c}|\vec{k}+\vec{K}_h\rangle \right]$$

利用式 (4.42)，得

$$\sum_{\vec{K}_h} c_{\vec{k}+\vec{K}_h} \left[\hat{T}+\hat{V}+\sum_{\rm c}(E(\vec{k})-E_{\rm c})|\psi_{\rm c}\rangle\langle\psi_{\rm c}| \right] |\vec{k}+\vec{K}_h\rangle = E(\vec{k}) \sum_{\vec{K}_h} c_{\vec{k}+\vec{K}_h} |\vec{k}+\vec{K}_h\rangle \quad (4.46)$$

这里，不妨定义一个新的势能 $\hat{U}$ 和新的波函数 $|\chi_k\rangle$：

$$\hat{U} = \hat{V} + \sum_{c}(E(\vec{k}) - E_c)|\psi_c\rangle\langle\psi_c| \tag{4.47}$$

$$|\chi_k\rangle = \sum_{\vec{K}_h} c_{\vec{k}+\vec{K}_h}|\vec{k}+\vec{K}_h\rangle$$

则方程 (4.46) 可以写成

$$(\hat{T} + \hat{U})|\chi_k\rangle = E(\vec{k})|\chi_k\rangle \tag{4.48}$$

对比方程 (4.45) 和方程 (4.48)，可以发现它们具有相似的形式，其中方程 (4.45) 是真实势能的薛定谔方程，解出真实的波函数和本征值。而方程 (4.48) 是在一个有效势能 $\hat{U}$ 下的薛定谔方程，相应的本征波函数为 $|\chi_k\rangle$。从有效势能 $\hat{U}$ 的定义 [式 (4.47)] 来看，它的第一项 $\hat{V}$ 是负的真实的吸引势能，而第二项来自正交化手续，因为 $E(\vec{k}) > E_c$，所以它是一个正的排斥势。两者相加，正好可以抵消势能函数 $\hat{V}$ 在原子核附近的发散，从而得到一个比较平坦的有效势能 $\hat{U}$，也被称为赝势。在赝势作用下得到的电子波函数 $|\chi_k\rangle$ 也称赝波函数，它比真实波函数更为平缓，所以适合用纯平面波基组展开。从方程 (4.45) 和方程 (4.48) 可以看到，虽然它们的哈密顿和波函数不同，但两者具有相同的本征值 $E(\vec{k})$。很多时候，材料计算关心的主要是电子能带结构，而不是波函数本身。因此通过赝势替代真实势能，可以大大减少平面波基组数目，从而方便计算电子能带结构。

赝势 (4.47) 是从 OPW 出发得到的，这里的芯态波函数是孤立原子芯电子的布洛赫波的形式 [式 (4.42)]，但实际上它不是晶体哈密顿的本征函数。实际上赝势的形式不是唯一的，完全可以从更一般的形式来讨论。仿造 OPW 的思路，可以更一般地构造每一种元素的赝势。例如，可以考虑晶体真实的芯态为 $|\phi_n\rangle$，对应的能量为 E_n，即满足 $\hat{H}|\phi_n\rangle = E_n|\phi_n\rangle$，期望找到一个平滑的赝波函数 $|\chi\rangle$ 替代真实的价电子波函数 $\psi\rangle$。类似 OPW 方法构造波函数：

$$|\psi\rangle = |\chi\rangle + \sum_{n} a_n|\phi_n\rangle \tag{4.49}$$

但与 OPW 不同，这里 ϕ_n 是真正的晶体芯态波函数。因为价电子和芯电子要正交，所以把式 (4.49) 与芯电子做内积：

$$0 = \langle\phi_m|\psi\rangle = \langle\phi_m|\chi\rangle + \sum_{n} a_n\langle\phi_m|\phi_n\rangle = \langle\phi_m|\chi\rangle + a_m \tag{4.50}$$

即

$$a_n = -\langle\phi_n|\chi\rangle$$

把上式代入式 (4.49)，得

$$|\psi\rangle = |\chi\rangle - \sum_n \langle\phi_n|\chi\rangle|\phi_n\rangle \tag{4.51}$$

把该波函数代入薛定谔方程 $\hat{H}|\psi\rangle = E|\psi\rangle$，得

$$\hat{H}\left(|\chi\rangle - \sum_n \langle\phi_n|\chi\rangle|\phi_n\rangle\right) = E\left(|\chi\rangle - \sum_n \langle\phi_n|\chi\rangle|\phi_n\rangle\right)$$

$$(\hat{T}+\hat{V})|\chi\rangle - \sum_n E_n|\phi_n\rangle\langle\phi_n|\chi\rangle = E|\chi\rangle - \sum_n E|\phi_n\rangle\langle\phi_n|\chi\rangle$$

$$\hat{T}|\chi\rangle + \hat{V}|\chi\rangle + \sum_n (E-E_n)|\phi_n\rangle\langle\phi_n|\chi\rangle = E|\chi\rangle$$

$$(\hat{T}+\hat{V}^{\mathrm{PS}})|\chi\rangle = E|\chi\rangle \tag{4.52}$$

其中

$$\hat{V}^{\mathrm{PS}} = \hat{V} + \sum_n (E-E_n)|\phi_n\rangle\langle\phi_n|$$

就是赝势。

4.4.3　模守恒赝势和超软赝势

赝势方法的形式不是唯一的，早期的赝势一般都依赖于经验参数，通过实验结果来拟合一些参数。而现代的赝势则尽量不用经验参数，即所谓的从头算赝势。赝势是用来替代原子核和价电子之间的真实库仑势，所以需要针对每一个元素分别产生相应的赝势。赝势一方面要能够尽量产生平滑的赝波函数，从而降低平面波基组的数目，另一方面也需要考虑迁移性 (transferability)，即当把赝势用于各种不同材料中时，都能得到合理的结果。

目前在密度泛函计算中常用的赝势有模守恒赝势 (norm conserving pseudopotential, NCPP) 和超软赝势 (ultrasoft pseudopotential, USPP) 两种。

模守恒赝势最早由 D. R. Hamann 等在 1979 年提出 [89]，它要满足四个条件：① 赝势哈密顿的能量本征值要和全电子薛定谔方程求解的能量本征值相同；② 赝波函数没有节点；③ 在一定的截断半径 (r_{c}) 之外 ($r > r_{\mathrm{c}}$)，赝波函数和全电子波函数完全相同；④ 在截断半径之内，赝波函数和全电子波函数的模的积分相等，即电荷数要守恒，这也就是模守恒条件，这样可以保证在截断半径之外的静电势不变。一般来说，还要求赝波函数和真实波函数对数的导数相等，但实际上模守恒条件直接可以保证它们的导数相等，所以不单独列出。

赝势的示意图如图 4.6 所示，相比于真实的势能和波函数 (虚线)，赝势不会发散 (实线)，在赝势下求解得到的波函数也更加平滑，没有节点。在截断半径之外，赝势、赝波函数与真实的势能和波函数都是严格一致的。

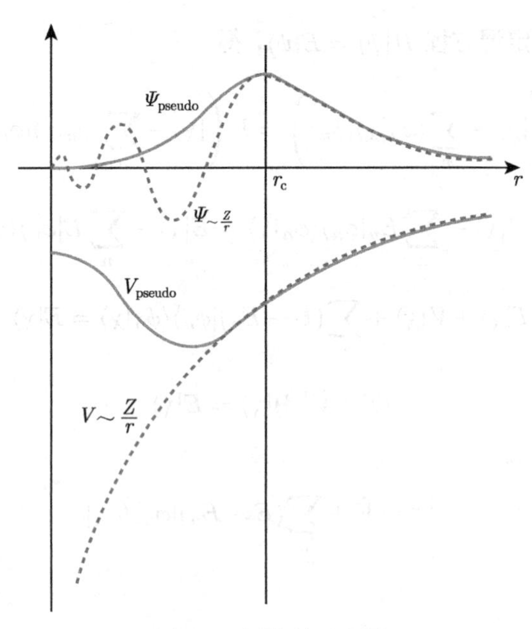

图 4.6　赝势的示意图

模守恒赝势由于有模守恒的限制，使得有些情况下赝波函数并不会太“平滑”。如图 4.7 所示，红色和绿色线条分别表示氧的 2p 轨道的全电子波函数和赝势波函数，因为氧的 2p 轨道本身就没有节点，但因为存在模守恒条件，所以模守恒赝势并不能有效平滑波函数。如果去掉模守恒条件，则有可能进一步软化真实的波函数，如图 4.7 中蓝色线条所示就是 Vanderbilt 在 1990 年提出的超软赝势 (USPP) [90]。当然由于去掉了模守恒条件，USPP 在形式上相对复杂一些，在计算电荷密度时需要进行补偿。目前模守恒赝势和超软赝势都在使用，对于平面波基组而言，使用超软赝势可以降低截断能，计算速度快。但是如果是数值原子轨道基组，则并不需要使用超软赝势，往往还可以使用模守恒赝势。

赝势的构造一般包括以下几个过程：① 求解单个原子的薛定谔方程，得到全电子波函数；② 确定哪些电子作为芯电子，哪些作为价电子；③ 构造一个赝波函数的数学形式，如可以采用一个多项式，使其满足一些条件，如本征值相同，截断半径外波函数相等，电荷相等，对数和能量导数相等；④ 反向代入原子薛定谔方程，获得赝势。

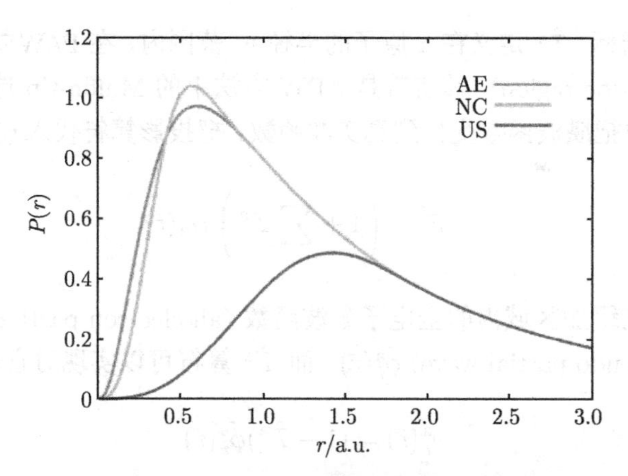

图 4.7　氧 2p 轨道的模守恒赝势和超软赝势的波函数对比

AE 表示全电子的结果；NC 表示模守恒赝势的结果；US 表示超软赝势的结果

赝势的产生往往需要丰富的经验积累，产生的赝势一般需要严格的测试，才能用于实际计算。一个好的赝势应该有较高的计算精度、较低的计算量和良好的可移植性。

4.4.4　PAW 方法

赝势平面波和缀加波方法是两大类电子结构计算的有效方法。1994 年，P. E. Blöchl 提出了另外一种方法，即投影缀加波 (projector augmented wave，PAW) 方法 [75]。这种方法引入一个线性变换的算符 $\hat{\mathcal{T}}$，把振荡剧烈的电子波函数变换到一个比较平缓的赝波函数上，直接采用纯平面波基组求解一个变换后的 Kohn-Sham 方程。

考虑一个变换算符 $\hat{\mathcal{T}}$，可以把赝波函数 $|\tilde{\psi}_n\rangle$ 变换到真实的全电了的 Kohn-Sham 单粒子波函数 $|\psi_n\rangle$：

$$|\psi_n\rangle = \hat{\mathcal{T}}|\tilde{\psi}_n\rangle \tag{4.53}$$

而变换后的 Kohn-Sham 方程为

$$\hat{\mathcal{T}}^\dagger \hat{H} \hat{\mathcal{T}}|\tilde{\psi}_n\rangle = E_n \hat{\mathcal{T}}^\dagger \hat{\mathcal{T}}|\tilde{\psi}_n\rangle$$

因为赝波函数比较平缓，所以上述 Kohn-Sham 方程的求解完全可以使用纯平面波基组，过程与赝势平面波方法类似。但是 PAW 方法的好处是一旦获得赝波函数，便可以通过式 (4.53) 得到真实的波函数。

与赝势方法类似，赝波函数和真实波函数在一定的截断半径 (r_c) 之外是完全一致的，所以变换算符 $\hat{\mathcal{T}}$ 主要集中在原子核附近：

$$\hat{\mathcal{T}} = 1 + \sum_\mathrm{a} \hat{\mathcal{T}}^\mathrm{a}$$

这里 a 是原子指标，$\hat{\mathcal{T}}^{\mathrm{a}}$ 定义在 a 原子的半径 r_{c} 范围内，在 PAW 方法中称为缀加区域 (augmentation region)，其实就是 APW 方法中的 Muffin-tin 球内区域。$\hat{\mathcal{T}}^{\mathrm{a}}$ 的作用就是在球内把赝波函数变换到真实波函数。把投影算符代入式 (4.53) 得

$$\psi_n(\vec{r}) = \left(1 + \sum_{\mathrm{a}} \hat{\mathcal{T}}^{\mathrm{a}}\right) \tilde{\psi}_n(\vec{r}) \tag{4.54}$$

下面引入在缀加区域内的全电子分波函数 (all-electron partial wave) $\phi_i^{\mathrm{a}}(\vec{r})$ 和赝分波函数 (pseudo partial wave) $\tilde{\phi}_i^{\mathrm{a}}(\vec{r})$。而 $\hat{\mathcal{T}}^{\mathrm{a}}$ 算符可以实现对它们的转换：

$$\phi_i^{\mathrm{a}}(\vec{r}) = (1 + \hat{\mathcal{T}}^{\mathrm{a}})\tilde{\phi}_i^{\mathrm{a}}(\vec{r})$$

即

$$\hat{\mathcal{T}}^{\mathrm{a}}\tilde{\phi}_i^{\mathrm{a}}(\vec{r}) = \phi_i^{\mathrm{a}}(\vec{r}) - \tilde{\phi}_i^{\mathrm{a}}(\vec{r}) \tag{4.55}$$

赝分波函数 $\tilde{\phi}_i^{\mathrm{a}}(\vec{r})$ 在 r_{c} 之外必须与全电子分波函数完全一致，而在 r_{c} 之内要求变化平坦，且可以构成一组基函数。赝波函数可以写成赝分波函数的线性组合 (在缀加区域内)：

$$\tilde{\psi}_n(\vec{r}) = \sum_i C_{ni}^{\mathrm{a}}\tilde{\phi}_i^{\mathrm{a}}(\vec{r}) \tag{4.56}$$

在此选择一个投影函数 (projector function)，它和赝分波函数正交，$\langle \hat{p}_i^{\mathrm{a}}|\tilde{\phi}_i^{\mathrm{a}}\rangle = \delta_{ij}$。所以

$$C_{ni}^{\mathrm{a}} = \langle \hat{p}_i^{\mathrm{a}}|\tilde{\psi}_n\rangle \tag{4.57}$$

根据式 (4.54)~式 (4.57)，得

$$\begin{aligned}\psi_n(\vec{r}) &= \tilde{\psi}_n(\vec{r}) + \sum_{\mathrm{a}} \hat{\mathcal{T}}^{\mathrm{a}} \sum_i C_{ni}^{\mathrm{a}}\tilde{\phi}_i^{\mathrm{a}}(\vec{r}) \\ &= \tilde{\psi}_n(\vec{r}) + \sum_{\mathrm{a}}\sum_i \hat{\mathcal{T}}^{\mathrm{a}}\tilde{\phi}_i^{\mathrm{a}}(\vec{r})C_{ni}^{\mathrm{a}} \\ &= \tilde{\psi}_n(\vec{r}) + \sum_{\mathrm{a}}\sum_i (\phi_i^{\mathrm{a}}(\vec{r}) - \tilde{\phi}_i^{\mathrm{a}}(\vec{r}))\langle \hat{p}_i^{\mathrm{a}}|\tilde{\psi}_n\rangle\end{aligned} \tag{4.58}$$

这就是 PAW 方法中真实波函数和赝波函数之间的关系。一旦通过求解得到赝波函数 $\tilde{\psi}_n(\vec{r})$，再结合全电子分波函数 $\phi_i^{\mathrm{a}}(\vec{r})$、赝分波函数 $\tilde{\phi}_i^{\mathrm{a}}(\vec{r})$ 以及投影函数 $\hat{p}_i^{\mathrm{a}}$，就可以得到真实的波函数 $\psi_n(\vec{r})$。实际上由式 (4.58) 可知，式 (4.53) 中的投影算符 $\hat{\mathcal{T}}$ 可以写成：

$$\hat{\mathcal{T}} = 1 + \sum_i (|\phi_i^{\mathrm{a}}(\vec{r})\rangle - |\tilde{\phi}_i^{\mathrm{a}}(\vec{r})\rangle)\langle \hat{p}_i^{\mathrm{a}}|$$

为了更好地理解式 (4.58) 的含义，定义新的全电子波函数：

$$\psi_n^{\mathrm{a}}(\vec{r}) = \sum_i \langle \hat{p}_i^{\mathrm{a}} | \tilde{\psi}_n \rangle \phi_i^{\mathrm{a}}(\vec{r})$$

这里是对所有的全电子分波函数的求和，所以 $\psi_n^{\mathrm{a}}(\vec{r})$ 可以看成是原子 a 的缀加区域内的全电子 Kohn-Sham 波函数，它具有剧烈的振荡。类似地也可以定义新的赝波函数：

$$\tilde{\psi}_n^{\mathrm{a}}(\vec{r}) = \sum_i \langle \hat{p}_i^{\mathrm{a}} | \tilde{\psi}_n \rangle \tilde{\phi}_i^{\mathrm{a}}(\vec{r})$$

这里是对缀加区域内的赝分波函数的求和。所以式 (4.58) 可以写成

$$\psi_n(\vec{r}) = \tilde{\psi}_n(\vec{r}) + \sum_{\mathrm{a}} \psi_n^{\mathrm{a}}(\vec{r}) - \sum_{\mathrm{a}} \tilde{\psi}_n^{\mathrm{a}}(\vec{r})$$

这个公式表明实际的全电子 Kohn-Sham 波函数可以分成：整体变换平缓的赝波函数，加上每个原子核附近缀加区域内的变化剧烈的全电子波函数，再减去每个原子核附近缀加区域内的变化平缓的赝波函数。

PAW 方法提出后已经在多个程序中实现，如 CP-PAW [91]、Abinit [78] 和 VASP [4] 等。PAW 方法在形式上与赝势方法类似，所以 VASP 程序中可以同时支持超软赝势和 PAW 方法计算。一些对比计算表明大部分情况下两种方法的计算结果接近，但是在一些情况下，如计算磁性能量，PAW 方法比超软赝势具有更高的精度，基本与全电子计算 (LAPW 方法) 一致。

4.5 交换关联势

基于密度泛函理论的 Kohn-Sham 方程，其核心思想是把多粒子的相互作用归结到交换关联能 E_{xc} 这一项中。这里，交换能的概念原则上在 Hartree-Fock 方程中已有明确表达式，但是其中的积分比较复杂，计算量较大。而关联能的形式甚至是未知的，对于比较简单的均匀电子气，维格纳已经尝试写出了关联能关于电子密度的函数形式，见式 (4.18)，但并没有类似交换能那样更加准确的表达式。因此，实际上我们通常只考虑交换能和关联能两者的加和，把它们作为一项来统一处理。此时，自由电子气仍然是一个合理的出发点，

局域密度近似 (local density approximation，LDA) 是最早提出用来处理交换关联势的一种方法，最早的思想在 Thomas-Fermi-Dirac 理论中已经体现。局域密度近似认为交换关联项只与局域的电荷密度有关，局域密度近似虽然简单，却取得了出人意料的成功，事实上对于大部分材料都可以得到合理的结果。

如果考虑到电荷分布的不均匀性，特别是在一些局域电子的系统中，需要引入电荷密度的梯度 (即不均匀的程度)，即广义梯度近似 (generalized gradient approximation, GGA)。

交换关联能量泛函最简单且最早提出来的近似是局域密度近似，它假设非均匀电子气的电子密度改变是缓慢的，在任何一个小体积元内的电子密度，可以近似看作均匀的无相互作用的电子气，所以交换关联能表示为

$$E_{\mathrm{xc}}^{\mathrm{LDA}} = \int \rho(\vec{r})\epsilon_{\mathrm{xc}}[\rho(\vec{r})]\mathrm{d}\vec{r}$$

其中，$\epsilon_{\mathrm{xc}}[\rho(\vec{r})]$ 是密度为 ρ 的均匀电子气的交换关联能密度。由此相应的交换关联势写成

$$V_{\mathrm{xc}}^{\mathrm{LDA}}[\rho(\vec{r})] = \frac{\delta E_{\mathrm{xc}}^{\mathrm{LDA}}}{\delta\rho} = \epsilon_{\mathrm{xc}}[\rho(\vec{r})] + \rho(\vec{r})\frac{\delta\epsilon_{\mathrm{xc}}[\rho(\vec{r})]}{\delta\rho}$$

如果知道 $\epsilon[\rho(\vec{r})]$ 的具体形式，就可以得到交换关联能和交换关联势。目前最常用的方案是 Ceperley 和 Alder 等基于量子蒙特卡罗方法 [92]，通过精确的数值计算拟合得到的形式：

$$\begin{aligned}\epsilon_{\mathrm{xc}}[\rho(\vec{r})] &= \epsilon_{\mathrm{x}} + \epsilon_{\mathrm{c}} = -\frac{0.9164}{r_{\mathrm{s}}} \\ &\quad + \begin{cases} -0.2846/(1+1.0529\sqrt{r_{\mathrm{s}}}+0.3334r_{\mathrm{s}}) & (r_{\mathrm{s}} \geqslant 1) \\ -0.096+0.0622\ln r_{\mathrm{s}}-0.00232r_{\mathrm{s}}+0.004r_{\mathrm{s}}\ln r_{\mathrm{s}} & (r_{\mathrm{s}} < 1) \end{cases}\end{aligned} \tag{4.59}$$

其中，$r_{\mathrm{s}} = \left(\dfrac{3}{4\pi\rho}\right)^{1/3} = 1.919k_{\mathrm{F}}$，且 $k_{\mathrm{F}} = (3\pi^2\rho)^{1/3}$。一般我们称之为 CA 形式的 LDA，事实上还有其他人提出的形式，但最常用的就是 CA-LDA。

LDA 的出发点是认为电子密度改变比较缓慢，在典型的金属中的确是这样的。事实上，LDA 在很多实际系统 (如具有共价键的半导体材料) 中都可以得到合理的结果。但是，LDA 通常会高估结合能及低估键长和晶格常数，而对于绝缘体或者半导体，LDA 总是会严重低估它们的能隙 (可以达到 50% 左右)。

考虑到空间电子密度的不均匀性，一个自然的改进就是把这种不均匀性也加入交换关联势中，考虑其电子密度的梯度，这就是所谓的广义梯度近似。具有如下的形式：

$$E_{\mathrm{xc}}^{\mathrm{GGA}} = \int \rho(\vec{r})\epsilon_{\mathrm{xc}}(\rho(\vec{r}), |\nabla\rho(\vec{r})|)\mathrm{d}\vec{r}$$

GGA 构造的形式更为多种多样，主要包括 PW91 [93] 和 PBE [94] 等。总的来说，GGA 在有的方面比 LDA 有所改善，但 GGA 并不总是好于 LDA，如 GGA 通常会高估晶格常数，而且 GGA 同样也有严重低估能隙的问题。

在 GGA 基础上发展起来的 meta-GGA 包含密度的高阶梯度，如 PKZB 泛函就在 GGA-PBE 基础上包含占据轨道的动能密度信息，而 TPSS 则是在 PKZB 泛函基础上提出的一种不依赖于经验参数的 meta-GGA 泛函。

除了 LDA、GGA 之外，还有一类称为杂化泛函的交换关联势，它采用杂化的方法，将 Hartree-Fock 形式的交换泛函包含到密度泛函的交换关联项中：

$$E_{\mathrm{xc}} = c_1 E_{\mathrm{x}}^{\mathrm{HF}} + c_2 E_{\mathrm{xc}}^{\mathrm{DFT}}$$

其中前一项就是 Hartree-Fock 形式的交换作用，后一项代表 LDA 或者 GGA 的交换泛函。例如，PBE0 [95] 杂化泛函包括 25% 的严格交换能、75% 的 PBE 交换能和全部的 PBE 关联能：

$$E_{\mathrm{xc}}^{\mathrm{PBE0}} = 0.25E_{\mathrm{x}} + 0.75E_{\mathrm{x}}^{\mathrm{PBE}} + E_{\mathrm{c}}^{\mathrm{PBE}}$$

再例如 HSE 杂化泛函 [96] 具有如下的形式：

$$E_{\mathrm{xc}}^{\mathrm{HSE}} = 0.25E_{\mathrm{x}}^{\mathrm{SR}}(\mu) + 0.75E_{\mathrm{x}}^{\mathrm{PBE,SR}}(\mu) + E_{\mathrm{x}}^{\mathrm{PBE,LR}}(\mu) + E_{\mathrm{c}}^{\mathrm{PBE}}$$

一般认为，至少在能量、能隙计算方面，杂化泛函可以得到比常规交换关联势更好的结果，但是杂化泛函计算量非常大。在一些高精度的计算中，特别是对一些能隙大小敏感的物理量的计算中，最好使用杂化泛函计算来验证计算结果。

总的来说，交换关联势仍然处于不断的发展中，到现在还有不少文章提出新的泛函形式。泛函的发展包含越来越多的信息，同时也变得越来越精确。例如在 2015 年，Sun、Ruzsinszky 和 Perdew 等提出了一种新的 meta-GGA 泛函：SCAN (strongly constrained and appropriately normed) 泛函 [97]。该泛函在固体各种性质的计算中会比 LDA 和 GGA 有很大的改进，几乎达到了杂化泛函的程度，但计算量却远小于杂化泛函。

第5章 密度泛函计算程序 VASP

5.1 VASP 程序简介

VASP 是 Vienna *Ab-initio* Simulation Package 的缩写，其图标如图 5.1 所示。VASP 目前主要由奥地利维也纳大学的 Georg Kresse 教授负责开发和维护。VASP 最早基于 Mike Payne 编写的一个程序，与 CASTEP/CETEP 程序同源，但现在的 VASP 已经完全重写了所有的代码。1989 年 Jürgen Hafner 从剑桥把程序带到维也纳，1991 年 VASP 基于此代码开始开发，1992 年增加 USPP 功能，1995 年正式确定 VASP 这个名字，并已经成为一个稳定的多功能第一性原理程序，1996~1998 年 MPI 并行功能完成，1997~1999 年 PAW 功能完成。

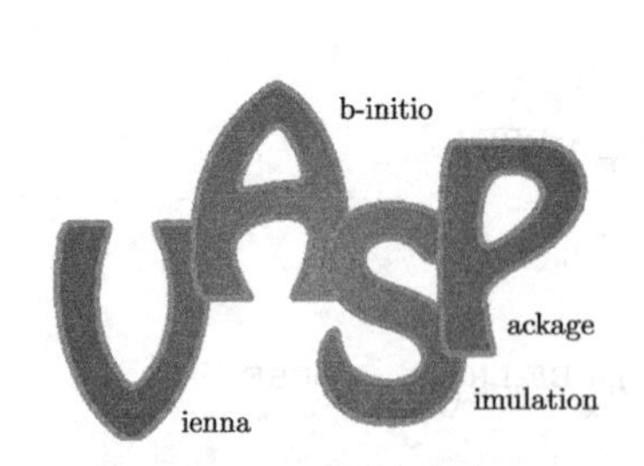

图 5.1 VASP 的图标

VASP 基于超软赝势和平面波基组，同时也是比较早支持 PAW 方法的第一性原理程序，目前最新的版本是 5.4。VASP 程序功能强大、计算速度快、精度高、稳定性好、易于使用，所以它是目前所有第一性原理计算程序中使用最为广泛的程序。它的特色包括：

(1) 采用 PAW 或者 USPP，基组较小，通常不超过 100 个平面波/原子。

(2) 高效对角化方法，计算速度快，最大可以处理约 4000 个价电子。

(3) 收敛性好，收敛速度快。

(4) 提供元素周期表中几乎所有元素的赝势库和 PAW 库，而且这些库都经过仔细测试。

(5) 支持多种计算平台。

(6) 商业软件，但提供全部源代码。

(7) Fortran90 编写，MPI 并行，最新版本支持 k 点并行。

VASP 功能非常强大，主要包括：

(1) 周期性边界条件处理三维晶体系统，利用超元胞方法可以处理原子、分子、纳米线、薄膜和表面等低维系统。

(2) 交换关联势：LDA、GGA、meta-GGA。

(3) Hartree-Fock 和杂化泛函计算，包括 HSE06 和 PBE0 等。

(4) L(S)DA+U 计算。

(5) 多种范德瓦耳斯相互作用修正。

(6) 电子结构：态密度、能带、ELF、电荷密度、波函数以及轨道投影的电子结构。

(7) Born-Oppenheimer 分子动力学计算。

(8) 结构优化：优化元胞角度、晶格常数和原子坐标。

(9) NEB 过渡态搜索。

(10) 线性响应：静态介电常数、玻恩有效电荷、压电系数张量。

(11) 光学性质：含频率的介电常数张量。

(12) GW 准粒子方法；Bethe-Salpeter 方程。

(13) 晶格动力学性质：力常数和 Γ 点的声子频率。

(14) 磁性：共线、非共线磁结构；磁结构限制计算。

(15) 自旋轨道耦合。

(16) 外加电场。

(17) 贝里 (Berry) 相位方法计算电极化。

(18) MP2 计算。

(19) 部分功能支持 GPU 计算。

(20) k 点并行。

(21) 晶体结构和磁结构对称性分析。

VASP 并不是一个免费的程序，用户必须购买使用版权。但 VASP 提供全部的源代码，用户可以在此基础上作出修改，以实现自己的功能。另外，VASP 还提供一套包含几乎所有元素的高精度的超软赝势库和 PAW 势文件库，用户可以直接使用这些势文件且基本都能获得合理的结果。

VASP 一般都在 Linux 系统下安装，用户需要准备 Fortran 和 C 语言编译器、MPI 并行库和数学库，推荐使用 Intel 的 Fortran 和 C 语言编译器、Intel MPI 并行库和 MKL 数学库。

本章简要介绍 VASP 程序的输入输出文件，更为详细和全面的解释可参考 VASP 使用手册。最后将介绍一些简单的计算实例。

5.2 四个重要输入文件

VASP 程序基于密度泛函理论，与其他第一性原理程序相似，其主要的输入信息就是晶体结构。当然不同的程序设计思路不同，所需要的文件格式也会不同。一般来说，VASP 需要四个输入文件，它们都是文本文件，且这四个文件的文件名是固定的①。

(1) **INCAR**：这个文件是 VASP 的核心输入文件，也是最为复杂的输入文件。它决定 VASP 需要算什么，以什么样的精度计算等关键信息。INCAR 文件包含大量的参数，但很多都有默认值。

(2) **POSCAR**：这个文件包含元胞和原子坐标信息，还可以有初始速度等信息。

(3) **KPOINTS**：这个文件包含倒易空间 $\vec{k}$ 点网格的坐标和权重。从版本 5.2.12 起，这个文件可以缺省，但需要在 INCAR 文件中设置 KSPACING 和 KGAMMA 参数。KPOINTS 文件有多种格式，以适应不同的计算任务。

(4) **POTCAR**：这是超软赝势或者 PAW 势函数文件。VASP 提供了元素周期表中几乎所有元素的势文件。在计算含有多种元素的材料时，需要根据元素在 POSCAR 中出现的顺序，把多个原子的 POTCAR 文件拼接在一起，生成一个晶体对应的 POTCAR 文件。

5.2.1 POSCAR

POSCAR 文件包含元胞基矢、原子坐标以及原子的初始速度 (初始速度只有在分子动力学计算时需要)。下面以立方相 $BaTiO_3$ 为例介绍 POSCAR 的格式：

```
cubic BaTiO3
1.0
  4.01        0.00         0.00
  0.00        4.01         0.00
  0.00        0.00         4.01
Ba Ti O
1  1  3
Direct
0.0  0.0  0.0
0.5  0.5  0.5
0.0  0.5  0.5
0.5  0.5  0.0
0.5  0.0  0.5
```

POSCAR 是一个文本文件，具有一定的格式要求，每一行都有特定的含义。其中第一行为注释行，可以写一些与材料相关的信息。第二行为元胞大小的缩放因子，建议总把它设置为 1.0。第三行到第五行分别为元胞的三个基矢 $\vec{a}_1$、$\vec{a}_2$ 和 $\vec{a}_3$，单位是 Å②。这三个基矢需要乘上第二行的缩放因子才是真正的元胞大小。第六行和第七行分别给出所计算材料元胞中原子类型和个数，对于含有多种元素的材料，不同元素之间用空格分开。例如，从上述 POSCAR 可知，元胞中含有三种元素，分别是

① 在 Linux 下文件名需要区分大小写。四个输入文件的文件名一定是大写的。

② 除非特别说明，VASP 中默认的长度单位是 Å，能量单位是 eV。

Ba、Ti 和 O，这三种元素的原子个数分别是 1、1 和 3，即元胞共含有 5 个原子。特别注意，在 VASP 5.0 版本之前，关于元素信息的第六行是没有的，元素的类型从 POTCAR 中获取。即使在 VASP 5.0 之后，实际元素类型也仍然由 POTCAR 决定，POSCAR 中第六行的元素类型也不是必须的。如果 POSCAR 中的元素类型和 POTCAR 中元素不一致，VASP 会给出一个警告，但会以 POTCAR 中的元素为准。第八行决定原子坐标的类型，可以选择 “Direct” 或者 “Cartesian”。实际上 VASP 只会认这一行的第一个字母，如果是 “D” 或者 “d” 就认为是分数坐标，如果是 “C” 或者 “c” 就是直角坐标。从第九行开始，每一行对应一个原子的坐标，其单位由第八行决定。原子的顺序需要和前面元素的顺序一致，如这里第一个原子一定是 Ba 原子，第二个一定是 Ti 原子，而最后三个都是 O 原子。同一类原子可以按任意顺序输入，如后面三个 O 原子的顺序可以任意交换。对于晶体一般使用分数坐标更为方便，但如果原子的坐标按照直角坐标给出，则需要乘以第二行的缩放因子。POSCAR 需要输入元胞中的所有原子，但不需要手动输入对称性信息，VASP 会读入 POSCAR，并自动判断材料的对称性，并在输出文件中显示。POSCAR 可以手动创建，但也可以借助一些软件自动生成，如 CIF2Cell [31] 等。

VASP 可以做选择性结构优化 (selective dynamics)，如对四方相 $BaTiO_3$ 结构优化时，可以只对原子的 z 坐标优化，而保持 x、y 坐标不变，此时可以按照如下的格式写 POSCAR：

```
tetragonal BaTiO3
1.0
  4.00      0.00        0.00
  0.00      4.00        0.00
  0.00      0.00        4.02
Ba Ti O
1  1  3
Selective Dynamics
Direct
0.0  0.0  0.0    F F F
0.5  0.5  0.51   F F T
0.0  0.5  0.49   F F T
0.5  0.5 -0.01   F F T
0.5  0.0  0.49   F F T
```

这里在第八行上需要额外增加 “Selective Dynamics” 关键词，其实只需要 “S” 或者 “s” 开头即可。同时在每一个原子坐标后面有三个逻辑变量，分别对应原子的三个方向，“F” 表示原子不动，而 “T” 表示可以动。这里的运动方向是指元胞基矢的方向，而不是指 x、y、z 方向。上述 POSCAR 表示 Ti 和 O 原子只可以沿着 c 方向运动 (这里其实就是 z 方向)，而 Ba 原子保持不动。

另外，针对分子动力学计算，POSCAR 中还可以给定每个原子的初始速度。实际上一般很少需要手动输入初始速度，具体格式见 VASP 手册。

5.2.2 KPOINTS

KPOINTS 文件用来指定在倒易空间 k 点的分布。在 VASP 中，KPOINTS 有三种模式，用于不同的任务。

第一种模式是手动输入所有 k 点坐标，如下所示：

```
Example file
4
Cartesian
0.0  0.0  0.0   1.
0.0  0.0  0.5   1.
0.0  0.5  0.5   2.
0.5  0.5  0.5   4.
```

这里第一行是注释行，第二行是一个整数，表示 k 点个数，而第三行是 k 点坐标的类型，可以是直角坐标 (“Cartesian”) 或者分数坐标 (“Reciprocal”)，这里的分数坐标是指以倒易空间的基矢 $\vec{b}_1$、$\vec{b}_2$、$\vec{b}_3$ 为单位的坐标。这里 VASP 仍然只认第一个字母，如果第一个字母是 ‘C’、‘c’、‘K’ 或者 ‘k’，则表示直角坐标，其他所有字母都表示分数坐标。从第四行开始手动输入每一个 k 的坐标和权重因子。权重因子只具有相对意义，VASP 会重新归一化。对于四面体积分，KPOINTS 中还需要输入四面体的连接信息，详见 VASP 手册。一般情况下，很少会使用手动输入 k 点的模式。

第二种模式为自动产生 k 点，只需指定沿着倒易空间三个基矢方向分别取多少个 k 点，VASP 会自动产生所有 k 点的坐标。这种模式使用方便，在自洽计算、结构优化和态密度计算中都可以采用。

```
Automatic mesh
0
Gamma
4  4  4
0. 0. 0.
```

这里第一行为注释，第二行必须是 0，第三行为产生 k 点的模式，有 Gamma 和 Monkhorst-Pack 两种选择。Gamma 模式保证 k 点一定包含原点 $(0,0,0)$ 这个点，而 Monkhorst-Pack 则有可能取不到原点。第四行为三个整数，表示沿着三个倒易空间基矢方向上 k 点的数目。第五行表示对所有 k 点进行平移，可以取 0，表示不平移。对于六角点阵，建议使用 Gamma 模式。

在自洽计算中，k 点的数目是一个十分重要的参数，如果 k 点太少，则计算结果不精确；如果 k 点太多，则会增加计算量，甚至导致内存不够而出错。对于一个新的系统，建议测试一些物理量 (如总能量) 与 k 点数目的依赖关系，以得到一个合理的 k 点数值。

从 VASP 5.2.12 版本起，可以直接在 INCAR 里面设置 KSPACING 和 KGAMMA 参数，从而省略 KPOINTS 文件。

第三种模式为线性模式，是指输入布里渊区高对称点的坐标，程序自动产生两个高对称点之间所有 k 点坐标，主要用于能带计算，基本格式如下所示。

```
k-points along high symmetry lines for hexagonal structure
50
Line-mode
Reciprocal
0.000 0.000 0.500 ! A
0.000 0.000 0.000 ! Gamma

0.000 0.000 0.000 ! Gamma
0.500 0.000 0.000 ! M

0.500 0.000 0.000 ! M
0.33333333 0.33333333 0.000 ! K

0.33333333 0.33333333 0.000 ! K
0.000 0.000 0.000 ! Gamma
```

这里第一行为注释行，第二行为每一段高对称线上产生 k 的数目，第三行总是为 “Line-mode”，第四行为 k 点坐标的类型，可以为 “Reciprocal” 或者 “Cartesian”。后面为高对称点的坐标，其中每两行一组，分别代表每一段高对称线的起始和终了的位置。高对称点的坐标以及路径的选取需要根据不同的布里渊区来选择，可以参考附录二中的取法。在上面的例子中，VASP 程序将分别在四段高对称线 (A 到 Γ 点，Γ 到 M 点，M 到 K 点，K 再回到 Γ 点) 上产生 50 个 k 点，一共 200 个点。这种线性模式适合于做非自洽的能带计算。每一行坐标后面的！及后面的字符为注释，可以不写。

VASP 在每一段高对称线上产生的 k 点数目都是一样的，但实际上布里渊区中不同的高对称线长度往往是不同的，所以一般需要特别处理后才可以画出合理的能带图，如手动输入 k 点、分段计算，或者后期调整 k 点间距等。

由前面晶体学的知识可知，k 点是由晶体的平移周期性导致的，如果一个材料没有平移周期性 (如一个孤立的分子)，则谈不上 k 点。所以分子只有能级，而谈不上色散关系，相当于 $k=0$。在 VASP 及其他类似的程序中，由于一定要求采用周期性边界条件，所以只能采用真空层的方法来模拟非周期的系统。如果使用 VASP 计算一个分子，则必须三个方向都加真空层，此时三个方向都只可以取 1 个 k 点，即 k 点的选取形式为 $1\times1\times1$。如果使用 VASP 计算一维材料，则沿着材料的轴

向仍然具有周期性 (假设为 c 方向)，而另外两个方向需要加真空层，此时 k 点的选取形式应为 $1\times1\times m$，其中 m 为正整数。如果使用 VASP 计算二维材料，则只需要在垂直表面方向加真空层 (假设为 c 方向)，另外两个方向 (假设为 a 和 b 方向) 仍然保持周期性，此时 k 点的选取应该为 $n\times m\times1$，其中 n、m 为正整数。对于三维材料，三个方向都有周期性，所以三个方向都要取合适的 k 点数。

k 点网格是在倒易空间元胞中的网格，很显然如果倒易空间元胞的某一个方向特别长，则需要较多的 k 点，如果某一个方向特别短，则只需要较少的 k 点。另外一般情况下可以根据晶体元胞基矢的长短比例来选定 k 点网格在三个方向上的比例。例如一个简单正交晶系的元胞，三个基矢长度分别是 4 Å、6 Å、12 Å，则此时 k 点的取法可以是 $3m\times2m\times m$，其中 m 是一个正整数。但对于一些基矢不垂直的元胞往往会复杂一些，此时建议参考在 OUTCAR 中输出的倒易点阵元胞的基矢和基矢长度来确定 k 点网格，或者直接使用 INCAR 中的 KSPACING 参数 (但需要 VASP 5.2.12 或者更高版本)。

5.2.3 POTCAR

VASP 程序同时提供了超软赝势文件和 PAW 势文件。但因为 PAW 方法原则上总是优于超软赝势方法，所以一般只需要 PAW 势文件，VASP 手册中也并不推荐使用超软赝势。VASP 提供 LDA、GGA-PBE 和 GGA-PW91 等版本的 PAW 库。VASP 的势文件经过了大量测试，具有很高的精度和通用性。目前 VASP 不提供赝势生成工具，因此用户也不能自己产生和修改势文件。VASP 为绝大部分元素提供一个或多个版本的势文件，但文件名都是 POTCAR。在计算时，需要根据材料含有元素的种类，合并多种元素的势文件成为一个单独的 POTCAR，在 Linux 系统中借助 cat 命令很容易实现，如用以下命令可生成含有 Al、C 和 H 三种元素材料的 POTCAR：

```
cat~/pot/Al/POTCAR~/pot/C/POTCAR~/pot/H/POTCAR > POTCAR
```

VASP 提供的 PAW 势文件往往有不同的版本，其中标准版本势文件放在用元素名称命名的文件夹中，而有 _h 的文件夹则表示更硬的赝势 (更高的截断能)，有 _s 的文件夹则表示更软的赝势 (更低的截断能)。有 _sv 或者 _pv 的文件夹表示 p 或者 s 半芯态电子作为价电子来处理，如 V_pv 表示 V 元素的 3p 电子作为价电子处理。有 _d 的文件夹表示 d 电子作为价电子，如 Gd_d 表示 Gd 的 3d 电子作为价电子。

POTCAR 中包含了一些有用的信息，如势文件中的电子数、默认的截断能等。POTCAR 本身就是文本文件，可以直接用文本编辑器打开查看其中的内容。

5.2.4 INCAR

INCAR 是 VASP 程序最为核心的输入文件，其作用是指示 VASP 程序需要算什么，以什么样的方法计算，精度如何等。INCAR 格式较为自由，并不像其他三个输入文件有严格的格式规定。INCAR 中主要的格式是 tag=value 的形式，其中 tag 为 VASP 规定的关键词，而 value 则是用户输入并且符合 VASP 规定的值。不同 tag 之间可以有空行，而且没有先后顺序的要求。但如果同一个 tag 在 INCAR 中出现多次，VASP 只认第一次出现的值。每一行可以写多个参数，但中间需要用 "; " 隔开。# 号之后的文字都为注释，不起任何作用，但实际上在没有歧义的情况下，注释前也可以不加 # 号。INCAR 中的内容不区分大小写。关于 INCAR 中参数的设置将在 5.4 节中单独介绍。

5.3 其他输入输出文件介绍

VASP 程序开始运行后首先读入输入文件，如果一切顺利，在完成计算后 VASP 会生成若干输出文件。同时除了上述四个输入文件，VASP 在特定情况下还可以读入其他一些文件。下面对 VASP 计算中其他的常用文件做简要介绍，但对其具体格式不做深入讨论。

(1) **STOPCAR**: 这个是输入文件，其目的是使正在运行中的 VASP 程序主动停止计算，输出相应的文件后退出。STOPCAR 非常简单，如果它包含 "LSTOP = .TRUE."，则 VASP 在下一次离子循环时停止；如果它包含 "LABORT = .TRUE."，则 VASP 会在下一次电子自洽时停止。停止后 VASP 可能会输出电荷密度、波函数等文件，但在第二种情况下，电荷密度和波函数中有可能并不是收敛的数值。这个文件的作用和直接杀死程序是不同的，后者强制停止计算，VASP 不能及时输出相应的文件。

(2) **OSZICAR 和 stdout**: OSZICAR 和标准屏幕输出 (stdout) 主要包含自洽计算中能量收敛等信息。通过这两个文件可以看到计算过程中能量的变化和收敛情况。一些出错和警告信息也会在这两个文件中输出。请注意：stdout 是指程序运行时的屏幕输出，并不是真正磁盘上的文件。但因为一般任务调度系统都会把标准屏幕输出重定向到真实的文件，如在 LSF 中屏幕输出会默认重定向到 output.jobID 文件中 (其中 jobID 是作业号)。

(3) **IBZKPT**: 这个文件由 VASP 自动生成，它包含所有不等价 k 点的坐标和权重以及可能的四面体连接情况，它的格式和 KPOINTS 文件的第一种格式是完全一样的。

(4) **CONTCAR**: 这个文件的格式和 POSCAR 一样，包含每一次离子运动后新的晶体结构信息。如果是分子动力学计算，还包括离子速度等信息。在结构优化时，如果程序停止时还未达到预期精度，则可把该文件直接复制成 POSCAR，并从这个新的 POSCAR 继续结构优化。

(5) **CHGCAR**：电荷密度文件，包含晶格矢量、原子坐标、总电荷密度以及 PAW 的单中心占据情况等信息。在自旋极化计算时 (ISPIN=2)，它包含总电荷密度 $(\rho_\uparrow+\rho_\downarrow)$ 和磁电荷密度 $(\rho_\uparrow-\rho_\downarrow)$。在非共线计算中 (LNONCOLLINEAR=.TRUE.)，它包含总电荷密度以及三个方向上的磁电荷密度。电荷密度文件是输出文件 (由 LCHARG 控制)，但也可以是输入文件。在计算能带或者态密度时，需要读入电荷密度进行非自洽计算。

(6) **CHG**：与 CHGCAR 类似的电荷密度文件，但不包含 PAW 单中心占据信息。

(7) **WAVECAR**：波函数文件，二进制文件，不能直接用文本编辑器打开。波函数文件体积较大，可通过 LWAVE 来控制是否输出。它也可以作为输入文件，为后续计算提供初始波函数。

(8) **TMPCAR**：在分子动力学和结构优化时产生的临时文件，包含前两步的原子坐标和波函数信息，可用来预测下一步的波函数。

(9) **EIGENVALUE**：能量本征值文件，包含所有 k 点和所有能带的能量，经过简单的格式处理后可用来画能带图。

(10) **DOSCAR**：态密度文件，包含态密度和积分态密度，单位是状态数/元胞 (number of states/unit cell)。当设置 LORBIT 时可以计算原子和轨道投影的分波态密度。在自旋极化或者非共线磁性时，还包括不同自旋电子的态密度。该文件较为复杂，详见 VASP 手册。

(11) **PROCAR**：静态计算时，该文件包含每个原子、每条能带和每个轨道上的投影波函数系数，具有十分丰富的信息。该文件也可以用来画能带图和包含轨道信息的胖能带 (fatband)。

(12) **PCDAT**：对关联函数 (pair correlation function)。

(13) **XDATCAR**：该文件包括每隔一定步数 (NBLOCK) 输出的原子坐标信息。

(14) **LOCPOT**：总的局域势 (total local potential) 文件，单位是 eV，格式与 CHGCAR 相同，需要设置 LVTOT=.TRUE. 输出该文件。利用该文件可用于计算功函数。

(15) **ELFCAR**：电子局域函数 (electron localization function，ELF) 文件，格式与 CHGCAR 相同，设置 LELF=.TRUE. 输出。计算时建议设置 PREC=High 以提高精度。

(16) **PROOUT**：类似 PROCAR，包含波函数在每个原子、每个轨道上的投影，还包含投影后的实部和虚部。

(17) **OUTCAR**：这是 VASP 最主要的输出文件，包括在计算过程中的大量信息，依次主要包括：VASP 版本；计算开始时间和并行性 CPU 数；赝势信息；最近邻列表；对称性信息；晶格信息和 k 点坐标；INCAR 中读入的参数和其他大部分的默认参数值；平面波个数和 FFT 信息；每一步离子步数和其中每一次电子自洽的时间、内存、能量等信息；自洽完成后的费米能和能量本征值；应力；力；电荷数和磁矩；程序运行时间。用户可从中获得许多有用信息，也可监控整个计算过程。

5.4 INCAR 文件介绍

本小节单独介绍最重要的输入文件：INCAR，该文件的设置最为复杂，参数很多，这里只对其中一些重要的参数做简单介绍，完整的介绍见 VASP 手册。

虽然 INCAR 文件包含的参数众多，但绝大部分都有默认值，甚至一个空白的 INCAR 文件也能使 VASP 进行计算，但这样只能完成最简单的任务。一般建议在任何计算任务中都要手动设置以下几个重要参数。

(1) **SYSTEM**：计算任务名称，用户自己指定，这个参数不影响任何计算结果。

(2) **ENCUT**：平面波截断能，决定平面波的个数，即基组的大小。这是一个非常重要的参数，决定了计算的精度。ENCUT 越大，计算精度越高，但计算量会越大。VASP 可以直接从 POTCAR 中得到每个元素默认的截断能，并且取最大值作为整个计算 ENCUT 的默认值。但是仍然建议用户手动输入该数值。原则上最好测试截断能与所关心的物理量之间的关系，以确保结果可靠。如果计算量允许，建议设置 ENCUT 为默认值的 1.3 倍。特别是在做变元胞的结构优化时，必须提高 ENCUT 至默认值的 1.3 倍。

(3) **PREC**：控制计算精度的参数，它会影响多个参数，包括 ENCUT、NGX、NGY、NGZ 等。在一般的计算中，默认选择为 PREC = Normal (VASP 5.X) 或者 Medium (VASP 4.X)。但如果需要高精度计算时，如声子计算，建议设置 PREC = Accurate。

(4) **EDIFF**：控制自洽优化收敛的能量标准，即前后两次总能量差如果小于这个值，则认为自洽已经完成。默认值为 10^{-4} eV。

(5) **ISMEAR 和 SIGMA**：这两个参数决定在做布里渊区积分时，如何计算分布函数。ISMEAR 常用的选择为 0、1、2 和 -5。其中 ISMEAR=0 表示使用 Gaussian 展宽，一般用于半导体或绝缘体，同时设置展宽大小 SIGMA 为一个较小的值，如 0.05 eV。ISMEAR=1 或者 2 表示 Methfessel-Paxton 方法，一般用于金属体系，同时可设置一个较大的 SIGMA 值，如 0.2 eV，保证 VASP 计算的熵 (entropy) 一项的值小于 1 meV/atom。在半导体和绝缘体中避免使用 ISMEAR>0。ISMEAR=−5 表示四面体积分，一般适合于高精确的总能量和态密度计算。四面体积分不需要设置 SIGMA 值。但是四面体积分方法在 k 点特别少时 (如只有 1 个或者 2 个)，或者在一维体系中不适用，而且四面体积分在金属体系做结构优化时会有明显误差 (计算金属材料的力时会有 5%~10% 的误差)。综上，建议在金属中使用 ISMEAR=1 或者 2，SIGMA=0.2 左右；在半导体或者绝缘体中使用 ISMEAR=0，SIGMA=0.05 左右。计算态密度时使用 ISMEAR=−5，同时不设置 SIGMA。默认值为 ISMEAR=1 和 SIGMA=0.2。

(6) **LREAL**：这个参数决定投影算符在实空间还是在倒空间计算。建议在做高精度计算时，设置 LREAL=.FALSE.，否则在超过 20 个原子系统中可设置 LREAL=Auto (VASP 4.4 及以上版本)。默认值是 LREAL=.FALSE.。

以上参数建议每次计算都需要特别关注，并手动设置。但上述参数基本只是对精度的控制，而不能完成更多的功能，如结构优化、磁性等计算。下面简述 INCAR 中其他一些重要参数，对于一些不常用或者基本不需要手动设置的参数，见 VASP 手册。

(1) **KSPACING 和 KGAMMA**：KSPACING 参数可替代 KPOINTS 文件，它确定相邻两个 k 点的最小间距，单位为 Å^{-1}。很显然，KSPACING 越小，k 点越多。KGAMMA 参数决定产生的 k 点网格是否包含 Γ 点。KGAMMA=.TRUE. 表示包括 Γ 点，而 KGAMMA=.FALSE. 表示不包括 Γ 点，即采用 Monkhorst-Pack 方法。默认值为 KSPACING=0.5 和 KGAMMA=.TRUE.。

(2) **NBANDS**：能带数目，通常不用设置，VASP 会根据元胞中的电子数和离子数决定总的能带数。但在有的计算中，如计算光学性质时，需要手动增加能带数。

(3) **ISPIN**：自旋极化计算开关。默认值为 ISPIN=1，即做非磁性计算；ISPIN=2，做自旋极化计算。如果做非共线磁结构计算 (LNONCOLLINEAR=.TRUE.)，则不需要设置 ISPIN 参数。

(4) **MAGMOM**：做磁性计算时的初始磁矩。在 ISPIN=2 时，每一个原子设置一个数值，中间用空格分开。如果是非共线磁结构 (LNONCOLLINEAR=.TRUE.) 计算，则每一个原子需要设置 3 个数值，表示一个矢量。VASP 计算中会自动优化磁矩的大小和方向。MAGMOM 参数只能用于没有提供初始电荷密度和波函数文件的初算 (即从头算起)，或者用于有非磁波函数和电荷密度文件时的续算。后者意思是，先做一个非磁计算，保留电荷密度和波函数，然后设置 ISPIN=2，ICHARG=1，MAGMOM=··· 参数开始磁性计算。从 VASP 4.4.4 版本开始，VASP 还会考虑磁结构的对称性。默认值为所有原子或者每个原子每个方向都具有 1 μ_B 的磁矩。

(5) **ISTART**：决定 VASP 程序是否在开始时读入波函数，常用的设置有 0、1 和 2。其中 ISTART=0 代表从头开始计算，不读入波函数文件。ISTART=1 代表读入已有波函数，并继续计算，此时新计算的元胞大小和形状可以和已有波函数中的不同，截断能也可以不同；ISTART=2 也代表读入已有波函数，但截断能和元胞都不能改变。ISTART 有默认设置，如果 VASP 程序开始时，没有找到波函数 WAVECAR，则 ISTART=0，否则为 1。因此通常不需要设置这个参数。

(6) **ICHARG**：决定 VASP 程序是否在开始时读入电荷密度，常用的设置有 0、1、2 和 11。其中 ICHARG=0 代表从初始的轨道计算电荷密度；ICHARG=1 代表读入已有电荷密度文件 CHGCAR，并开始新的自洽计算；ICHARG=2 代表直接使用原子电荷密度的叠加作为初始密度；ICHARG=11 代表读入已有电荷密度，并进行非自洽计算，通常用于电子能带和态密度计算，在此过程中电荷密度保持不变。在非自洽计算时，特别是在做 LDA+U 计算时，建议设置 LMAXMIX=4 (对于 d 轨道元素) 或者 6 (对于 f 轨道元素)。

(7) **NELM、NELMIN 和 NELMDL**：NELM 为电子自洽的最大步数，默认值为 60。NELMIN 为电子自洽的最小步数，默认值为 2，在分子动力学或者结构优化时，可以考虑增大至 4~8。NELMDL 为非自洽的步数，主要用于从随机波函数开始自洽的情况，正值表示每一次电子自洽时都会延迟更新电荷密度，而负值表示只有第一次自洽时才做延迟，一般建议为负值。默认值为 −5、−12 或者 0。

(8) **EDIFFG**：设定结构优化的精度。当 EDIFFG 为正值时，表示前后两次离子运动的总能量差小于 EDIFFG 时，结构优化停止。而 EDIFFG 为负值时，表示当所有离子受力小于 EDIFFG 的绝对值时，结构优化停止。默认值为 EDIFFG 的 10 倍，是正值，但建议总是使用力作为收敛条件，即建议设置 EDIFFG 为负值，如 −0.02，单位为 eV/Å。特别在做声子计算时，对原子平衡位置的受力非常敏感，建议结构优化时设置 EDIFFG 为 −0.001 eV/Å，甚至更小。

(9) **NSW**：离子运动的最大步数，在做结构优化或者分子动力学中设置。默认值为 0，即离子不动。

(10) **IBRION 和 NFREE**：决定离子如何运动。IBRION=−1 表示离子不动；IBRION=0 表示第一性原理分子动力学模拟；IBRION=1 表示采用准牛顿法进行结构优化；IBRION=2 表示使用共轭梯度法进行结构优化；IBRION=3 表示阻尼分子动力学计算；IBRION=5 和 6 表示使用差分方法计算力常数和晶格振动频率 (Γ 点)，其中 IBRION=5 不考虑晶体对称性，而是使所有原子沿着三个方向 x、y、z 都分别做小的位移，计算 $3N$ 次能量 (VASP 4.5 以上版本支持)；而 IBRION=6 则考虑晶体对称性，只要移动不等价的原子和方向即可 (VASP 5.1 以上版本支持)。当 IBRION=6 且 ISIF $\geqslant$ 3 时，VASP 还可以计算弹性常数，此时一般需要提高平面波截断能。额外设置 LEPSILON=.TRUE. 或者 LCALCEPS=.TRUE. 还可以计算玻恩有效电荷、压电常数和离子介电常数; IBRION=7 和 8 功能和 IBRION=5 和 6 类似,但采用密度泛函微扰理论计算力常数,同样 IBRION=7 不考虑晶体对称性,而 IBRION=8 考虑对称性。IBRION=5 或 6 时,NFREE 决定离子在每个方向上移动的次数,移动的距离由 POTIM 决定。如果 NFREE=1,则表示在 x、y 或者 z 方向上都只做一次小的位移; 如果 NFREE=2,表示离子在 x、y 或者 z 方向上都做一次正的和一次负的小位移 (即移动两次); 如果 NFREE=4,则表示在 x、y 或者 z 方向上都要做 4 次小的位移。

(11) **POTIM**: 在分子动力学计算 (IBRION=0) 时,POTIM 为时间步长,单位为 fs (飞秒),此时没有默认值。结构优化计算 (IBRION=1, 2, 3) 时,POTIM 为力的缩放因子,默认值为 0.5。在 IBRION=5 或者 6 时,POTIM 决定离子移动的步长,单位为 Å。

(12) **ISIF**: 确定应力张量计算以及原子和元胞的优化情况。ISIF=0 表示不计算应力张量,因为应力张量计算比较耗时,所以在分子动力学模拟中默认不计算应力张量。在结构优化时,ISIF=1,只计算总的应力,此时只优化离子位置,不改变元胞的体积和形状。ISIF=2~7 时,计算应力张量,其中 ISIF=2 表示只优化离子位置,不改变元胞的体积和形状; ISIF=3 表示同时优化离子位置、元胞形状和体积; ISIF=4 表示同时优化离子位置和元胞形状,但保持元胞体积不变; ISIF=5 表示不优化离子位置和元胞体积,只改变元胞形状; ISIF=6 表示不优化离子位置,但优化元胞形状和体积; ISIF=6 表示不优化离子位置和元胞形状,只优化元胞体积。在结构优化过程中比较常用的是 ISIF=2 或者 3。另外对于元胞体积变化的计算需要增加平面波截断能。

(13) **PSTRESS**: 外加应力,单位为 kbar (1 kbar=0.1 GPa)。

(14) **ISYM 和 SYMPREC**: ISYM 确定是否打开对称性,ISYM=1, 2, 3,在计算中打开对称性,ISYM=−1, 0,关闭对称性。SYMPREC 决定 VASP 在找对称性时的精度。VASP-PAW 计算中默认打开对称性 (ISYM=2)。

(15) **TEBEG 和 TEEND**: 分子动力学模拟时的初始和终了温度。

(16) **RWIGS**: 原子的维格纳–塞茨半径,自动从 POTCAR 中读取。

(17) **LORBIT**: 决定输出 PROCAR、PROOUT 和 DOSCAR 文件的格式。不同的 LORBIT 表示输出不同的文件以及文件中包含的内容。详见 VASP 手册中的表格。常用 LORBIT=11 输出包含 lm 投影的 PROCAR 和 DOSCAR。

(18) **NELECT**: 总电子数,由程序根据 POTCAR 中元素自动计算元胞中的总电子数,一般不用设置。通过手动设置该参数,可以实现对元胞中电子的增减,该参数可以是小数。

(19) **NUPDOWN**: 自旋向上和向下的电子数的差。

(20) **EMIN、EMAX 和 NEDOS**: 态密度计算时的能量最小值 (EMIN)、最大

值 (EMAX) 以及能量格点数 (NEDOS)。NEDOS 默认为 301，但建议增加此数值。

(21) **GGA**：交换关联势的类型，VASP 会根据 POTCAR 自动确定，一般不用手动设置。

(22) **GGA_COMPAT**：建议在 GGA 计算中设置为 GGA_COMPAT=.FALSE.。

(23) **METAGGA**：meta-GGA 计算，可选的类型有 TPSS、RTPSS、M06L、MBJ。其中 MBJ 泛函可以获得比较准确的能隙，但计算量又比杂化泛函或者 GW 方法小很多。在最新的 VASP 5.4.4 版本中，还增加了 SCAN 泛函。

(24) **ALGO**：电子最优化的算法，即决定求解能量本征值的算法。默认为 ALGO=Normal，即使用 blocked Davidson 迭代法。ALGO=Very_Fast 表示使用 RMM-DIIS 方法。ALGO= Fast 为前两者的混合，即前面几步使用 Davidson 方法，后面采用 RMM-DIIS 方法。ALGO=Conjugate 或者 All 表示使用共轭梯度算法。ALGO=Exact 表示使用严格对角化方法。

(25) **LWAVE 和 LCHARG**：确定是否输出波函数和电荷密度文件。

(26) **LVTOT**：是否输出总的局域势 (total local potential) 函数，从 VASP 5.2.12 版本开始，LVTOT=.TRUE. 表示输出总的势函数，包括交换关联势。输出文件名为 LOCPOT。

(27) **LVHAR**：从 VASP 5.2.12 版本开始，LVHAR=.FALSE. 表示输出总的局域势函数 (离子、Hartree 势和交换关联势)，LVHAR=.TRUE. 表示只输出离子和 Hartree 势 (不输出交换关联势)，后者可用于功函数的计算。默认值为 LVHAR=.FALSE.。

(28) **LELF**：是否输出电子局域函数 (electron localization function)，默认值为 LELF=.FALSE.。

(29) **LCORELEVEL**：计算芯电子能级，可以为 1 或者 2，表示两种不同的算法。

(30) **LNONCOLLINEAR**：非共线磁结构计算。进行非共线磁结构计算时，可以不加自旋轨道耦合。默认为 False。

(31) **LSORBIT**：自旋轨道耦合计算，默认为 False。如果设置 LSORBIT=.TRUE.，则 VASP 会自动设置 LNONCOLLINEAR=.TRUE.。同时注意设置 MAGMOM、SAXIS 和 GGA_COMPAT(=False) 等参数。

(32) **I_CONSTRAINED_M**：通过引入惩罚项以限制磁矩方向和大小。I_CONSTRAINED_M=1 只限制磁矩方向，I_CONSTRAINED_M=2 同时限制磁矩大小和方向。

(33) **LDAU**：针对强关联系统进行 L(S)DA+U 计算，需结合 LDAUTYPE、LDAUL、LDAUU、LDAUJ、LDAUPRINT 等参数。

(34) **IVDW**：增加范德瓦耳斯相互作用，IVDW=0 表示不加范德瓦耳斯相互作用，而 IVDW> 0 则可以选择不同的方案，详见 VASP 手册。

(35) **LUSE_VDW**：另外一类范德瓦耳斯相互作用方案，详见 VASP 手册。

(36) **LPARD**：能带分解电荷密度，需结合 IBAND、EINT、NBMOD、KPUSE、LSEPB、LSEPK 等参数。

(37) **LBERRY**：使用 Berry 相位方法计算电子极化和玻恩有效电荷，需结合 IGPAR、NPPSTR 和 DIPOL 等参数。

(38) **LCALCPOL**：从 VASP 5.2 版本开始，设置 LCALCPOL=.TRUE. 使用 Berry 相位计算电子极化，比使用 LBERRY 方法更方便。

(39) **EFIELD_PEAD**：对绝缘体加均匀电场，单位为 eV/Å。

(40) **LCALCEPS**：通过加电场方法计算静态介电常数、玻恩有效电荷张量和压电张量。

(41) **LHFCALC**：进行 Hartree-Fock 或者杂化泛函计算。

(42) **LOPTICS**：计算频率依赖的介电函数的实部和虚部。

(43) **LEPSILON**：使用密度泛函微扰理论计算静态介电常数、压电张量和玻恩有效电荷。

5.5 常见功能设置

1. INCAR 的最简设置

因为 INCAR 中的大部分参数都有默认值，甚至完全空白的 INCAR 也可以进行自洽计算。但建议设置一些最重要的参数，可以使用最简 INCAR 设置，大体的设置如下所示：

```
SYSTEM = diamond
ENCUT = 520.0    # energy cut-off for the calculation
PREC = Normal    # normal precision
EDIFF = 10E-6    # accuracy for electron SCF
ISMEAR = 0       # Gaussian smearing
SIGMA = 0.05     # A small smearing width
LREAL = .FALSE. # real space projection yes / no
```

当然，针对不同材料需要对上述参数进行合理的修改，特别是 ENCUT 这个参数。

2. 结构优化

由于实验确定的晶体结构和原子坐标往往并不是理论上的基态结构，因此有时需对晶体的元胞和原子坐标进行结构优化，以获得理论上的能量最低结构。特别是对一些纳米材料、含有缺陷或界面的晶体，原子位置往往并不在原来的理想位置，结构优化必不可少。除了上述的最简设置外，结构优化还需要在 INCAR 中增加相关参数：

```
NSW=100       # number of ionic steps
ISIF=3        # optimize atom position and cell
IBRION= 2     # conjugate-gradient algorithm
EDIFFG=-0.02 # maximal residual force
```

根据实际情况，可以修改一些参数。例如，要保持元胞不变，只优化原子位置，那么可以设置 ISIF=2。如果是变元胞计算，要求提高平面波的截断能到默认值的 1.3 倍。如果是声子计算，则要求提高结构优化时力收敛的精度，并建议设置 PREC=Accurate。

3. 态密度和电子能带计算

在 VASP 程序中，推荐先做一个静态的自洽计算，得到收敛后的电荷密度文件，然后再读入电荷密度进行非自洽的态密度和电子能带计算。

例如，对于态密度计算，可以在最简设置的 INCAR 中增加下列参数进行非自洽计算 (需要删除最简设置中的 ISMEAR=0 这一行)。当然此时一般要求在 KPOINTS 文件中增加 k 点数目，以获得更加精确的态密度。

```
ICHARG = 11 # read CHGCAR for non-SCF calculations
LWAVE = .FALSE. # don't write WAVECAR
LCHARG = .FALSE. # don't write CHGCAR
NEDOS = 5000 # number of energy grid in DOS
LORBIT = 11 # write lm-decompsed PROCAR
ISMEAR = -5 # tetrahedron method with Blochl corrections
```

其中增加 NEDOS 和设置四面体积分可以获得比较好看的态密度。而 LORBIT=11 可以得到原子和轨道分解的分波态密度。

对于能带计算，需要准备布里渊区的高对称路径 (即准备 Line-mode 的 KPOINTS 文件)，同时在 INCAR 中额外设置相关参数：

```
ICHARG = 11 #read CHGCAR for non-selfconsistent calculations
LWAVE = .FALSE. #don't write WAVECAR
LCHARG = .FALSE. #don't write CHGCAR
```

与态密度计算略有不同，在能带计算时不可以用四面体积分，即 ISMEAR 不可以取 −5。

以上非自洽计算 (ICHARG=11) 只适合常规的密度泛函计算，但不适合 Hartree-Fock 和杂化泛函计算。对于 Hartree-Fock 和杂化泛函的能带计算，可以先按照常规 Monkhorst-Pack 或者 Gamma-centered 方法在布里渊区产生均匀的 k 点网格，把 IBZKPT 复制为 KPOINTS，然后手动增加高对称路径上的 k 点坐标，并设置相应的权重为零，对所有 k 点进行 Hartree-Fock 或者杂化泛函的自洽计算得到能量本征值，最后利用 EIGENVALUE 文件中后面权重为零的 k 点就可以画出电子能带图。Hartree-Fock 和杂化泛函的态密度计算也不可以采用非自洽计算，可以直接采用自洽计算后的 DOSCAR 中的态密度。另外，也可以通过 Hartree-Fock 和杂化泛函结合 Wannier 函数计算电子态密度和能带结构。

5.6 几个实例

前面简要介绍了 VASP 计算流程和参数设置，下面介绍几个简单的算例，通过这些例子的学习有助于掌握 VASP 程序的基本使用。

5.6.1 非磁性材料计算——$BaTiO_3$ 的电子结构

首先介绍非磁材料的计算，选取的例子是 $BaTiO_3$ 晶体。这种晶体在高温时处于具有空间反演对称性的立方相。当温度低于某一温度时，立方相的 $BaTiO_3$ 晶体将转变为中心反演对称性自发破缺的四方相并产生非零的电极化。考虑到极化材料的广泛用途，寻找具有高自发极化的晶体材料一直是材料研究的一个重要课题，而 $BaTiO_3$ 则是其中被广泛研究的经典材料体系之一。图 5.2(a) 和 (b) 分别给出了立方相和四方相的晶体结构图。从图中可以看到，立方相中 Ba 原子位于立方晶胞的顶点，O 原子位于面心而 Ti 原子处于元胞中心。在四方相中，Ti 原子则偏离中心位置沿 z 轴移动，从而破缺了中心反演对称性并导致极化的出现。在上面关于 POSCAR 的介绍中我们已经给出了这两种结构的 POSCAR 文件。

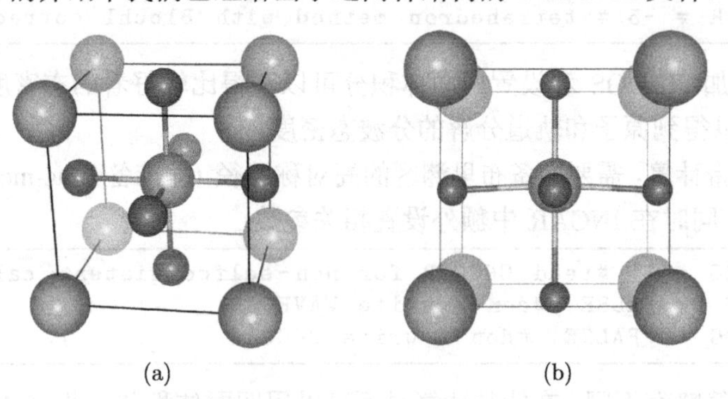

(a)　(b)

图 5.2　$BaTiO_3$ 晶体结构

(a) 高温无极化立方相；(b) 低温极化四方相

在利用 VASP 对材料进行研究时，第一步是结构优化。对于立方相 $BaTiO_3$ 晶体，由于原子位于高对称点，并没有可变的坐标，所以保持元胞不变的结构优化过程 (ISIF=2) 不会导致原子的移动。对于四方相，实验给出的初始结构并不是理论上能量最低的结构，而且此时原子的 z 坐标是可以变的，因此在结构优化过程中原子还会发生微小的移动。我们选取 PAW-PBE 形式的势文件，其中 Ba 元素的 s 电子作为半芯态处理 (Ba_sv)。k 点划分取 $10 \times 10 \times 10$。能量和力分别收敛到 1.0×10^{-5} eV 和 0.01 eV/Å。下面给出的是最终使用的 INCAR 文件：

```
SYSTEM = BaTiO3
PREC=A
EDIFF=1E-5
EDIFFG=-0.01
ISMEAR=0
SIGMA=0.05
ENCUT=520
NSW=100
ISIF=2
IBRION=2
LMAXMIX=4
LORBIT=11
```

经过优化后，四方相的弛豫结构保存于 CONTCAR 文件中：

```
tetragonal BaTiO3
1.00000000000000
4.0092321259227983  0.0000000000000000  0.0000000000000000
0.0000000000000000  4.0092321259227983 -0.0000000000000000
0.0000000000000000 -0.0000000000000000  4.1828694393769776
Ba Ti O
1  1  3
Selective dynamics
Direct
0.0000000000000000 0.0000000000000000 0.0000000000000000 F F F
0.5000000000000000 0.5000000000000000 0.5174350540121009 F F T
0.0000000000000000 0.5000000000000000 0.4755998361027982 F F T
0.5000000000000000 0.5000000000000000 0.9589245816118130 F F T
0.5000000000000000 0.0000000000000000 0.4755998361027982 F F T
```

优化结构后，我们把 CONTCAR 复制为 POSCAR 并进行电子自洽计算。在这一步骤中，系统的电荷密度和波函数进行自洽演化而原子位置保持不动。电子自洽计算步骤的 k 点划分取 $10 \times 10 \times 10$，所使用的 INCAR 文件如下：

```
SYSTEM = BaTiO3
PREC=A
EDIFF=1E-5
ISMEAR=0
SIGMA=0.05
ENCUT=520
NELM=40
LWAVE=T
LCHARG=T
LMAXMIX=4
LORBIT=11
```

计算完成后，电子波函数和电荷密度分别保存在 WAVECAR 和 CHGCAR (CHG) 文件中。以电子自洽计算获得的电荷密度作为输入 (设置 ICHARG=11)，接下来就可以进行能带结构的计算。在计算能带时，k 点设置选取线性模式，高对称 k 点路径选择立方晶系布里渊区中的路径 Γ-X-M-Γ-R-$X|M$-R。能带结构计算的 INCAR 文件设置如下:

```
SYSTEM = BaTiO3
PREC=A
EDIFF=1E-5
EDIFFG=-0.01
ICHARG=11
ISMEAR=0
SIGMA=0.05
ENCUT=520
NELM=40
LMAXMIX=4
LORBIT=11
```

计算完成后便可以得到能带本征值文件 EIGENVAL。利用一些简单的脚本工具就可以把 EIGENVAL 文件中的数据提取出来，利用常见的作图软件 (如 Origin 或者 gnuplot) 画出能带图。图 5.3 给出了立方相和四方相 $BaTiO_3$ 的能带结构。对比两个能带可以发现，这两种相都为绝缘相，带隙在 1.7 eV 左右。这里计算的带隙值会远小于实验值 (实验值约为 3.3 eV)，这是 GGA 近似的缺陷。只有采取 GW 或者杂化泛函等更高精度的计算方法后，带隙的计算精度才能得到改进。对比两个

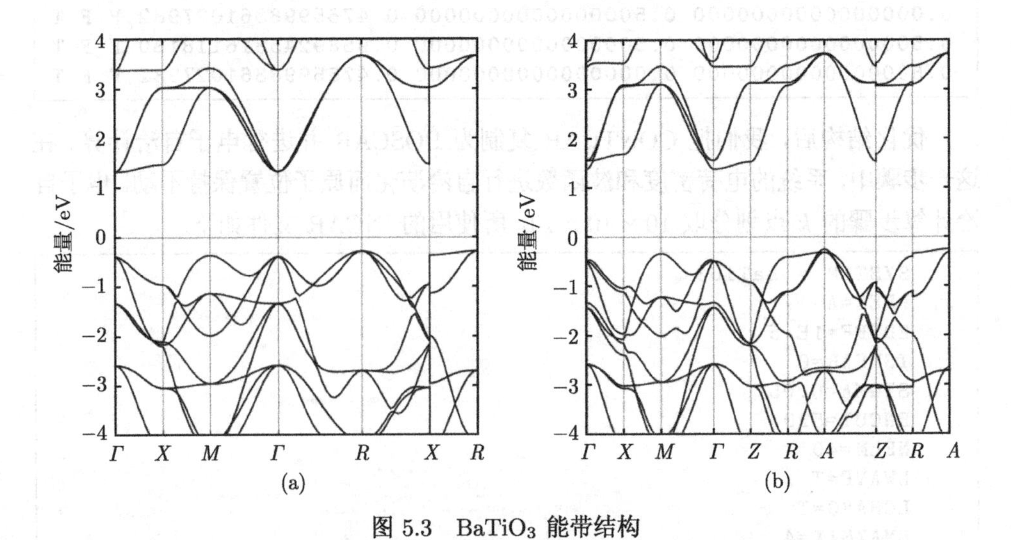

图 5.3　$BaTiO_3$ 能带结构

(a) 高温无极化立方相; (b) 低温极化四方相

能带结构可以看到，Ti 原子的位移使得四方相的对称性降低并导致高对称点上简并能级的劈裂。例如，在 Γ 点的导带最低能量位置，立方相时该能级处于三重简并状态。Ti 原子的移动使得原本三重简并的能级破缺为二重简并和一重简并的两个能级。

为了分析材料中不同原子和轨道的能量分布情况，可以计算材料的电子态密度。与计算能带的流程类似，计算态密度时也要读入电子自洽计算后的 CHGCAR。态密度的计算输入文件和能带计算输入文件基本一致，除了 ISMEAR 参数。如果 ISMEAR 取 0 或者 1，则 SIGMA 参数的选取会影响态密度曲线的展宽，较小的 SIGMA 值会导致态密度中出现许多尖锐的峰，而较大的 SIGMA 值会使得态密度曲线更为平滑，同时可能会失去一些态密度曲线中的细节。如果 ISMEAR 取 −5，则表示使用四面体积分，四面体积分不需要设置 SIGMA 参数。一般都推荐使用四面体积分来计算电子态密度，除非在一些特殊的情况下，如一维或者零维材料 (二维材料仍然可以使用四面体积分)。同时计算态密度时 k 点仍然可以使用自动产生的方式，但它的划分一般要求比较致密，这里选取的是 $30 \times 30 \times 30$ 的划分。计算完成后会得到 DOSCAR 文件。该文件分块记录了体系总态密度以及系统按照原子和轨道投影的各分波态密度 (后者需要设置 LORBIT 参数)。利用简单的脚本工具就可以将 DOSCAR 转换为作图软件可读的数据文件。图 5.4(a) 给出的就是立方相和四方相 $BaTiO_3$ 的总态密度曲线，可以看到两个相的态密度几乎是一样的，这很显然从前面的能带图上也可以看出类似的结果。要分析不同能量电子态的轨道特性，还需要分析分波或者分原子态密度。图 5.4(b) 给出了按照原子投影的态密度。从图中可以看到导带主要由 Ti 的原子轨道组成，而价带则主要由 O 的原子轨道组成。

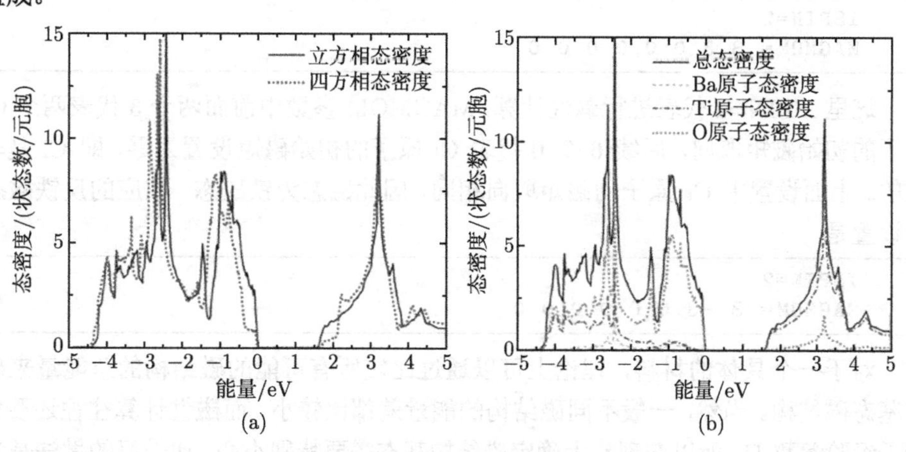

图 5.4　$BaTiO_3$ 态密度

(a) 高温立方相和低温四方相的总态密度；(b) 立方相的总态密度和每种原子的态密度

5.6.2　磁性材料计算——$CrCl_3$ 的电子结构

下面讨论磁性材料的计算，具体的算例是层状材料 $CrCl_3$，它的单层晶体结构如图 5.5 所示。每一个 $CrCl_3$ 元胞包含 2 个 Cr 原子和 6 个 Cl 原子，其中 Cr 原子处于 Cl 原子形成的八面体中心。Cl 原子八面体通过共边的方式连接成一个二维蜂巢结构。晶体的布里渊区在图 5.5(b) 中给出，其中布里渊区的高对称点和线已经在图中标出。由于在本例中我们只关心单层性质，因此只要考虑 Γ 点所处的水平二维布里渊区即可。

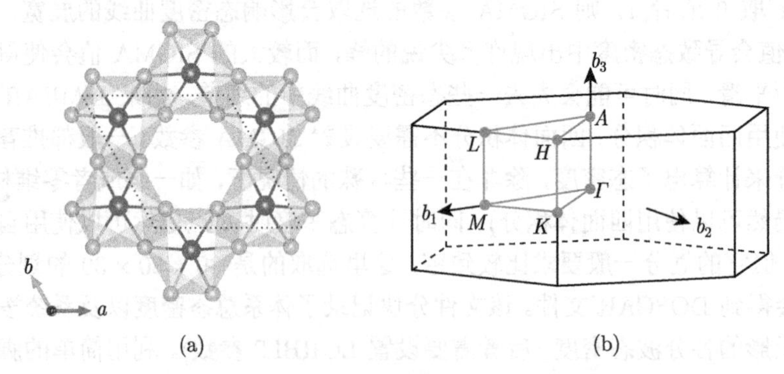

图 5.5　$CrCl_3$ 的晶体结构 (a) 和布里渊区 (b)

磁性材料计算也包括结构优化、电子自洽计算以及能带和态密度的计算。与非磁材料相比，磁性材料计算最主要的参数是磁矩的设置和 GGA+U 或者 LDA+U 修正时 U 值的设置。当只考虑共线磁性且不考虑自旋轨道耦合作用时，可在 INCAR 中设置如下初始磁结构：

```
ISPIN=2
MAGMOM= 3 3 0 0 0 0 0 0
```

这里 ISPIN=2 代表进行磁性计算，MAGMOM 参数中前面两个 3 代表两个 Cr 原子的初始磁矩取向，后续 6 个 0 代表 Cl 原子的初始磁矩设置为零，即 Cl 是非磁的。上面设置中 Cr 原子的磁矩取向相同，因此磁态为铁磁态。相应的反铁磁态的设置是：

```
ISPIN=2
MAGMOM= 3 -3 0 0 0 0 0 0
```

对于一个具体的材料，理论上可以通过比较所有可能的磁结构的总能量来确定基态磁结构。当然，一般不同磁结构的能量差都比较小，而磁性计算往往还要依赖于经验参数 U，所以在理论上确定磁结构基态需要特别小心，比较好的做法是参考实验的结果。当考虑自旋轨道耦合作用时，自旋的取向还会与空间的取向耦合。当自旋指向不同时体系的总能量会有差异，这一差异称为磁晶各向异性能。当设置非共线磁态的磁矩时，我们需对每个原子设置一个矢量来代表该原子的自旋取向和大小。例如本例考虑如下设置：

```
LSORBIT=T
LNONCOLLINEAR=T
ISPIN=2
MAGMOM= 3 0 0  3 0 0  18*0
```

其中 LSORBIT=T 表示考虑自旋轨道耦合作用，而 LNONCOLLINEAR=T 表示在计算中考虑非共线磁的作用。实际上当打开 LSORBIT 设置时，默认就会打开 LNONCOLLINEAR 的设置，反之则不然。上面的设置代表 Cr 磁矩呈铁磁排列且指向空间的 x 轴方向，后面 18*0 表示有连续 18 个 0，即表示 6 个 Cl 原子的磁矩的每个分量都是 0。

在本例中，我们讨论四种磁结构，如图 5.6 所示，其中 (a) 是反铁磁结构，而 (b)~(d) 则给出了指向 x、y 和 z 轴方向的铁磁态。计算表明铁磁结构的能量比反铁磁的低。具体能量值在表 5.1 中给出。由于 Cr 和 Cl 原子的自旋轨道耦合相对较小，我们计算的磁晶各向异性能差异很小，因此可靠性相对较低。

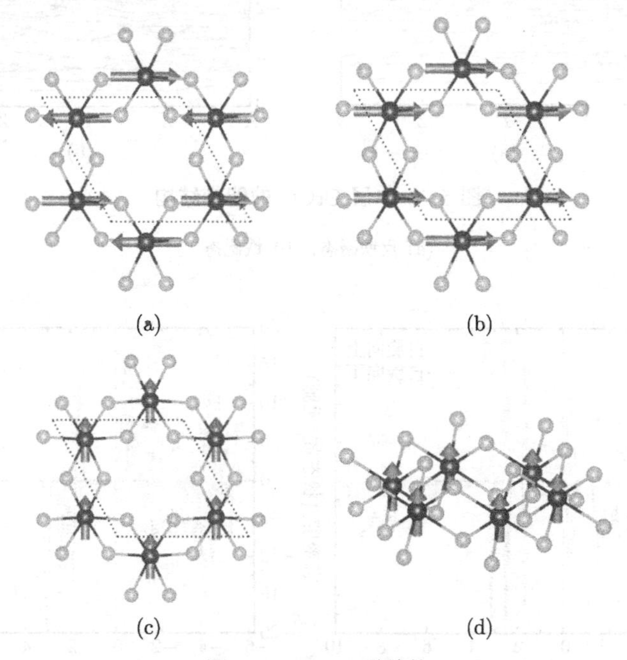

图 5.6　$CrCl_3$ 磁结构

(a) 反铁磁态且磁矩指向 x 轴；(b) 铁磁态且磁矩指向 x 轴；(c) 铁磁态且磁矩指向 y 轴；(d) 铁磁态且磁矩指向 z 轴

表 5.1　$CrCl_3$ 四种磁结构的总能 (单位: eV)

反铁磁态	铁磁态 (指向 x 轴)	铁磁态 (指向 y 轴)	铁磁态 (指向 z 轴)
−38.87992	−38.89247	−38.89271	−38.89247

同样我们也计算了 $CrCl_3$ 的能带以及态密度。由于对这个体系，自旋轨道耦合作用很小，因此能带和态密度计算中并未加自旋轨道耦合。图 5.7 和 5.8 分别给出了单层 $CrCl_3$ 的铁磁和反铁磁的能带和态密度。可以看到两个磁态都是绝缘体。其中反铁磁态的自旋向上和自旋向下的能带是完全简并的，而铁磁态的能带是自旋劈裂的，这一点从态密度中也可以看出来。

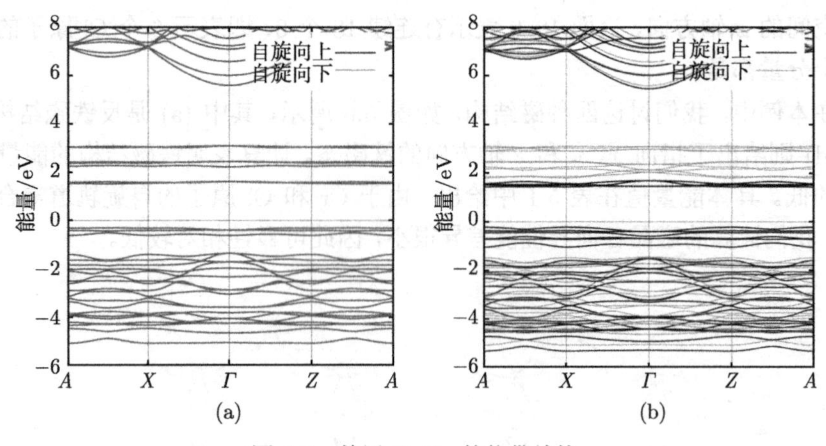

图 5.7　单层 $CrCl_3$ 的能带结构

(a) 反铁磁态; (b) 铁磁态

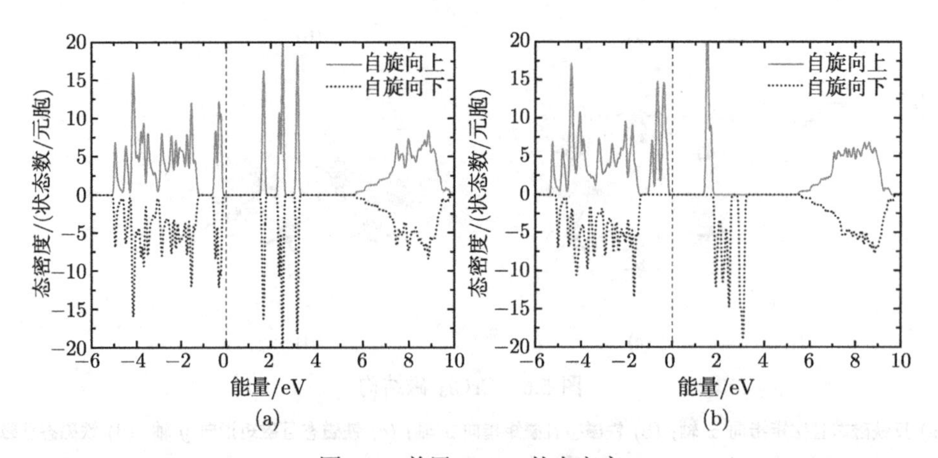

图 5.8　单层 $CrCl_3$ 的态密度

(a) 反铁磁态; (b) 铁磁态

考虑到电子的磁性来源于电子的关联效应，在磁性计算中除了正确设置初始磁矩外，还需要考虑电子关联的作用。在 VASP 及很多其他密度泛函理论计算中一般通过 GGA+U 或者 LDA+U 来实现这个修正。这里采取 GGA+U 方式，使用 Dudarev 的修正方案。在这个方案中，对电子关联起修正作用的是 $U-J$ 的值，为简单起见，设置 J=0。这部分参数在 INCAR 文件中的设置如下：

```
LDAU=T
LDAUTYPE=2
LDAUU=5.0    0.0
LDAUJ=0.0    0.0
LDAUL= 2     -1
LMAXMIX = 4
LASPH = .TRUE.
```

这里设置了 Cr 原子的 d 电子 U 值为 5 eV，这也是很多文献中对 3d 电子的常用取值。实际有意义的 U 值取决于元素种类以及磁性原子的化学环境。为保险起见，一般还需要对 U 值进行检验。可以通过计算一系列的 U 值下各个磁态的总能顺序来判断 U 值对计算结果可靠性的影响，如果在选取的 U 值范围内磁态的能量顺序发生了改变，则需要结合实验详细考虑该值对计算结果准确性的影响。对于 $CrCl_3$，如图 5.9 中所示，当 U 值取 0~5 eV 时，铁磁态的能量始终比反铁磁态低，且随着 U 值增加，能量差变大。这表明铁磁态为单层 $CrCl_3$ 基态的结论具有较高的可靠性。

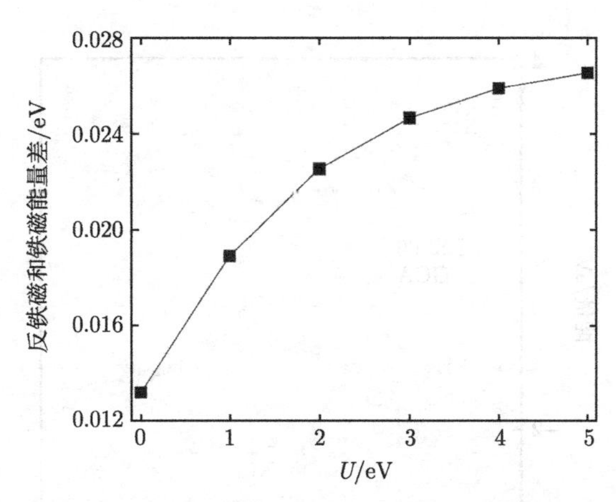

图 5.9　GGA+U 中 U 值对反铁磁和铁磁态的总能差值的影响

5.6.3　杂化密度泛函计算——MoS_2 单层的带隙计算

从 $BaTiO_3$ 算例中可以看到 GGA 近似会低估半导体或绝缘体的带隙 (这其实是密度泛函理论的缺陷，在 LDA 和 GGA 近似下都会严重低估带隙)。通常更高精度的杂化密度泛函计算方案可以很好地弥补 GGA 的缺陷。在本书中我们只讨论计算过程，对理论有兴趣的读者可以参考原始文献。我们选取的例子是 MoS_2 单层体系，它的晶体结构如图 5.10 所示。单层 MoS_2 的每个元胞含有 1 个 Mo 原子和 2 个 S 原子，每种原子形成三角晶格，而 Mo 原子层夹在 S 原子层之间。

经过结构优化、电子自洽和能带计算这几个步骤，我们首先获得了 GGA 近似下 MoS_2 的能带结构 (图 5.11)。在计算过程中考虑了自旋轨道耦合的作用 (LSORBIT=T)。从图中可以看到 MoS_2 的半导体带隙是 1.5 eV，与实验值 1.8~2.2 eV 相比明显偏小。从图中还可以看到，由于体系没有空间反演不变性，自旋轨道耦合作用会导致能带发生劈裂。

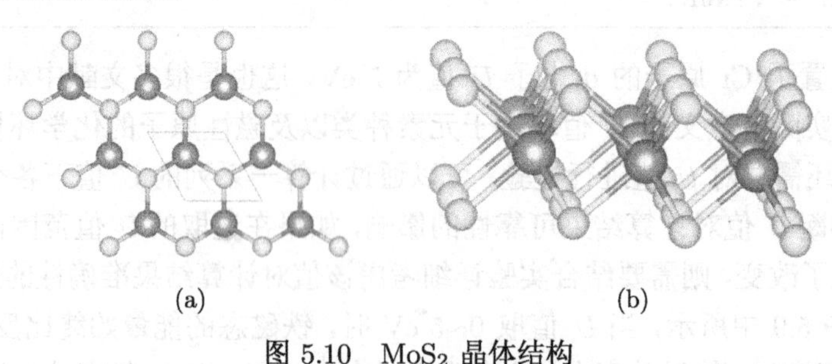

图 5.10　MoS_2 晶体结构

(a) 结构俯视图；(b) 结构侧视图

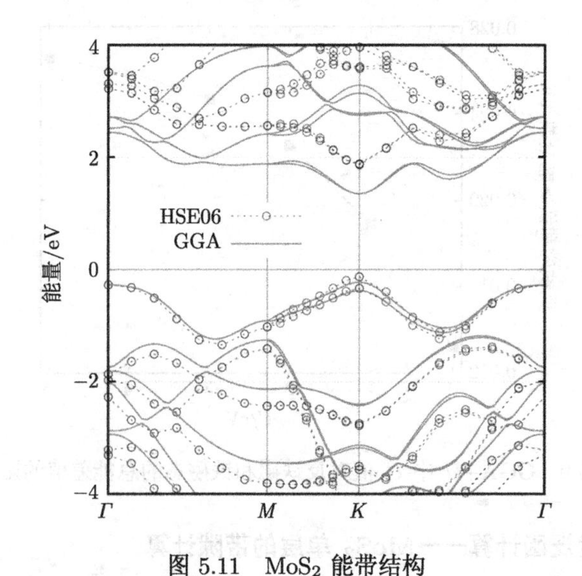

图 5.11　MoS_2 能带结构

下面进行杂化密度泛函 (采用 HSE06 杂化泛函) 计算。要开启 HSE 计算功能，

需要在 INCAR 文件中设置:

```
    LHFCALC = T
    PRECFOCK = Fast
    HFSCREEN = 0.2
    ALGO = All
    TIME = 0.4
    AEXX=0.25
```

在这个设置中，LHFCALC= T 打开了 HSE 计算功能，其他设置参数中最重要的是 AEXX，代表 PBE 中多少比例的短程交换能被严格的交换能所替换。为提高收敛速度，一般在 HSE 计算之前，先进行一次常规的电子自洽计算，用求得的波函数作为 HSE 计算的初始波函数。同时由于 HSE 方法无法像常规能带计算那样，利用已有的电荷密度文件进行非自洽计算，所以只能采用自洽方法计算能带。在这种情况下，KPOINTS 文件必须采用手动输入所有 k 点坐标的格式 (不可以采用线性模式):

```
Automatically generated mesh
    34
Reciprocal lattice
    0.0000000000000     0.0000000000000     0.0000000000000     1
    0.1666666666667    -0.0000000000000     0.0000000000000     3
    0.3333333333333     0.0000000000000     0.0000000000000     3
    0.5000000000000     0.0000000000000     0.0000000000000     3
   -0.3333333333333     0.0000000000000     0.0000000000000     3
   -0.1666666666667     0.0000000000000     0.0000000000000     3
    0.1666666666667     0.1666666666667     0.0000000000000     6
    0.3333333333333     0.1666666666667     0.0000000000000     6
    0.5000000000000     0.1666666666667     0.0000000000000     6
    0.3333333333333     0.3333333333333     0.0000000000000     2
    0.00000000   0.00000000   0.00000000        0.0
    0.07142857   0.00000000   0.00000000        0.0
    0.14285714   0.00000000   0.00000000        0.0
    0.21428571   0.00000000   0.00000000        0.0
    0.28571429   0.00000000   0.00000000        0.0
    0.35714286   0.00000000   0.00000000        0.0
    0.42857143   0.00000000   0.00000000        0.0
    0.50000000   0.00000000   0.00000000        0.0
    0.50000000   0.00000000   0.00000000        0.0
    0.47618571   0.04761429   0.00000000        0.0
    0.45237143   0.09522857   0.00000000        0.0
    0.42855714   0.14284286   0.00000000        0.0
    0.40474286   0.19045714   0.00000000        0.0
    0.38092857   0.23807143   0.00000000        0.0
    0.35711429   0.28568571   0.00000000        0.0
    0.33330000   0.33330000   0.00000000        0.0
```

```
0.33330000  0.33330000  0.00000000      0.0
0.28568571  0.28568571  0.00000000      0.0
0.23807143  0.23807143  0.00000000      0.0
0.19045714  0.19045714  0.00000000      0.0
0.14284286  0.14284286  0.00000000      0.0
0.09522857  0.09522857  0.00000000      0.0
0.04761429  0.04761429  0.00000000      0.0
0.00000000  0.00000000  0.00000000      0.0
```

可以看到，KPOINTS 文件中一共有 34 个 k 点，分成两部分：前面 10 个 k 点的权重不为零，它们其实是整个二维布里渊区中通过 $6 \times 6 \times 1$ 的均匀取点而获得的，因为材料存在对称性，VASP 会自动把 36 个点按照对称性进行约化，得到最后 10 个不可约的点，并计算每个点的权重。这些点的坐标和权重，可以直接从前面常规计算中生成的 IBZKPT 文件中获得。而后面 24 个点则是用于能带计算时布里渊区高对称 k 点的坐标，这里选取的路径是 Γ-M-K-Γ。这些 k 点的权重一定要设为 0，这样可以保证这些额外的 k 点对系统的总能量等物理量没有影响，但同时可以用 VASP 计算这些点的本征能量。HSE 计算结束后，EIGENVAL 文件中存储了所有 34 个 k 点的能量本征值，在数据处理时，只选取权重为 0 的 k 点并把它们的能量本征值输出到数据文件就可以画出 HSE 计算下的能带图。图 5.11 中画出了单层 MoS_2 在 HSE06 杂化泛函计算得到的能带结构，从图中可以看到 HSE06 计算得到的带隙在 2.0 eV 左右，已经非常接近实验值。

5.6.4　硅的 Γ 点声子频率计算

材料的声子谱与多种物理性质相关，如材料的比热容、拉曼峰和红外峰的频率和展宽、晶格热导率、电声子耦合等。因此计算和研究材料的声子谱也是材料计算中一个非常重要的内容。一般来说，声子计算大部分基于简谐近似。在简谐近似下可以获得声子的频率和波矢的关系，从而也可以计算比热容等性质。但如果要研究材料的晶格热导率、拉曼峰展宽等性质，则必须考虑非谐效应。这里我们只是简单展示如何利用简谐近似来计算硅的声子频率和声子谱，如果想要研究非谐效应，还需要借助 Phono3py 或者 ShengBTE 等软件，这里不作讨论。VASP 本身可以采用小位移或者线性响应方法计算材料 Γ 点声子的频率，下面以硅为例简单介绍如何计算 Γ 点的声子。声子计算要求计算力对位移的导数 (力常数矩阵)，因此需要高精度的结构优化，尽量保证每个原子上的残余力最小。可以参考如下 INCAR 对硅进行结构优化。

```
SYSTEM = Si
# basic setting
PREC=A
ENCUT=350
EDIFF=1E-7
ISMEAR= 0
SIGMA=0.05
ADDGRID=.T.
# optimize cell and atom positions
NSW=200
IBRION=2
ISIF=3
EDIFFG=-0.0002
NELMIN=4
# don't write wavefunction and charge density
LCHARG=.F.
LWAVE=.F.
# set k-mesh
KSPACING=0.15
KGAMMA=.T.
```

结构优化的力收敛标准为 EDIFFG=−0.0002，比一般结构优化小很多。当然，因为硅原子都在高对称位置上，对称性使每个原子受力一定严格为 0，但是 ISIF=3 可以优化晶格常数，优化后以保证元胞上应力尽量小 (虽然在 VASP 中不能控制应力的收敛标准，但优化元胞一般可以得到比较小的残余应力)，可以在 OUTCAR 的最后部分查看最终的应力大小。在结构优化后，便可获得理论上能量最低的硅的晶体结构，如下面 POSCAR 所示：

```
Si
1.0000000000000
0.0000000000000000    2.7338506883566209    2.7338506883566209
2.7338506883566209    0.0000000000000000    2.7338506883566209
2.7338506883566209    2.7338506883566209    0.0000000000000000
   Si
    2
Direct
  0.0000000000000000  0.0000000000000000  0.0000000000000000
  0.7500000000000000  0.7500000000000000  0.7500000000000000
```

我们采用的是硅的初基元胞， 换算成单胞后得到优化后硅的晶格常数为 5.47 Å，比实验值 (约 5.43 Å) 略大，这是因为我们采用的 GGA 交换关联势往往会高估晶格常数，因此这是一个合理的结果。在此基础上，可以把原 INCAR 中关于结构优化的部分改成如下的参数计算 Γ 点声子频率：

```
NSW=200
IBRION=6
NFREE=2
POTIM=0.01
```

IBRION=6 表示使用小位移方法计算声子，同时考虑晶格对称性减少位移次数。NFREE=2 表示每一个方向都要进行正负两次位移 $(\pm x, \pm y, \pm z)$，POTIM=0.01 表示原子每次位移 0.01 Å。

由于对称性，实际上这个例子中只需要把一个硅原子沿着一个方向正负移动两次即可。在获得移动前和移动后的力后，VASP 会自动计算力常数，构造力常数矩阵，并对角化得到声子频率。在计算完成后，可以在 OUTCAR 的最后部分看到声子频率和每个频率的振动方向。如果只要查看频率，可以使用以下 Linux 命令：

```
grep THz OUTCAR
```

得到：

```
1 f=15.069652 THz 94.685416 2PiTHz 502.669468 cm-1
    62.323093 meV
2 f=15.069652 THz 94.685416 2PiTHz 502.669468 cm-1
    62.323093 meV
3 f=15.069652 THz 94.685416 2PiTHz 502.669468 cm-1
    62.323093 meV
4 f=0.000000 THz 0.000001 2PiTHz 0.000004 cm-1
    0.000000 meV
5 f=0.000000 THz 0.000000 2PiTHz 0.000000 cm-1
    0.000000 meV
6 f/i=0.000000 THz 0.000001 2PiTHz 0.000004 cm-1
      0.000000 meV
```

可以看到，一共有 6 个模式，其中最后三个模式的频率几乎是 0，它们其实是平移模式。另外三个频率为 15.1 THz 左右，是光学模式。这里第六个模式中出现的“f/i=”表示虚频，通常材料声子谱中出现虚频，表示结构不稳定。但在这个例子中，这个虚频是平移模式，且绝对值很小，所以这是完全可以接受的结果。

VASP 还可以使用线性响应计算声子频率，整个过程是类似的，只需要设置 IBRION=8 即可。

5.6.5　硅的声子能带和态密度

如果要使用 VASP 计算整个声子谱或者声子态密度，则需要借助辅助软件，如 Phonopy [98]、PHON [99]、Phonon [100] 等。这里以 Phonopy 为例计算硅的声子谱和声子态密度。上述软件都是用超元胞方法来计算声子色散关系，但首先第一步结构优化是一样的。在结构优化后，需要使用 Phonopy 的命令把初基元胞扩展成超元胞，以 $2\times2\times2$ 超元胞为例，可以使用以下 Linux 命令：

```
phonopy -d --dim='2 2 2'
```

Phonopy 会根据对称性，自动产生若干个超元胞：POSCAR-xxx，每一个超元胞代表一种不等价的位移构型。对于硅而言，它只需要位移一次，即产生一个超元胞文件：POSCAR-001，包含 16 个原子。

下面需要对所有超元胞进行一次自洽计算得到每个原子的力，此时可以借鉴以下的 INCAR(这里尽量保证结构优化，自洽计算时使用相同的精度)：

```
SYSTEM = Si

PREC=A
ENCUT=350
EDIFF=1E-7
ISMEAR= 0
SIGMA=0.05
ADDGRID=.T.

LCHARG=.F.
LWAVE=.F.

KSPACING=0.15
KGAMMA=.T.
```

我们采用 KSPACING 来保证初基元胞结构优化和超元胞自洽计算时 k 点网格密度一致，尽量保证计算精度。如果采用 KPOINTS 文件，则需要手动更改 KPOINTS 文件里的 k 点数目，很显然，超元胞使用的 k 点数目要少于初基元胞。

在对所有超元胞自洽完成后，就需要使用 Phonopy 从 VASP 的输出文件 vasprun.xml 中读取力，并构造力常数矩阵。可以使用以下 Linux 命令：

```
phonopy -f disp001/vasprun.xml
```

这里 disp001 表示对 POSCAR-001 这个结构自洽计算时建立的文件夹名称。

为了画出声子色散关系，可以创建一个 Phonopy 的输入文件：band.conf，如下所示：

```
ATOM_NAME = Si
DIM =  2 2 2
# k-path: G X W K G L
BAND = 0 0 0  0.5 0 0.5  0.5 0.25 0.75 0.375 0.375 0.75
       0 0 0 0.5 0.5 0.5
```

ATOM_NAME 表示晶体中元素符号，如果有多种元素，则用空格分开。DIM 表示超元胞的大小，需要和开始设置一致。能带的高对称使用 BNAD 参数指定。然后可以用以下 Linux 命令直接画出声子能带图：

```
phonopy -p band.conf
```

画声子态密度需要类似的输入文件：mesh.conf，如下所示：

```
ATOM_NAME = Si
DIM =  2 2 2
MP = 30 30 30
```

其中 MP 表示声子态密度计算所需的 k 点。使用如下命令可以直接画出声子态密度。

```
phonopy -p mesh.conf
```

硅的声子能带图和态密度如图 5.12 所示。

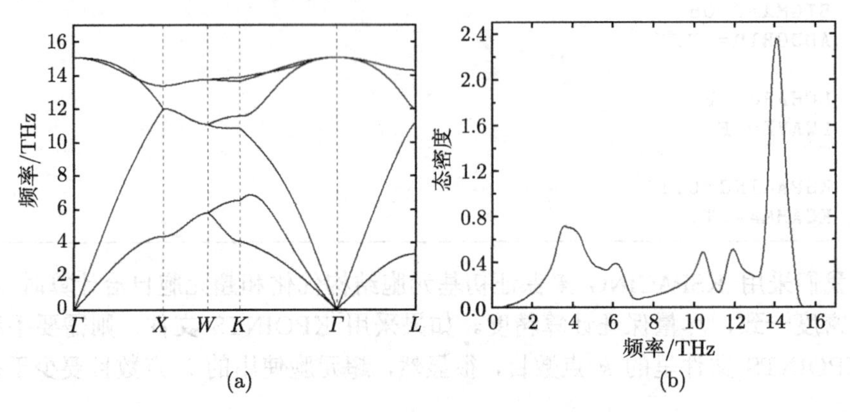

图 5.12　硅的声子能带图 (a) 和声子态密度 (b)

第 6 章　拓扑材料计算实例

一般通过电子的导电性把晶体分为金属、半导体和绝缘体三类，而拓扑绝缘体 (topological insulator) 则是一类特殊的绝缘体，其体相是绝缘的，在表面上却存在导电的拓扑表面态。不同于普通的表面电子态，拓扑表面态由时间反演对称性保护，不受非磁杂质散射，从而具有很好的稳定性。此外，拓扑表面电子态还具有奇特的“动量-自旋”锁定的性质，即在某一给定的动量 $\vec{k}$ 上，电子的自旋方向是确定的。如果在拓扑绝缘体表面上引入超导配对作用将导致拓扑超导态，其蕴含的零能激发模式又称马约拉纳 (Majorana) 束缚态，是未来拓扑量子计算的基本单元。这些新奇特性使得拓扑绝缘体成为近年来凝聚态物理的研究热点。在拓扑绝缘体的发展过程中，第一性原理计算做出了大量成功的理论预言，为该领域的发展作出了重大贡献。本节将介绍借助第一性原理计算对拓扑物相进行研究的基本过程。

6.1　拓扑材料简介

6.1.1　拓扑量子物态

广义上的拓扑绝缘体可追溯到量子霍尔效应。霍尔最早在 1879 年发现了经典的霍尔效应：当把导体放入垂直磁场 $\vec{H}$ 中并在两端注入纵向电流 I_H 时，导体的横向上可以测到一个有限的霍尔电压 V_H，如图 6.1(a) 所示。而横向霍尔电阻则可定义为$\rho_{xy}=\dfrac{V_H}{I_H}$。如图 6.1(b) 所示，霍尔发现该电阻与垂直磁场的大小成正比，即 $\rho_{xy}\propto H$。这种经典霍尔效应的产生可以由电子在外磁场中受到洛伦兹力的作用得到解释。霍尔进一步在铁磁体中发现实际测得的霍尔电阻比非磁导体中的大得多 [图 6.1(c)]，甚至不加外磁场也有效应。这个效应现在被称为反常霍尔效应，其霍尔电阻与外场的关系可定量表示为

$$\rho_{xy}=\rho_0 H+R_s M \tag{6.1}$$

式 (6.1) 右边第一项为常规霍尔效应的贡献，而第二项来自材料的磁化 $\vec{M}$。Karplus 和 Luttinger 在 1954 年给出了反常霍尔效应的物理解释：他们认为在外电场作用下，电子在铁磁体中运动时由于自旋轨道耦合作用会获得一个横向的“反常速度”(anomalous velocity) 从而导致反常霍尔效应。尽管 Karplus 和 Luttinger 给出了第一个有效的反常霍尔效应的本征机制，但他们的理论直到后来基于 Berry 相位的理论建立后才得到承认和接受。

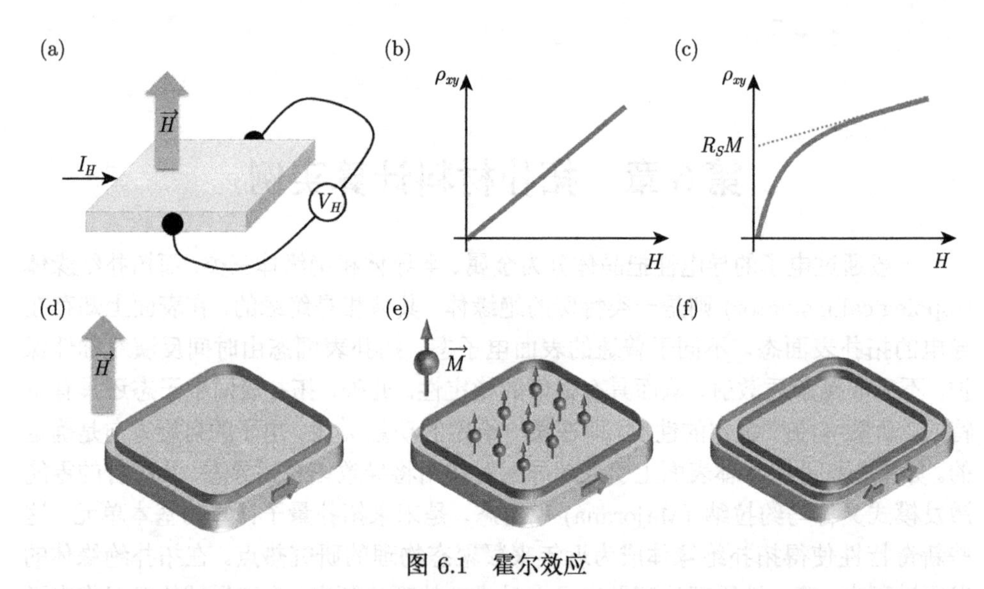

图 6.1 霍尔效应

(a) 经典霍尔效应实验；(b) 霍尔电阻正比于磁场强度 $\vec{H}$；(c) 反常霍尔效应中霍尔电阻与外加磁场 $\vec{H}$ 的关系；(d) 量子霍尔效应，效应来自外加磁场 $\vec{H}$；(e) 量子反常霍尔效应，效应来自材料的自发磁化 $\vec{M}$；(f) 量子自旋霍尔效应

在霍尔发现霍尔效应 100 年之后的 1980 年，德国物理学家冯 • 克利青发现了量子化的霍尔效应 [101]。他在二维电子气中观察到当系统处于低温时，霍尔电阻会量子化为高度精确的电导值 $\rho_{xy}=\dfrac{h}{ne^2}$，其中 h 为普朗克常量，e 为单位电荷，n 为整数。通过提高材料质量并进一步降低温度，该量子化电导的精度可提高到 10^{-6} 以上。与此同时，二维电子气纵向电阻则几乎完全消失，$\rho_{xx}=0$，表明电子在纵向输运过程中几乎没有受到散射而成为理想导体。因其无耗散 (dissipationless) 的输运性质和超高精度的量子化电导，量子霍尔效应一经发现便引起了凝聚态物理学界的广泛关注，冯 • 克利青也因此获得了 1985 年的诺贝尔物理学奖。

在强磁场和极低温下，电子在二维体系中的运动会由于朗道 (Landau) 量子化而局域化，并形成分立的朗道能级。当费米能处于相邻两个朗道能级中间时，体相就处于绝缘的状态，而材料边界上则还具有导电的边界态。这些边界态具有确定的手性 (chirality)，即只能沿着边界的某一个方向传播 [图 6.1(d)]，因此背散射被完全抑制从而使得纵向电阻完全消失。最早把量子霍尔效应和拓扑联系起来则要归功于 Thouless、Kohmoto、Nightingale 和 den Nijs [102]。他们利用久保 (Kubo) 公式，把量子霍尔效应体系的电导表示为量子电导与一整数即 TKNN 数 (或者陈数) 的乘积：

$$\sigma_H=\frac{\mathrm{i}e^2}{2\pi h}\sum_m\oint_{BZ}\mathrm{d}\vec{k}\cdot\langle u_{m\vec{k}}(\vec{r})|\nabla u_{m\vec{k}}(\vec{r})\rangle \tag{6.2}$$

其中 $|u_{m\vec{k}}(\vec{r})\rangle$ 是布洛赫波函数中的周期部分，只对被占据态能带求和。上式中的积分对应于一整数。他们敏锐地觉察到了这个积分在二维情况下等效于拓扑学中的第一类陈数。至此人们才认识到电子波函数可能会在动量空间中具有非平庸的拓扑结构。

整数量子霍尔效应需要外磁场来驱动，而 Haldane 在 1988 年提出了一个新颖的晶格模型 [103]，可以实现无需外磁场的量子霍尔效应。Haldane 的单粒子模型建立在一个六角蜂巢晶格上，电子通过最近邻和次近邻两种跃迁过程在晶格上运动。Haldane 巧妙地在次近邻的跃迁上附加了一个与跃迁方向相关的相位，就能使电子占据态的波函数呈现非平庸的拓扑结构。在这个模型中，六角格子中的净磁通为零，系统仍然保持平移对称性，能带结构中也不再出现朗道能级。这些特点使这一模型既显得简洁优雅，同时又蕴含深刻的物理内涵：从能带结构上看，这个体系和普通的半导体或者绝缘体并无二致，然而波函数的非平庸拓扑又使得体系的边缘处具有和量子霍尔效应一样的无耗散一维边界态。表征这一电子基态的拓扑数和量子霍尔效应同样是拓扑陈数，因此这个拓扑非平庸的电子态又称陈绝缘体。由于在陈绝缘体中量子霍尔效应的实现无需引入外磁场，这一现象也被称为量子反常霍尔效应。这个体系在新型量子器件甚至量子计算中都有潜在的巨大应用。

在整数量子霍尔效应和量子反常霍尔效应中，单向传导的手性边缘态的存在需要破缺时间反演对称性。在 2005 年和 2006 年，宾夕法尼亚大学的 Kane 和 Mele [104,105] 以及斯坦福大学的张首晟小组各自独立提出了一种无需破坏时间反演对称性的新量子霍尔效应——量子自旋霍尔效应 [106]，并且后者提出的材料预言也被德国 Wurtzberg 大学的 Molenkamp 小组所证实 [107]。量子自旋霍尔绝缘体可以看成是两个量子反常霍尔效应绝缘体的拷贝，两者通过时间反演对称性联系起来。在这个体系边界上同时存在前向 (forward) 和后向 (backward) 传导的边缘态，称为螺旋 (helical) 边缘态。由于时间反演对称性的保护，前向传导的边缘态无法背散射到后向传导态上，因此低温下螺旋边缘态的输运仍然是无耗散的。与时间反演破缺的量子霍尔效应不同，量子自旋霍尔效应体系中的拓扑相受时间反演对称性保护，其对应的拓扑量子数是二值整数 Z_2 而非陈数。在普通的绝缘体中，$Z_2 = 0$，而在量子自旋霍尔效应体系中，$Z_2 = 1$。

随后，研究人员进一步把量子自旋霍尔效应的图像推广到三维 [108–110]。这类晶体是绝缘的，而在表面上则存在线性色散的二维狄拉克电子态。$Bi_{(1-x)}Sb_x$ 是傅亮和 Kane 等所预言的第一个三维拓扑绝缘体 [109]，其表面拓扑电子态被普林斯顿的 Hasan 组利用角分辨电子谱观测到。然而这个体系的电子结构实在过于复杂，表面上共存拓扑平庸和非平庸的多条能带，准确表征其电子结构非常困难。中国科学院物理研究所的方忠和戴希小组和张首晟小组合作，预言 Bi_2Se_3、Bi_2Te_3 等层状体系中存在多种拓扑绝缘体，并且在费米能附近能带结构非常干净，角分辨电子谱也证实了体相的能带结构以及表面狄拉克锥的存在。至此开始，拓扑量子物态研究开始迅速升温并形成了持续的研究热潮。

随着拓扑概念在凝聚态物理中的突破，拓扑量子物相的范畴不断扩展，新的拓扑物态如晶体拓扑绝缘体、拓扑超导态、高阶拓扑绝缘体等不断被学者发现。2011年，南京大学万贤纲教授及其合作者首先通过第一性原理计算提出烧绿石结构的 $Y_2Ir_2O_7$ 可能是一种 Weyl 半金属 [111]。后来中国科学院物理研究所和普林斯顿大学的研究小组各自独立发现在 TaAs 中也存在 Weyl 半金属态。Weyl 半金属体系的体相中存在单重简并的 Weyl 点，在表面上则可测量到连接 Weyl 点投影的狄拉克弧 [112,113]。理论上可以证明 Weyl 点是动量空间中非常稳定的拓扑对象。这些新的拓扑量子物态的提出与发现，极大地丰富了量子物态的种类，为未来基于量子力学效应的新材料和新功能器件的开发奠定了基础。同时拓扑量子物态的进展也加深了我们对固体的常规理解和认识，使得凝聚态物理学家得以突破基于对称性对物态进行研究的范式，开始尝试用拓扑这一新视角重新看待凝聚态体系。

6.1.2 Berry 相位与拓扑物态模型

在描述量子态的拓扑性质时，核心的概念是 Berry 相位以及 Berry 曲率 [114]。在量子力学中，当体系哈密顿 $H(\vec{R})$ 在参数空间 $\vec{R}$ 中经历一绝热演化过程，其基态波函数可能获得一个几何相位。设哈密顿第 n 个本征态为 $|n(\vec{R})\rangle$。对参数空间中距离为 $\Delta\vec{R}$ 的邻近两点，两者的本征态波函数之间的交叠为

$$\langle n(\vec{R})|n(\vec{R}+\Delta\vec{R})\rangle \approx 1+\Delta\vec{R}\langle n(\vec{R})|\nabla_{\vec{R}}|n(\vec{R})\rangle \approx \exp\left[-\mathrm{i}\Delta\vec{R}\cdot\vec{A}_n(\vec{R})\right] \tag{6.3}$$

式中，$\vec{A}_n(\vec{R})=\mathrm{i}\langle n(\vec{R})|\nabla_{\vec{R}}|n(\vec{R})\rangle$ 称为 Berry 连接。从形式上 Berry 连接可以看作是粒子在参数空间中感受到的等效“矢势”。从上述定义可知，在局域规范变换 $|n(\vec{R})\rangle=\mathrm{e}^{\mathrm{i}\Phi_n(\vec{R})}|n(\vec{R})\rangle$ 下，Berry 连接将会额外多出一散度项，因而不是规范不变的。可以进一步将 Berry 连接的旋度定义为 Berry 曲率 $\vec{\Omega}_n(\vec{R})=\nabla_{\vec{R}}\times\vec{A}_n(\vec{R})$。因为任意散度场的旋度为零，所以 $\vec{\Omega}_n$ 是规范不变的。Berry 曲率的规范不变性表明其具有可观测效应，可以把它看成粒子在参数空间中感受到的有效“磁场”。当系统沿参数空间中的一条封闭回路 $\vec{C}$ 演化一周，就能获得累积的绝热相位因子，即 Berry 相位：

$$\gamma_n=\oint_{\vec{C}}\vec{A}_n(\vec{R})\cdot\mathrm{d}\vec{R}=\int_{S}\vec{\Omega}_n(\vec{R})\cdot\mathrm{d}\vec{S} \tag{6.4}$$

其中，$\vec{S}$ 为以 $\vec{C}$ 为边界的有向曲面。在公式中可以看到 Berry 相位为 Berry 曲率对应的有效“磁场”穿过曲面 $\vec{S}$ 的通量。

在量子 (反常) 霍尔效应和固体极化的第一性原理计算中，Berry 相位起关键的作用。在一个具有平移周期性的固体晶体中，系统哈密顿的本征方程可以写成

$H(\vec{r})\psi_{n\vec{k}}(\vec{r}) = \epsilon_{n\vec{k}}\psi_{n\vec{k}}(\vec{r})$。这里 $H(\vec{r})$ 是系统哈密顿量，$\epsilon_{n\vec{k}}$ 和 $\psi_{n\vec{k}}(\vec{r})$ 分别是能量本征值和本征函数，n 是能带指标。由于系统具有平移对称性，动量 $\vec{k}$ 成为守恒量，因此本征函数可以写成动量依赖的形式。根据布洛赫定理可知本征函数具有布洛赫态的形式 $\psi_{n\vec{k}}(\vec{r}) = \mathrm{e}^{\mathrm{i}\vec{k}\cdot\vec{r}}u_{n\vec{k}}(\vec{r})$，其中 $u_{n\vec{k}}(\vec{r})$ 是本征函数中的周期部分。通过把实空间哈密顿 $H(\vec{r})$ 变换到动量空间 $H_{\vec{k}} = \mathrm{e}^{-\mathrm{i}\vec{k}\cdot\vec{r}}H(\vec{r})\mathrm{e}^{\mathrm{i}\vec{k}\cdot\vec{r}}$，就能得到 $u_{n\vec{k}}(\vec{r})$ 的本征方程 $H_{\vec{k}}u_{n\vec{k}}(\vec{r}) = \epsilon_{n\vec{k}}u_{n\vec{k}}(\vec{r})$。如果把动量作为前面定义 Berry 相位时的参数 $\vec{R}$，布里渊区就可看作参数空间，而 Berry 连接和 Berry 曲率的形式则变换为

$$\begin{aligned}\vec{A}_n(\vec{k}) &= \mathrm{i}\langle u_{n\vec{k}}|\nabla_{\vec{k}}|u_{n\vec{k}}\rangle \\ \vec{\Omega}_n(\vec{k}) = \nabla_{\vec{k}} \times \vec{A}_n(\vec{k}) &= \mathrm{i}\langle \nabla_{\vec{k}}u_{n\vec{k}}|\nabla_{\vec{k}}u_{n\vec{k}}\rangle\end{aligned} \tag{6.5}$$

当体系存在对称性时，Berry 曲率将被赋予一定的限定条件：如存在空间反演对称性时，$\vec{\Omega}_n(\vec{k}) = \vec{\Omega}_n(-\vec{k})$；而当体系具有时间反演对称性时，则有 $\vec{\Omega}_n(\vec{k}) = -\vec{\Omega}_n(-\vec{k})$。因此对于同时具有时间和空间反演对称性的体系，可得 $\vec{\Omega}_n(\vec{k}) = 0$。

对于二维体系，利用运动方法可以得到霍尔电导和 Berry 曲率的关系 [115]：

$$\sigma_{xy} = -\frac{e^2}{\hbar}\sum_n \int_{BZ} \frac{\mathrm{d}^2\vec{k}}{(2\pi)^2} f(\epsilon_{n\vec{k}})\Omega_{n,z}(\vec{k}) \tag{6.6}$$

其中 $f(\epsilon)$ 是费米分布函数。在绝缘体中，当趋向零温时，上式简化为对占据态的求和：

$$\sigma_{xy} = -\frac{e^2}{\hbar}\sum_{n\in\mathrm{occ}} \int_{BZ} \frac{\mathrm{d}^2\vec{k}}{(2\pi)^2} \Omega_{n,z}(\vec{k}) \tag{6.7}$$

在一个封闭的流形上 (如绝缘体的占据能带) 进行上面公式中的积分，一定会得到一个整数，称为陈数。至此就可以把在二维电子气中观察到的量子化霍尔电导和陈数对应起来。后面可以看到陈数代表边界上无散射手性导电态的数目，而每一通道对应 1 个量子电导。

针对具有时间反演不变性的拓扑体系，Berry曲率需满足条件 $\vec{\Omega}_n(\vec{k}) = -\vec{\Omega}_n(-\vec{k})$，式 (6.7) 积分为零，即时间反演不变体系的陈数为 0。要描述这类体系如量子自旋霍尔效应体系，傅亮和 Kane 定义了拓扑指数 Z_2 来表征时间反演不变系统的拓扑性质：

$$Z_2 = \frac{1}{2\pi}\sum_{n\in\mathrm{occ}}\left[\int_{\partial B^+} \mathrm{d}\vec{l}\cdot\vec{A}_n(\vec{k}) - \int_{B^+} \mathrm{d}^2k\,\Omega_{n,z}(\vec{k})\right] \tag{6.8}$$

这里的 B^+ 指的是布里渊区的一半，即 $(k_x, k_y) \in [-\pi, \pi] \otimes [-\pi, 0]$，$\partial B^+$ 则为 B^+ 的边界。上述积分只需在半个布里渊区中进行的原因是时间反演操作 $\hat{T}$ 会将 $\vec{k}$ 点的波函数映射到 $-\vec{k}$ 的波函数：

$$|u_n(-\vec{k})\rangle = \hat{T}|u_n(\vec{k})\rangle \tag{6.9}$$

在实际计算式 (6.8) 时，需要加上这一规范条件。

余睿等则提出可以用非阿贝尔威尔逊环路的办法来等效地计算 Z_2。这种方法的主要思想是以 k_y 为参数计算系统的 Wannier 函数中心并根据中心的演化方式确定系统的拓扑性质。具体的技术细节可参考相关文献和综述 [116]。目前已经有软件包可以通过结合第一性原理计算实现时间反演不变系统的 Z_2 指标计算 [117]。

6.1.3　最大局域化 Wannier 函数方法

在研究拓扑材料过程中，非常重要的一点是能够计算系统的拓扑指数以及表面能谱，在这个过程中经常需要利用的工具就是最大局域化 Wannier 函数。下面简单介绍这种方法的理论背景。对于孤立的 N 条布洛赫能带 $\psi_{n\vec{k}}(\vec{r})$，可以构造 N 个 Wannier 函数 $w_{n\vec{R}}(\vec{r})=w_n(\vec{r}-\vec{R})$，

$$|w_{n\vec{k}}\rangle=\frac{V}{(2\pi)^3}\int_{BZ}\left[\sum_{m=1}^{N}\boldsymbol{U}_{nm}^{\vec{k}}|\psi_{n\vec{k}}\rangle\right]\mathrm{e}^{-\mathrm{i}\vec{k}\cdot\vec{R}}\mathrm{d}\vec{k} \tag{6.10}$$

其中，$\boldsymbol{U}_{nm}^{\vec{k}}$ 为依赖于动量 $\vec{k}$ 的幺正矩阵。这些 Wannier 函数在实空间一般是局域的，利用它们可以构造较为精确的基于第一性原理计算的紧束缚哈密顿，这对于系统拓扑性质的分析以及表面能态的计算非常有利。在实际构造过程中，Wannier 函数并不唯一确定，不同的 $\boldsymbol{U}_{nm}^{\vec{k}}$ 可以得到不同的 Wannier 函数。Souza、Marzari 和 Vanderbilt 提出了一套最大局域化 Wannier 函数的方案，旨在通过数值迭代得到定义良好并且在实空间中具有最小的二阶矩的 Wannier 函数基组 [118,119]。Wannier 函数在实空间中的二阶矩定义为

$$\varOmega=\sum_{m=1}^{N}\langle(\vec{r}-\bar{\vec{r}}_n)^2\rangle \tag{6.11}$$

式中，$\bar{\vec{r}}_n$ 是 Wannier 函数中心，$\bar{\vec{r}}_n\equiv\langle w_{n0}|\vec{r}|w_{n0}\rangle$；$\varOmega$ 是 Wannier 函数在空间局域化程度。

通过第一性原理计算，首先获得对角化的哈密顿矩阵 $\boldsymbol{H}_{nm}(\vec{k})=\epsilon_{n\vec{k}}\delta_{nm}$ 以及对应的布洛赫态。这里 $\epsilon_{n\vec{k}}$ 是第一性原理计算得到的能带本征值。利用最大局域化 Wannier 函数的方法可以得到幺正矩阵 $\boldsymbol{U}^{\vec{k}}$。利用矩阵 $\boldsymbol{U}^{\vec{k}}$ 对哈密顿实施变换就可以得到以 Wannier 函数为基底的新哈密顿：

$$H^w(\vec{k})=(\boldsymbol{U}^{\vec{k}})^\dagger H(\vec{k})\boldsymbol{U}^{\vec{k}} \tag{6.12}$$

在实际的计算过程中，更为方便的是对动量依赖的 $H^w(\vec{k})$ 进行傅里叶变换，得到实空间的紧束缚哈密顿：

$$H_{nm}^w(\vec{R})=\frac{1}{N_0}\sum_{\vec{k}}\mathrm{e}^{-\mathrm{i}\vec{k}\cdot\vec{R}}H_{nm}^w(\vec{k}) \tag{6.13}$$

由于通过上述方案得到的 Wannier 函数在实空间高度局域化，因此 $H^w_{nm}(\vec{R})$ 随着 $\vec{R}$ 的增加迅速减小，因此在实际过程往往只需保留少数几阶近邻的贡献。在获得了 $H^w_{nm}(\vec{R})$ 的基础上，原则上可以构建布里渊区中任意一点 $\vec{k}'$ 上的哈密顿：

$$H^w_{nm}(\vec{k}') = \sum_{\vec{R}} \mathrm{e}^{\mathrm{i}\vec{k}'\cdot\vec{R}} H^w_{nm}(\vec{R}) \tag{6.14}$$

并求得其能量本征值和本征函数。通过最大局域化 Wannier 函数方法获得的哈密顿矩阵规模较小，同时可比较完美地再现第一性原理计算的能带结构，在一些需要对动量空间进行高精度划分求解的问题上有诸多应用。针对本章的拓扑材料计算，很重要的一点是要获得体系的表面电子结构。利用 $H^w_{nm}(\vec{R})$，可以很方便地构建具有边界的大尺度体系，并对该大体系的表面能谱进行高效求解。

最大局域化 Wannier 函数方法在化学成键分析、体系介电性质的计算、大尺度体系电子结构的高精度模拟、反常霍尔系数计算等方面有广泛应用，是一个非常有用的第一性原理后处理工具。上述方案已经有一些完备的代码支持，最常用的是 Wannier90 程序包。目前多个第一性原理程序包括 VASP 实现了对 Wannier90 的调用。更多的细节请参考相关材料 [120]。

6.2　二维量子自旋霍尔效应体系 Bi@SiC 的电子结构计算

在介绍完相关理论背景和计算工具之后，下面介绍如何用第一性原理计算研究拓扑材料的电子结构。第一个例子是二维量子自旋霍尔效应体系。Kane 和 Mele 于 2005 年提出了量子自旋霍尔效应的理论模型 [104, 105]。他们考虑了一个蜂巢结构的单层石墨烯体系，电子通过邻跃迁 t_1 和次近邻跃迁 t_2 这两种跃迁过程在晶格中运动，其中次近邻跃迁通过自旋轨道耦合引入了一个与跃迁方向和电子自旋相关的相位。整个单粒子哈密顿可以写成

$$H = \sum_{<ij>\alpha} t_1 c^\dagger_{i\alpha} c_{j\alpha} + \sum_{<<ij>>\alpha\beta} i t_2 S^z_{\alpha\beta} c^\dagger_{i\alpha} c_{j\beta}, \tag{6.15}$$

其中，$c^\dagger$ 和 c 分别是电子的产生和湮灭算符；S^z 是泡利算符；下标 α 和 β 代表电子的自旋取向。

这个模型的无自旋版本最早由 Haldane 提出用来描述量子反常霍尔效应 [103]。模型的第一项描述了石墨烯布里渊区顶点上的狄拉克锥电子态，即电子的导带和价带在费米能附近形成线性接触的色散关系。模型第二项作用是在狄拉克点处打开能隙。考虑到布里渊区的两个不等价顶点以及电子的自旋自由度，单层石墨烯中狄拉克锥共有四个。不同的微扰作用可以独立地打开这些狄拉克锥并形成多种绝缘体态 [121]，Kane 和 Mele 的量子自旋霍尔效应体系便是其中的一种：其体态绝缘

但是边缘上存在两个反向传播的螺旋导电态。模型非常简洁优美，但是实验上几乎不能实现。第一性原理计算表明，实际石墨烯材料中的自旋轨道耦合作用很小，产生的拓扑能隙在 10^{-6} eV 量级 [122]，在现有的低温技术条件下根本不可能观察到理论所预言的拓扑输运性质。

不同的研究组随后尝试在类石墨烯体系中寻找大能隙的量子自旋霍尔效应体系。他们的思路是利用蜂巢晶格对称性使电子在费米面附近形成狄拉克锥，然后利用重原子的强自旋轨道耦合效应打开能隙。刘铖铖等提出把碳原子替换成更重的硅 (Si) 和锗 (Ge) 原子以形成与石墨烯结构类似的硅烯和锗烯，就得到实验上可以验证的自旋霍尔效应体系 [123]。他们计算得到硅烯和锗烯的自旋霍尔效应能隙分别为 2.9 meV 和 23.9 meV。刘锋研究组则考虑了半导体表面吸附重元素铋的异质结体系，他们经理论计算预言的 Bi 类石墨烯体系的能隙达到 1 eV 量级 [124]。这一理论预言最近也获得了很强的实验证据支持 [125]。本节针对表面吸附原子的半导体异质结构，利用 VASP 程序结合相关的处理工具来研究量子自旋霍尔效应。

6.2.1 Bi@SiC 的晶体结构

首先以 Si 为衬底并选取 Si(111) 面为暴露面来构造异质结构。在体相中 Si 是 sp^3 杂化，因此每个 Si 原子与周围四个邻近 Si 原子成键，中心硅原子处于周围硅原子形成的正四面体中心。当 Si(111) 面剥离出来后，表面硅原子出现悬挂键。这些悬挂键具有很强的化学活性, 使得 Bi 原子或者其他原子都能很容易地吸附到这些活性位点上。以 Si[111] 晶向作为 z 轴，(111) 表面则处于 xy 平面内。在面内方向上，扩充元胞至 $\sqrt{3}\times\sqrt{3}$ 大小，因此表面上将会有三个吸附位点 [图 6.2(b)]。在实际的计算中，上述构造的体系有上下两个表面。为了排除下表面悬挂键对电子结构的干扰，可以用氢原子把下表面暴露原子的悬挂键饱和掉。

整个结构具有 C_{3z} 的三重旋转对称性，表面布里渊区在图 6.2(c) 中已经给出。从图中可以看到 Si(111) 表面的第一布里渊区呈六角形，布里渊区的六个顶点由于三重旋转对称性可分成不等价的两个点 K 和 K'。系统还具有经过 z 轴的对称镜面，因此具有高对称线 $\Gamma-M$、$\Gamma-K$ 以及 $K-M$。这里的 M 点定义为布里渊区边界 $K-K'$ 的中点。易知不等价的 M 点有三个，它们与 Γ 点一起构成了四个时间反演不变点。

根据以上三个吸附位点的吸附原子种类，可以把异质结构命名为 X_A-X_B-X_C@Si(111)，其中 X_i 代表吸附位点 i(i=A, B, C) 上的吸附元素种类。刘锋小组考虑的体系在这里就可以命名为 Bi-Bi-H@Si(111) [124]，这个结构在图 6.2(d) 中给出。从图中可以看到 Bi 原子在 Si(111) 表面形成了与石墨烯类似的蜂巢晶格，可以预期其电子结构也会与石墨烯类似。同时还发现在 Si(111) 表面吸附结构中存在多种量子自旋霍尔效应体系 [126]。图 6.2(e) 给出了其中一个例子 Bi-Vac-Vac@Si(111)。这里 Vac 代表对应位置没有原子吸附，因此 Si 悬挂键将对费米能附近的电子结构产生重要的影响。

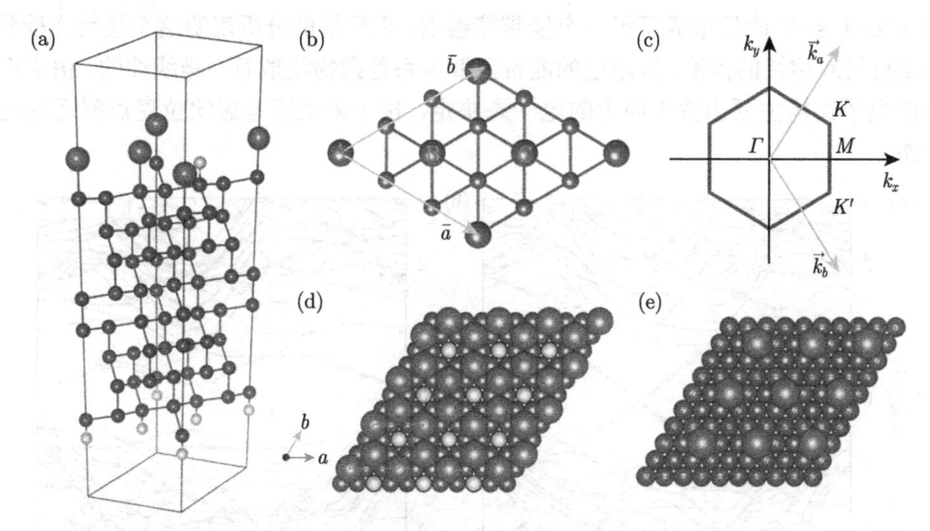

图 6.2　Bi 在 Si(111) 表面的吸附结构

(a) $\sqrt{3}\times\sqrt{3}$ 扩充的 Si(111) 面吸附结构。蓝色球、白色小球以及紫色大球分别代表硅、氢以及铋原子。硅的片层下表面用氢饱和。为了有助于区分，最表面一层 Bi 原子已经被人为放大；(b) Si(111) 表面活性吸附位点。在一个元胞中有三个吸附位点 A、B、C；(c) 二维体系的布里渊区；(d) A-B-C 位点吸附状态为 Bi-Bi-H 时的表面结构。红色菱形代表元胞；(e) A-B-C 位点吸附状态为 Bi-Bi-Vac 时的表面结构，这里 Vac 指的是 C 吸附位点是空的情形

一旦确定了初始结构后就需要进行结构优化。我们采取 VASP 程序的 PAW 方法，并采用 GGA-PBE 形式的交换关联势。k 点网格为 6×6×1，总能和力的收敛阈值分别设置为小于 10^{-4} eV 和 0.01 eV/Å。同时在上下表面间引入厚度大于 15 Å的真空层以消除表面之间的相互作用。优化过程中保持元胞形状和大小不变，而元胞内部原子的自由度则不受限制。优化后得到的结构作为下一步计算电子能带时的初始结构。

6.2.2　Bi-Bi-H@Si(111) 的能带结构

在计算能带结构时，先进行电子自洽计算得到电荷密度和波函数。与结构优化相比，电子自洽计算时选取更精细的 12×12×1 的 k 点网格。为了考察自旋轨道耦合对物质拓扑相的重要作用，需要分别计算不考虑自旋轨道耦合和考虑自旋轨道耦合的情形。图 6.3 给出了 Bi-Bi-H@Si(111) 的能带结构。当不考虑自旋轨道耦合作用时 [图 6.3(a)]，费米面附近有两条能带在 K 点处交叉形成狄拉克锥。利用计算

所得的 PROCAR 文件，可以分析得出这些电子态主要由 Bi 的 p 轨道构成 (圆点)。这些 p 轨道主要是 p_x 和 p_y 轨道，构成了图中的四条能带，而狄拉克点位于第二条和第三条能带交叉点上。此外，还能观察到在 Γ 点上第三条和第四条能带在能量 E 约 0.8 eV 附近形成了另一个能带接触点。更严格的分析表明这个接触点受到三重旋转对称性的保护，其附近的能带色散关系是抛物线型而不是线性的。由于系统的电子结构主要由费米面上的电子态决定，接下来主要考虑狄拉克点附近的电子态。

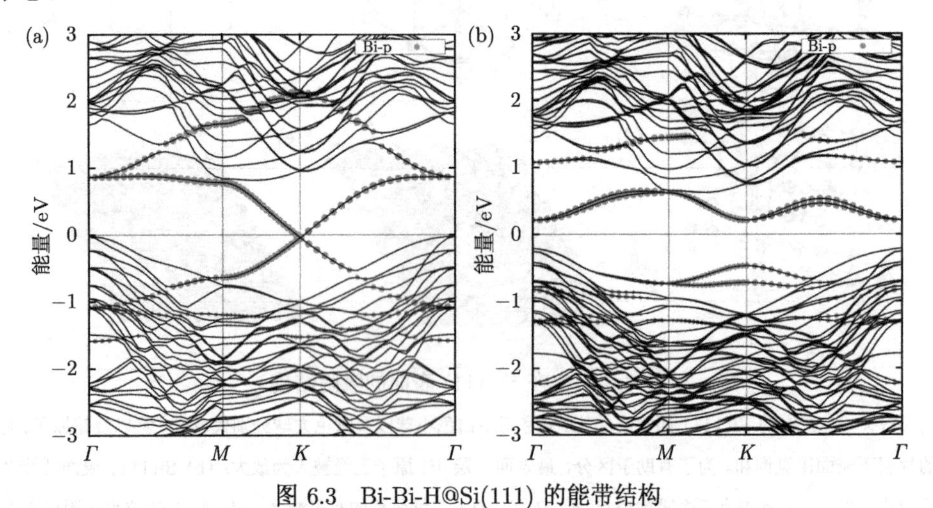

图 6.3　Bi-Bi-H@Si(111) 的能带结构

(a) 和 (b) 分别对应不考虑自旋轨道耦合和考虑自旋轨道耦合效应的情形

如图 6.3(b) 所示，当引入自旋轨道耦合作用后，狄拉克点处将打开一个 0.7 eV 左右的能隙，使体系从半金属 (semi-metal) 变成半导体。当然从图中可知价带顶的位置并不在 K 点而在 Γ 点，因此体系是一个能隙略小于 0.7 eV 的间接带隙半导体。这一能带变化行为与 Kane-Mele 的量子自旋效应模型非常类似，因此我们可以猜测这个体系也是一个量子自旋霍尔效应绝缘体。与石墨烯模型不同，除了 Γ 点和 M 点等时间反演不变点之外，在几乎所有的 k 点上 Bi-Bi-H@Si(111) 的能带都是自旋劈裂的。这是因为我们现在考虑的是一个不具有空间反演对称性的表面体系，所以自旋的 Kramers 简并被破除。

6.2.3　Bi-Bi-H@Si(111) 的量子自旋霍尔效应

拓扑绝缘体系的一个重要特征是体–边界对应 (bulk-boundary correspondence)，即能带绝缘体的非平庸拓扑特征可以从它的表面或边界上的电子态中反映出来。接下来通过 Wannier90 程序包来计算该体系的表面能谱。先从两个 Bi 原子上的 p_x 和 p_y 轨道投影出发，自洽得到一个八轨道的紧束缚模型。具体的参数设置请参考

Wannier90 的说明文档。图 6.4 中对这个八轨道紧束缚模型的能带与 VASP 直接计算得到的能带进行了比较。可以看到，在 K 点附近 Bi 原子的色散关系被很好地重复。由于仅仅选取了 Bi 的 p 轨道，体系其他原子的电子态如 Γ 点价带附近硅的电子态在这里被忽略。

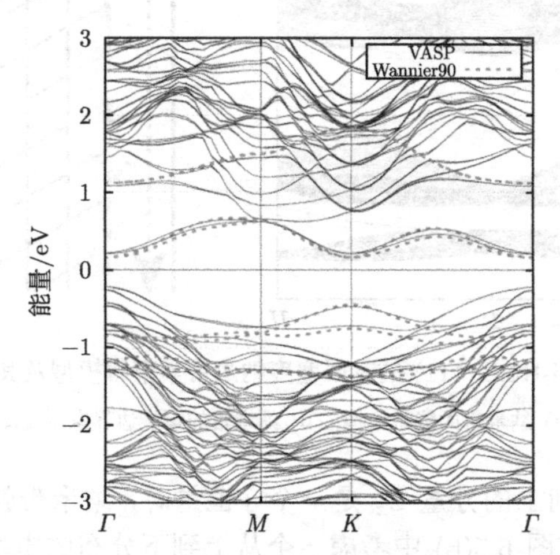

图 6.4　Bi-Bi-H@Si(111) 八轨道紧束缚模型 (虚线)

利用 Wannier90 输出的实空间跃迁矩阵元，可以构造一个纳米带 (nano-ribbon) 结构。纳米带在 $\vec{a}$ 方向具有平移不变性，而在垂直于 $\vec{a}$ 的方向则取开放边界条件。这里选取的纳米带在宽度方向上有 30 个元胞。对于拓扑能隙比较小的体系，纳米带的宽度要相应增加以防止两拓扑边界态之间的相互耦合。图 6.5(a) 中展示了 Bi-Bi-H@Si(111) 纳米带的能带结构。从图中可以看到整个能带结构可以分成四组，相邻组之间都存在有限的能隙。这四组能带恰好对应于体相能带图 6.4 中的四组能带。系统的费米能落在第二组和第三组能带之间。需要注意的一点是，现在的紧束缚模型只考虑 Bi 上电子态的贡献，实际上图 6.5(a) 价带顶的能量位置低于 Si 半导体能隙的价带顶的能量位置，因此实际的能隙比图 6.5(a) 中的小。特别地，在能隙中可以看到有两条能带在 Γ 点发生了交叉。这两条能带都是从导带出发然后连接到价带，因此只要能隙不关闭，这个交叉的能带结构将会稳定存在。这两条能带就是前面所说的螺旋边界态。通过分析这两条能带的波函数，也能确认这些电子态的波函数都局域在边界附近。

图 6.5(b) 给出了螺旋边界态示意图。纳米带上的渐变阴影代表局域在边界上的边界态波函数分布。在每条边界上各有一对反向传播的导电边缘态。受时间反演不变性的保护，这两组态之间不能互相散射，因此在低温下将导致纵向电导的量子化。对于处于纳米带两边的螺旋电子态，它们之间理论上还是可以互相散射的，但只要纳米带具有足够的宽度就可以有效避免这类散射的产生。

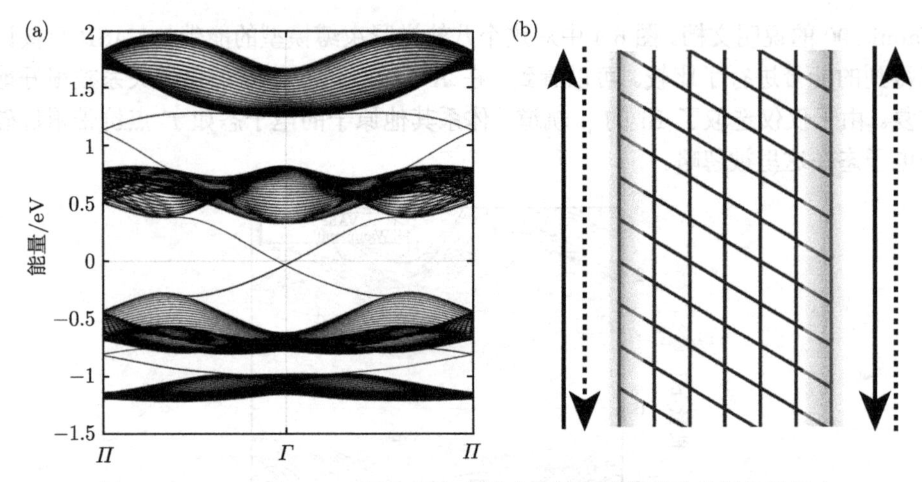

图 6.5　Bi-Bi-H@Si(111) 的有限宽度纳米带紧束缚模型及其螺旋边界态

(a) 纳米带的能带结构；(b) 纳米带的螺旋边界态示意图

当自旋在 z 方向上的分量 S_z 是一个守恒量时，纳米带就成为一个量子自旋霍尔效应绝缘体。在图 6.5(b) 中考虑一个从上到下分布的电场，此时电流将从两边自上而下传导。由于两边的边界态具有相反的自旋取向，电流的传导将导致纳米带的两边累积相反的自旋，进而形成一个有限自旋偏压，这就是量子自旋霍尔效应命名的由来。由于 S_z 为守恒量，可以将哈密顿按照 S_z 的取向分成独立的两部分 $H = H_\uparrow + H_\downarrow$。对于 $H_\uparrow$ 和 $H_\downarrow$，可以对它们的电子基态单独定义一个陈数 $C_\uparrow$ 和 $C_\downarrow$。时间反演不变性保证 $C_\uparrow = -C_\downarrow$，因此整体陈数 $C = C_\uparrow + C_\downarrow = 0$，表明系统没有电荷的量子霍尔效应。同时还可以定义一个自旋陈数 $C_s = C_\uparrow - C_\downarrow$，易知自旋霍尔电导将是量子化的 [127]。而当 S_z 不再是守恒量时，自旋霍尔效应将不再量子化。然而此时系统的纵向电导仍然保持量子化。Kane 和 Mele 为此定义了更广义的拓扑指数 Z_2 来表征这一量子电导 [105]。利用 $Z2$ Pack 计算可以确认 Bi-Bi-H@Si(111) 体系的拓扑指数 Z_2=1。

6.2.4　Bi-Vac-Vac@Si(111) 的量子自旋霍尔效应

Kane 和 Mele 从石墨烯晶格出发获得了基于线性色散的狄拉克电子态的 Z_2 拓扑绝缘体。在 Si(111) 表面吸附体系中，我们还发现了其他类型的 Z_2=1 的拓扑绝缘体系。在不考虑自旋轨道耦合效应的系统中，可能存在具有抛物线色散关系的能带简并点，这类简并点被称为二次方能带交叉点 (quadratic band crossing point，QBCP)。图 6.3(a) 中在 Γ 点处能量 E=0.9 eV 附近的能带简并就是一个例子。这些简并点的存在受到 C_{3z} 的旋转对称性保护。从群论角度看，一般的多重旋转对称性形成阿贝尔交换群，其不可约表示一般是一维的，无法保证二重简并的发生。本例中的特殊之处在于三重旋转对称性 C_{3z} 具有两个一维的复数共轭不可约表示。这两个一维表示在时间反演不变性的作用下组成一个等效的二维共轭表示，以支持 QBCP 的存在 [126]。

从 QBCP 出发, 引入自旋轨道耦合效应后同样能够打开能隙，对应的绝缘体系也是拓扑非平庸的 Z_2 拓扑绝缘态。考察图 6.3(a) 能带结构易知，如果能在系统中增加两个电子，费米能将会移到这个 QBCP 处，从而获得基于非狄拉克电子态的 Z_2 拓扑绝缘体。通过把 Bi 替换为元素周期表下一列的 Se、Te 或者 Po，就能实现对元胞增加两个电子的目的。图 6.6 展示了不考虑和考虑自旋轨道耦合作用后，Te-Te-H@Si(111) 体系的体相能带结构。在不考虑自旋轨道耦合时，Te-Te-H@Si(111) 体系的能带与 Bi-Bi-H@Si(111) 相比，Te 的杂质能带明显下移，使得费米能移动到 Γ 点的 QBCP 处。当引入自旋轨道耦合作用后，Γ 点附近打开了一个约为 0.2 eV 的能隙。通过计算可知该体系的 Z_2=1，确认了这个能隙的拓扑非平庸特征。

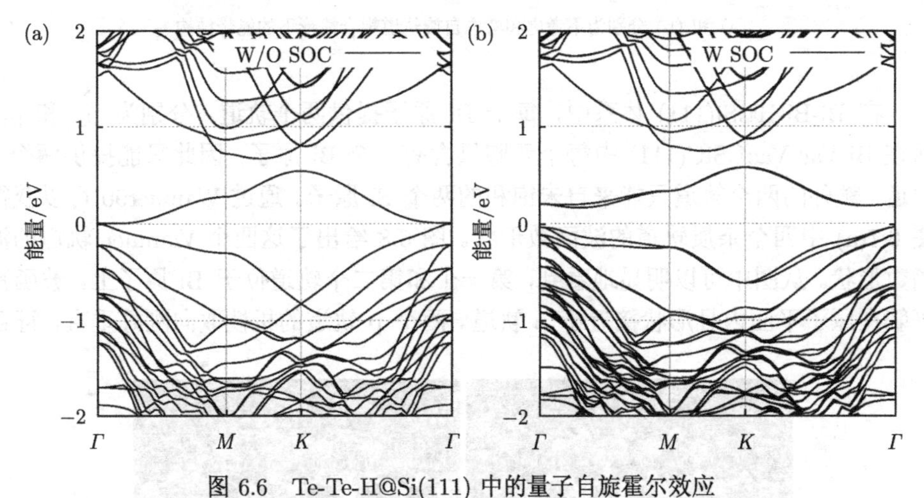

图 6.6　Te-Te-H@Si(111) 中的量子自旋霍尔效应

(a) 和 (b) 分别为不考虑和考虑自旋轨道耦合情形下的能带结构

在这个体系中，我们还发现 Kane-Mele 模型中的蜂巢结构对于 Z_2 拓扑相的实现也不是必须的。我们考察了 Bi-Vac-Vac@SiC(111) 体系，这个体系的表面吸附结构在图 6.2(e) 中已经给出。从图中可以看到，每个元胞中只有一个 Bi 原子，这些 Bi 原子形成三角晶格。另外两个 Si 原子的吸附位置上保持空缺。通过第一性原理计算可以获得体相的能带结构。图 6.7 给出了 Bi-Vac-Vac@SiC(111) 体系的能带结构。当不考虑自旋轨道耦合时，可以看到 SiC 半导体能隙中有四条杂质能带 (图 6.7 中红线表示)，其中中间两条能带在 Γ 点处简并，形成一抛物线色散的 QBCP。当考虑自旋轨道耦合时，Γ 点处打开了一个约为 0.1 eV 的能隙。Z_2 计算得出该拓扑能隙也是非平庸的，表明 Bi-Vac-Vac@SiC(111) 是一个二维拓扑绝缘体。

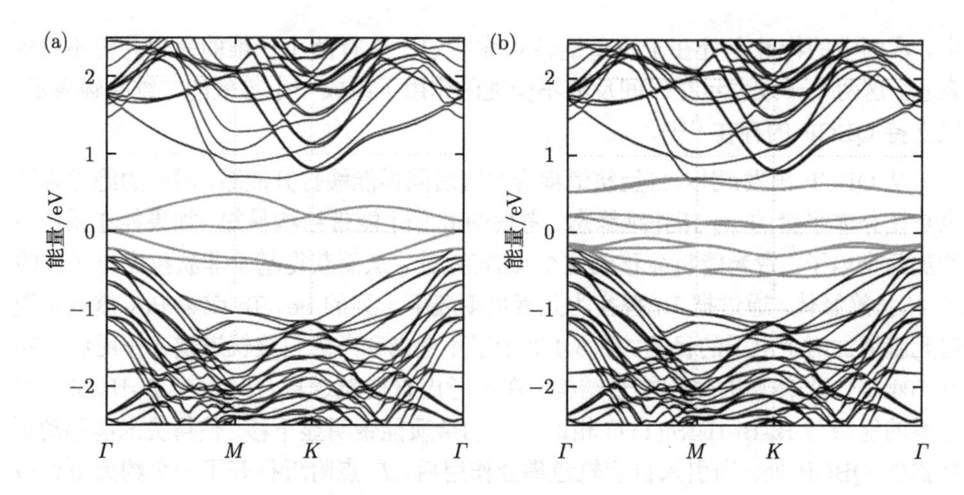

图 6.7 Bi-Vac-Vac@SiC(111) 中的量子自旋霍尔效应

(a) 和 (b) 分别为不考虑和考虑自旋轨道耦合情形下的能带结构

在 Bi-Bi-H@Si(111) 体系中，每个 Bi 原子提供两个轨道，分别为 p_x 和 p_y。而在 Bi-Vac-Vac@SiC(111) 中每个元胞只含有一个 Bi 原子，因此只能提供两个 p 轨道，额外的两个轨道只能来自未饱和的两个 Si 原子。通过 Wannier90 可以获得图 6.7(a) 中四个杂质轨道的波函数形状。图 6.8 给出了这四个 Wannier 轨道的波函数形状。从图中可以明显地看到，第一个和第二个轨道位于 Bi 原子上。波函数平躺在原子平面内且形状接近于 p 轨道。两个 p 轨道的极性取向刚好垂直，符合

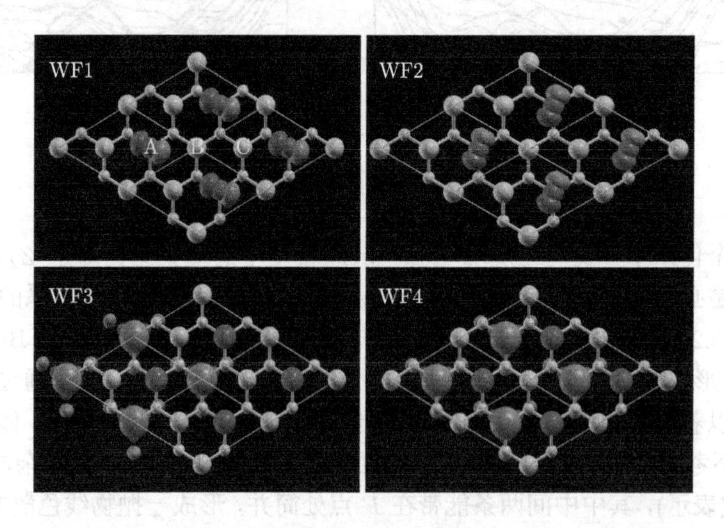

图 6.8 Bi-Vac-Vac@SiC(111) 中的四个 Wannier 轨道波函数分布

颜色代表波函数的正和负

我们所说的 p_x 和 p_y 轨道的特征，只是它们的极性取向没有严格地指向 x 轴和 y 轴。另外的两个轨道位于未饱和 Si 原子上，其形状接近于 p_z 轨道。这些轨道的分析对理解系统的电子结构非常重要。利用 Wannier90 同样能够计算有限宽度的 Bi-Vac-Vac@SiC(111) 体系的边界态能谱，这一过程在 Bi-Bi-H@Si(111) 体系中已经演示，不再赘述。

6.3　$K_{0.5}RhO_2$ 中量子反常霍尔效应的第一性原理计算

本节将介绍利用第一性原理计算磁性拓扑体系电子结构的主要过程，这里我们要讨论的拓扑绝缘相是二维量子反常霍尔绝缘体。量子反常霍尔效应体系又称陈绝缘体，表征其拓扑特性的指标是第一陈数。由于时间反演不变体系的陈数为零，因此量子反常霍尔效应只有在磁性体系或者含时系统中才能实现。本节将介绍在 $K_{0.5}RhO_2$ 系统由非共线磁性造成的拓扑量子反常霍尔效应。与常规的自旋轨道耦合机制不同，在这里非共线磁性所造成的自旋手性 (spin chirality) 是驱动量子相变的关键因素。

6.3.1　$K_{0.5}RhO_2$ 的晶体结构

首先介绍 $K_{0.5}RhO_2$ 的晶体结构。K_xRhO_2 晶体在实验上已被合成 [128]，它具有与 γ-Na_xCoO_2 相同的晶体结构，晶体空间群为 $R\bar{3}m$，整个结构呈现层状特性。图 6.9(a) 给出了 $KRhO_2$ 晶体的超元胞，相应的布里渊区在图 6.9(b) 中已经给出。从图 6.9(a) 中可以看到，$KRhO_2$ 的 Rh 和 O 原子之间通过较强的化学键形成 RhO_2 原子层，K^+ 穿插在 RhO_2 层中间形成离子插层。层状的结构使得 K^+ 很容易从 RhO_2 层中间脱附。在实验上可以将 K 元素的配比 x 在一定的范围内调节。K 原子的金属性极强，在晶体中处于正一价离子态，它在晶体中的主要作用是调节系统的电子掺杂浓度。费米能附近电子结构则主要由 RhO_2 原子层决定，钾离子层的影响较小。在 RhO_2 层中 Rh 原子形成三角晶格，每个 Rh 原子处于共边氧八面体中心 [图 6.9(c)]。

在进行具体计算之前，可以先简单地对体系的电子结构进行定性的分析。Rh 中性原子态含有 9 个 d 轨道价电子 ($4d^9$)。由于氧八面体晶场的作用，Rh 的 5 个 d 轨道将劈裂成三重简并的 t_{2g} 轨道和二重简并 e_g 轨道，其中 t_{2g} 轨道能量较低，e_g 轨道能量较高。进一步考虑 RhO_2 层所具有的 C_{3z} 旋转对称性产生的三角晶场，t_{2g} 还会继续劈裂成二重简并的 e_g' 和单重简并的 a_{1g} 轨道。在 K_xRhO_2 中，当 $x=0$ 时，Rh 原子形成 Rh^{4+} 离子态，最外层只有 5 个电子，此时 e_g' 轨道被完全占据而 a_{1g} 轨道被半占据。而当 $x=1$ 时，Rh 原子形成 Rh^{3+} 离子态，最外层只有 6 个电子，此时 e_g' 轨道和 a_{1g} 轨道将被 6 个 d 电子完全占满。下面讨论的拓扑量子霍尔效应中，对应于 $x = 0.5$ 的情形，Rh 外层只有 5.5 个电子，此时 a_{1g} 轨道将处于 3/4 填充状态。从上述分析可以看出，对于 K_xRhO_2 的电子结构来说，最简化的处理便是把体系看成一个三角晶格上的单轨道 (a_{1g}) 模型。对于三角晶格的单轨道模型，理论上发现可能存在多个能量近似的磁结构，而在这些磁结构中包含几个拓扑非平庸的电子体系 [129]。

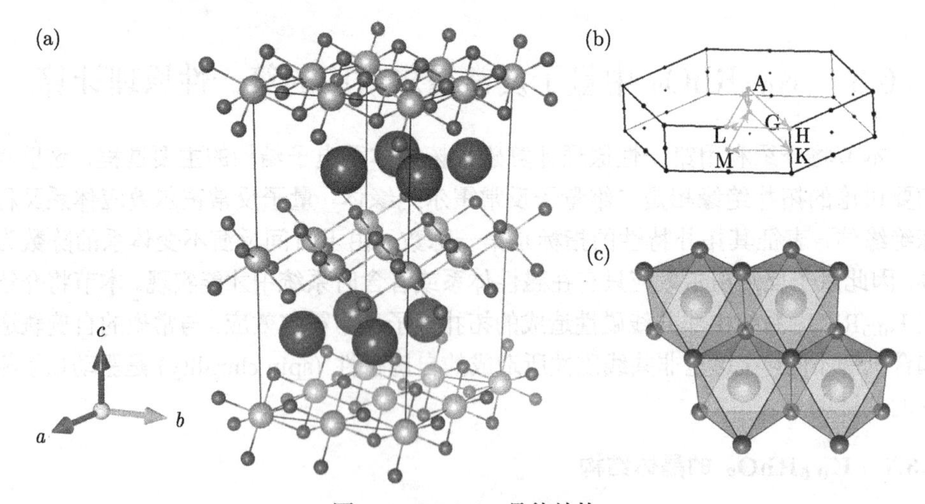

图 6.9　$KRhO_2$ 晶体结构

(a)$2 \times 2 \times 1$ 扩展的 $KRhO_2$ 超元胞；(b) 第一布里渊区；(c) 元胞内的 Rh-O 共边八面体结构

6.3.2　$K_{0.5}RhO_2$ 的非共面反铁磁基态

考虑到自旋结构对 $K_{0.5}RhO_2$ 电子结构的决定性影响，首先需要确定系统的磁性基态。为考察多种磁结构，可以对元胞进行 $2 \times 2 \times 1$ 扩展，使每一层 RhO_2 层中含有四个 Rh 原子。图 6.10 和图 6.11 中列出了筛选出来的可能磁结构构型。图 6.10(a) 为铁磁基态 (FM)。图 6.10(b) 是条带状反铁磁。在这个磁结构中，沿着 a 方向自旋呈铁磁排列，沿 b 方向自旋则反铁磁排列 (s-AFM)。图 6.10(c) 给出了锯齿状 (zigzag) 反铁磁 (z-AFM) 结构，它的自旋沿着 a 轴和 b 轴都呈反铁磁排列。图 6.10(d) 中给出的是 $\sqrt{3} \times \sqrt{3} \times 1$ 扩展元胞时，三个 Rh 原子自旋位于平面内并形成 120° 夹角 (t-AFM) 的共面反铁磁结构。图 6.10(e) 给出的是三上一下亚铁磁 (3:1-FiM)，元胞内三个自旋的指向与另一个自旋相反。图 6.10(f) 中的磁结构为 90° 共面反铁磁 (90-c-AFM)，四个自旋处于同一平面内且相邻自旋夹角为 90°。图 6.10(g) 为三内一外非共线反铁磁 (3i-1o-nc-AFM)。这个磁结构相对较复杂，自旋取向既非共线也非共面。为了形象地描述这个磁结构，可以人为地把第四个 Rh 原子移动到另外三个自旋的上方形成正四面体。在这个磁结构中，正四面体角上的三个自旋指向四面体中心，另一个自旋指向四面体外。图 6.10(h) 给出的是二外二内非共线反铁磁 (2o-2i-nc-AFM)。该磁结构与 3i-1o-nc-AFM 类似，只是它的两个自旋指向四面体中心，另两个自旋指向四面体外。图 6.10(i) 中是 90° 非共线亚铁磁 (90-nc-FiM)。该磁结构为非共线磁结构，沿 a 轴方向自旋呈铁磁排列，沿 b 方向相邻自旋呈 90° 夹角。由于具有非零剩余磁矩，因此为亚铁磁。图 6.10(j) 中

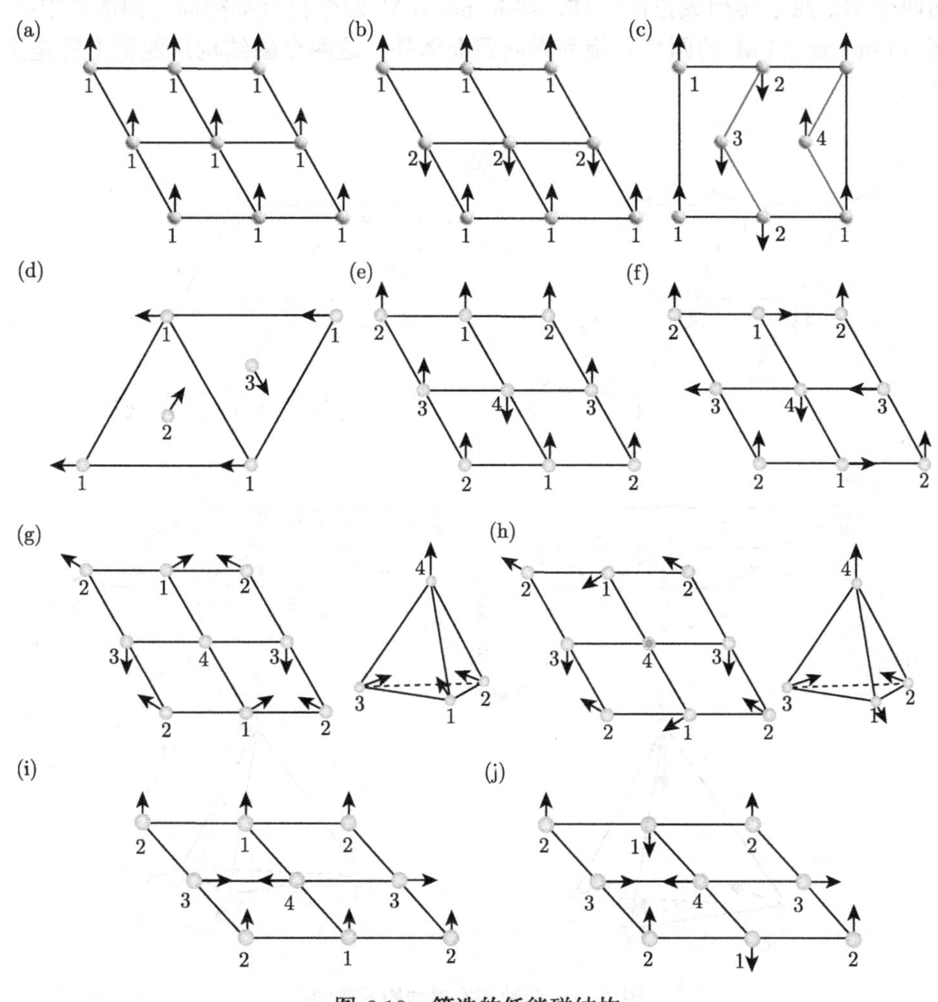

图 6.10　筛选的低能磁结构

(a) 铁磁基态 (FM)；(b) 条带状反铁磁；(c) 锯齿状反铁磁 (z-AFM)；(d) 面内 120° 反铁磁；(e) 三上一下亚铁磁 (3:1-FiM)；(f) 90° 共面反铁磁 (90-c-AFM)；(g) 三内一外非共线反铁磁 (3i-1o-nc-AFN)；(h) 二外二内非共线反铁磁 (2o-2i-nc-AFM)；(i) 90° 非共线亚铁磁 (90-nc-FiM)；(j) 四子格非共线反铁磁 (90-nc-AFM)

是四子格非共线反铁磁 (90-nc-AFM)。在这个磁结构中，自旋沿 a 轴方向反铁磁排列，而沿 b 方向自旋夹角为 90°。

除了上述几个磁结构外，图 6.11 中还给出了两个特殊的反铁磁结构，all-in 非共线反铁磁结构和 all-out 非共线反铁磁结构 (all-in/out nc-AFM)。如果把元胞内的四个 Rh 原子排列成正四面体，all-in nc-AFM 四个自旋都指向正四面体中心，而 all-out nc-AFM 的四个自旋都指向四面体外。这两个磁结构从能量上看是简并的。

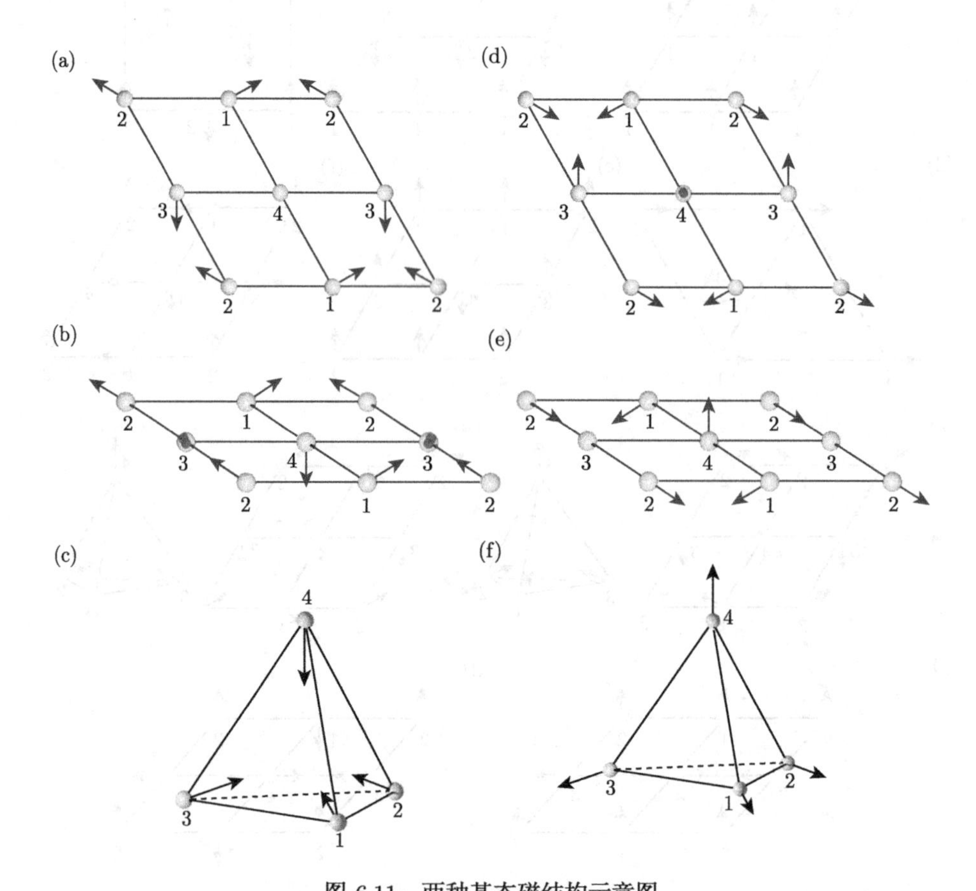

图 6.11　两种基态磁结构示意图

(a)~(c) all-in 非共线反铁磁结构 (nc-AFM)；(d)~(f) all-out 非共线反铁磁结构

在确定这些磁结构构型后，下面就可以进行电子结构的计算。首先对体系进行结构优化得到最稳定的晶体结构，随后利用优化的晶体结构进行电子自洽计算。以 VASP 为例，针对目前的问题，需要特别关注以下几个参数的设置。首先对于 $x \neq 0,1$ 的非整数填充情形，通过设置总电子数 NELECT 来改变电子的占据数。

在实际的晶体中，电子占据数的改变是通过增加或者减少 K 原子的方式来进行的，严格的讨论涉及 K^+ 在晶格内的无序分布。通过设置系统总电子数的方式可以避免上述复杂情况，同时又能得到有物理意义的结果。另外，在 VASP 中计算非共线磁需要在 INCAR 中打开非共线计算功能 (LNONCOLLINEAR=.TRUE.)，同时设置 MAGMOM 参数来确定每个自旋的初始指向。在计算磁性体系时，另外一个需要仔细确认的参数是 GGA+U 计算时的 U 值。为了更准确地描述 Rh d 电子的相互作用，采用 GGA+U 的方式来对 Rh 电子的 Hubbard 相互作用进行修正。从后面的分析中可以看到，本例在很大的 U 值范围内 (0~4 eV)，其基态磁结构的能量顺序并不发生改变，因此设定 U 值为 2.0 eV。此外，在计算中还需考查自旋轨道耦合作用的影响。

我们的计算确认了 all-in/out nc-AFM 是基态磁结构。表 6.1 中列出了候选磁结构的总能与 all-in/out nc-AFM 差值 ΔE^{tot}、元胞里的总磁矩 m_s^{tot}、每个 Rh 原子的自旋磁矩 m_s^{Rh} 以及体系的能隙。从表中可以看到 all-in/out nc-AFM 具有最低的总能，处于第二位的是 3:1-FiM，比 all-in/out nc-AFM 高 1.99 meV/f.u.。同时也可以看到，除了最低能的基态磁结构具有能隙外，其他磁结构都呈金属性。这一点可以通过计算体系的态密度得到确认。在图 6.12 中列出典型金属态磁结构的态密度，而 all-in/out nc-AFM 的能隙可以从后面的电子结构能带计算中看到。更细致的模型分析表明，all-in/out nc-AFM 的能隙打开是由其特殊的自旋结构导致的对称性破缺所引起 [130]。这种因磁结构所导致的绝缘态被称为 Slater 绝缘体，其能隙的打开机制与 Mott 绝缘体恰好相反。同时也可以看到，由于 all-in/out nc-AFM 在费米能上打开了能隙，所以它的电子总能得到了有效降低，我们猜测这也是 all-in/out nc-AFM 比其他金属性磁态具有更低总能的原因。我们也进一步确认在 $U = 0 \sim 4$ eV 的范围内，all-in/out nc-AFM 始终具有最低的能量，而只有当

表 6.1　候选磁结构的相对总能、元胞中的总磁矩、每个 Rh 原子的自旋磁矩以及体系的能隙

候选磁结构	ΔE^{tot}/(mev/f.u.)	m_s^{tot}/(μ_B/f.u.)	m_s^{Rh}/(μ_B/atm)	E_g/eV
NM	20.19	0.00	0.00	金属
FM	2.48	0.50	0.36	金属
s-AFM	5.61	0.00	0.23	金属
z-AFM	12.85	0.00	0.23	金属
t-AFM	20.17	0.00	0.10	金属
3:1-FiM	1.99	0.00	0.06/0.15/0.24/−0.47	金属
90-c-AFM	2.20	0.00	0.23	金属
90-nc-AFM	2.14	0.00	0.23	金属
all-in/out nc-AFM	0.00	0.00	0.24	0.22

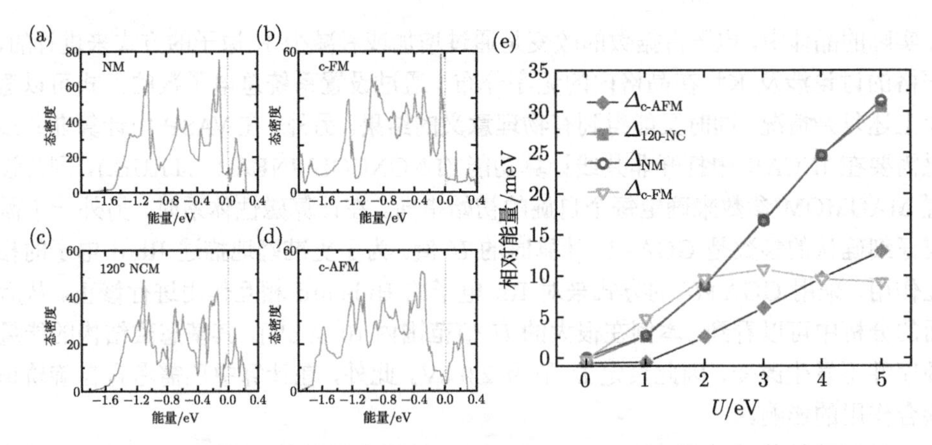

图 6.12　低能金属磁性基态的态密度 (a~d) 及磁结构相对能量与 U 值关系 (e)

$U > 4$ eV 时，铁磁基态的能量才变得比 all-in/out nc-AFM 更低。这一点可以从图 6.12(e) 中所列的各种磁结构能量随 U 值的变化关系中看出。

6.3.3　$K_{0.5}RhO_2$ 的能带

下面确认 $K_{0.5}RhO_2$ 中 all-in/out nc-AFM 磁基态具有拓扑非平庸能带结构。图 6.13(a) 展示了在不考虑自旋轨道耦合作用时，$K_{0.5}RhO_2$ 晶体在 all-in/out nc-AFM 基态下的体相能带。从图中可见，体系呈现半导体性质，其带隙在 0.24 eV 左右。所有的能带都是二重简并的，在不考虑自旋轨道耦合时，系统具有全局的自旋旋转不变性从而使得所有的能带都是二重简并的。利用 Wannier90，可通过计算体系的陈数以及反常霍尔电导来考察能隙的拓扑性。图 6.13(a) 的右侧给出了体系的反常霍尔电导。可以看到，当费米能处于能隙中时，系统的反常霍尔电导是量子化的，大小刚好为两倍量子电导。对于具有带隙的绝缘体系，理论上可以证明其反常霍尔电导一定是量子化的，其相对于量子电导的倍数就是陈数。因此我们可以确认 $K_{0.5}RhO_2$ 的 all-in/out nc-AFM 磁基态是陈数 C =2 的量子反常霍尔效应体系。图 6.13(a) 中忽略了自旋轨道耦合作用的影响，体系的拓扑性完全来自非共线磁结构。当考虑自旋轨道耦合作用时，自旋的旋转不变性发生破缺，能带发生了劈裂 [图 6.13(b)]，使得能隙略微缩小。尽管如此自旋轨道耦合作用的引入并没有使能隙关闭，因此系统仍然处于 $C = 2$ 的量子反常霍尔绝缘态。这一点也能通过系统反常霍尔电导来确认 [图 6.13(b) 右侧]。

对于具有非零陈数的绝缘体系，体相–边界对应关系决定了其边界上将存在受拓扑保护的手性边界态，边界态的数目就是陈数。我们利用最大局域化 Wannier 函数方法构建了一个紧束缚模型，随后在一有限宽度的纳米带体系中计算了系统的能带结构。计算结果展示在图 6.14 中。从图 6.14(a) 中可以看到，纳米带的能隙中存在 4 条连接导带和价带的能带 (在图中用红色和蓝色的粗线表示)。为分析这些能带性质，我们选取了其中一个电子态进行分析 [图 6.14(a) 中用绿色菱形来标记]。图 6.14(c) 中刻画出了该电子态的自旋分布。可以看到这个态局域在纳米带的边缘，其波函数沿带内方向迅速衰减，充分表明其为一表面电子态。根据分析 4 条带隙内能带的波函数，我们可以确认纳米带的每一条边上都有两个边界态，分别位于两层 RhO_2 上。每条边上的边界态的群速度相同且与另一边的相反，说明这些边界态具有手性，正是这些手性边界态产生了图 6.13 中的 2 倍量子电导。

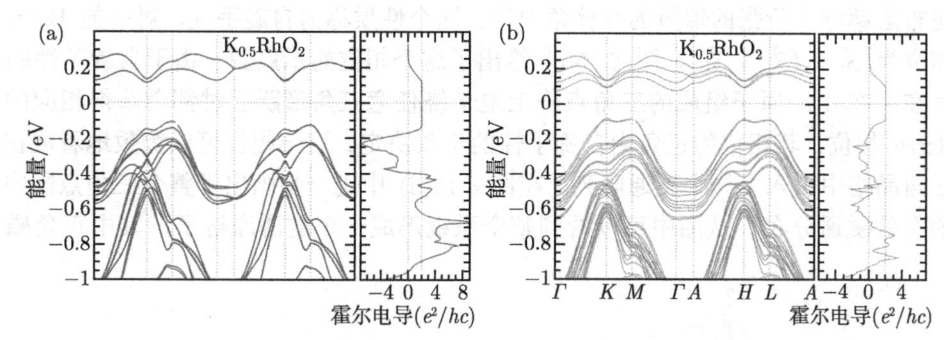

图 6.13　all-in/out nc-AFM 磁基态的能带结构和霍尔电导

(a) 和 (b) 分别为不考虑自旋轨道耦合和考虑自旋轨道耦合的情形

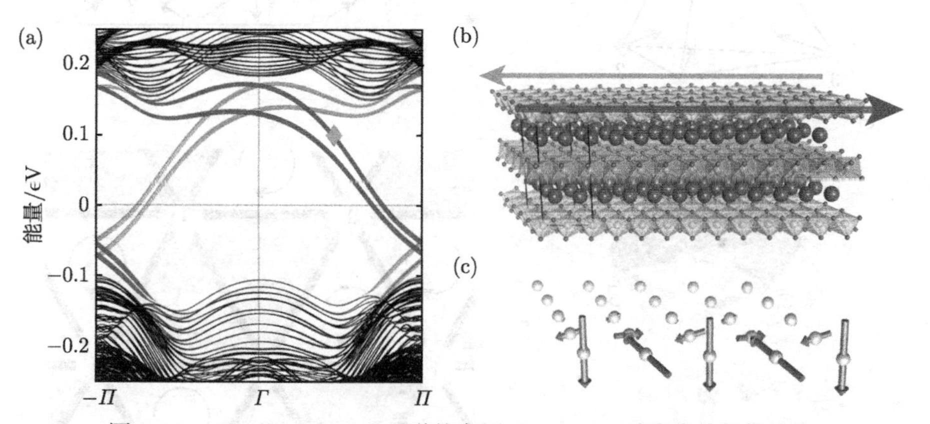

图 6.14　all-in/out nc-AFM 磁基态下 $K_{0.5}RhO_2$ 纳米带的能带结构

(a) 纳米带能带结构；(b) 纳米带手性边界态示意图；(c) 手性边界态的自旋分布

下面讨论本例中展示的量子反常霍尔效应的非共线磁机制。根据 Haldane 有关量子反常霍尔效应的最初模型 [103]，我们知道要驱动系统进入拓扑非平庸状态，需要在蜂巢晶格中引入带相位的次近邻跃迁，而 Kane-Mele 的工作指出自旋轨道耦合作用可以为此提供所需的相位 [104]，这也是一般的量子反常霍尔效应都需要较强的自旋轨道耦合作用的原因。在我们的例子中，自旋轨道耦合作用并不是导致拓扑态的主要原因，其中真正的物理原因是自旋的非共线排列。对于具有非共线自旋排列的相邻格点，电子在上面跃迁将具有非零的相位：

$$t_{ij} = t_0 \left(\cos\frac{\theta_i - \theta_j}{2} \cos\frac{\phi_i - \phi_j}{2} + i \sin\frac{\theta_i + \theta_j}{2} \sin\frac{\phi_i + \phi_j}{2} \right) \tag{6.16}$$

其中 θ 和 ϕ 为对应自旋在自旋空间中的方向角。当电子在三个非共面自旋上跃迁并形成一个回路时会获得一个非零的 Berry 相位，这个相位对应于三个自旋在布洛赫球上所张的球冠的立体角 [131]。这个性质称为自旋手性，对应的 Berry 相位为 $\vec{S}_i \times (\vec{S}_j \times \vec{S}_k)$。图 6.15(c) 给出了这个相位的示意图。由于自旋手性的存在，在 Rh 原子组成的三角点阵上电子绕任意三角形跃迁时都会获得相应的 Berry 相位，其相位的正负由自旋手性的正负决定。这一相位可以等效地看成在三角晶格中引入了一个磁通阵列。在图 6.15(d) 中进一步画出了整个三角点阵中的有效磁通分布。从图中可以看到整个系统形成一个的磁通格子，其中正负磁

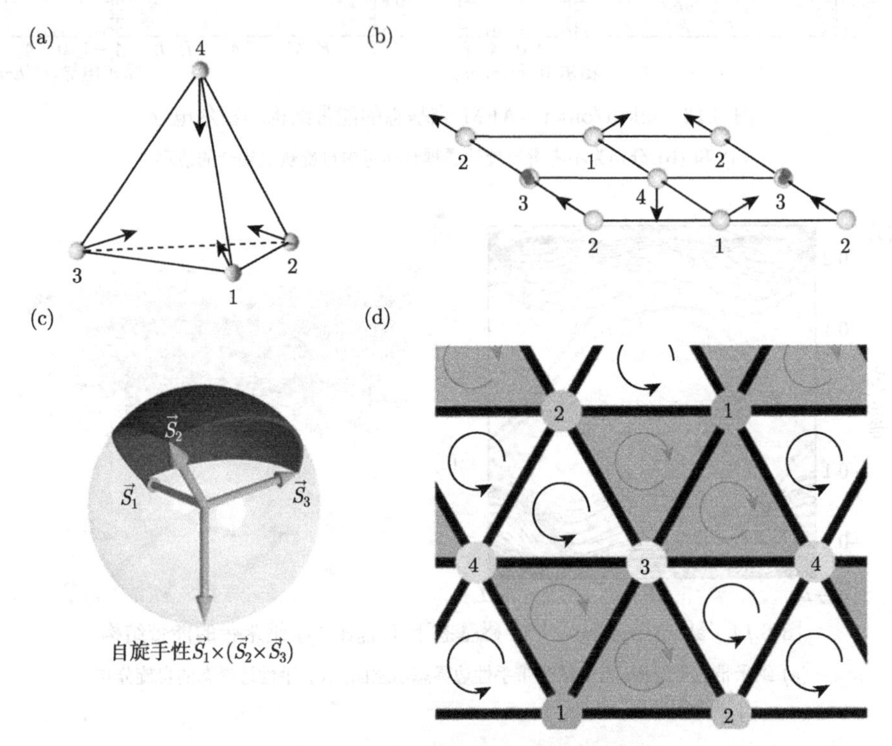

图 6.15　量子反常霍尔效应的非共线磁

(a)、(b) all-in nc-AFM 磁结构；(c) 由自旋手性造成的 Berry 相位；(d) $K_{0.5}RhO_2$ 中 Rh 原子三角点阵的等效磁通格子。左旋和右旋分别代表磁通的方向为指向纸面外和纸面内

通格点各占一半，因此整体磁通为零。这一磁通分布和 Haldane 模型中给出的磁通格子非常类似 [103]，只是在 Haldane 的模型中磁通格子的物理起源并没有提及。$K_{0.5}RhO_2$ 的例子说明除了自旋轨道耦合作用，非共线磁也能提供相应的等效磁通。此外我们的另一工作表明，除了以上两种机制，强相互作用也可以导致有效的自旋轨道耦合作用，从而在时间反演破缺的二维体系中引起量子反常霍尔效应 [132]。

6.4 三维拓扑绝缘体 Bi_2Se_3 的第一性原理计算

到 2006 年，二维拓扑绝缘体的概念已被多个小组推广到三维 [108–110]。在三维拓扑绝缘体的表面上，由于时间反演对称性的保护，具有非平庸体相能带的体系将在表面布里渊区的时间反演不变点上形成二维的狄拉克能谱。表征三维拓扑绝缘体的拓扑不变量仍然是 Z_2 指标，只是在三维情况下，需要用四个 Z_2 指标来表征体系的拓扑性质 [109]。根据这四个指标，所有的时间反演不变的绝缘体可分为强拓扑绝缘体、弱拓扑绝缘体以及普通的绝缘体这几类。傅亮和 Kane 预言 $Bi_{(1-x)}Sb_x$ 合金即为这一类型的拓扑材料。2008 年，Hsieh 等通过角分辨光电子能谱观测到了 $Bi_{(1-x)}Sb_x$ 的表面狄拉克能谱 [133]。遗憾的是这种材料属于合金，其费米能附近存在多条平庸的电子能带，使得其拓扑性质以及表面电子结构的表征变得非常困难。2009 年，中国科学院物理研究所方忠和戴希研究小组与斯坦福大学的张首晟小组合作，预言了 Bi_2Te_3、Bi_2Se_3 等层状材料为三维拓扑绝缘体 [18]，随后他们的理论预言被 Princeton 研究小组的角分辨光电子能谱所证实 [134]。本节以 Bi_2Se_3 为例，介绍如何利用第一性原理计算研究三维拓扑绝缘体的电子结构。

6.4.1 Bi_2Se_3 的晶体结构

首先介绍 Bi_2Se_3 晶体的晶体结构。与 $KRhO_2$ 类似，Bi_2Se_3 也具有 $R\bar{3}m$ 的空间群，它的单胞和初基元胞在图 6.16(a) 和 (b) 中分别给出。从图 6.16(a) 中可以看到，Bi_2Se_3 为层状晶体，其主要的单层结构单元由 3 层 Se 原子和 2 层 Bi 原子构成，称为一个五层单元 (quintuple layer, QL)。一个 Bi_2Se_3 单胞由三个 QL 组成 [图 6.16(d)]。在实际计算中可以选取仅含有一个化学式即 5 个原子的初基元胞以提高计算效率。图 6.16(b) 中的三个箭头表示初基元胞的三个基矢，可以看到 QL 的法线方向为初基元胞的 (111) 方向。初基元胞对应的布里渊区及其高对称点和高对称线在图 6.16(c) 中给出。

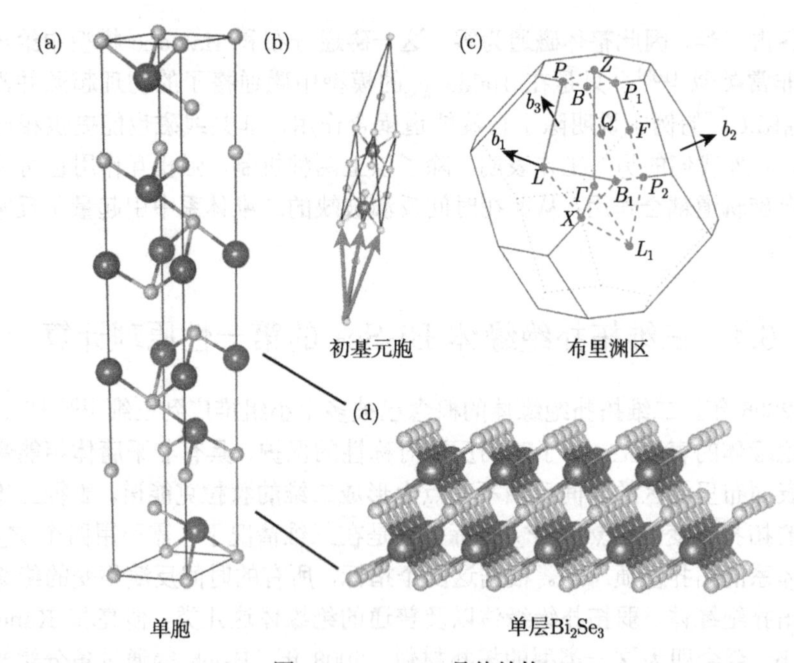

图 6.16　Bi_2Se_3 晶体结构

(a) Bi_2Se_3 的单胞；(b) Bi_2Se_3 的初基元胞，箭头代表晶体的三个基矢；(c) Bi_2Se_3 的布里渊区；(d) Bi_2Se_3 的一个 QL 单层

6.4.2　Bi_2Se_3 的体相能带结构

确定结构之后就对初基元胞进行结构弛豫，使得总能和力的收敛值分别小于 10^{-5} eV 和 0.005 eV/Å。图 6.17(a) 和 (b) 给出了在不考虑和考虑自旋轨道耦合情况下的系统能带结构。从图中可以看到，这两种情况下，系统都具有非零的能隙。当不考虑自旋轨道耦合时，体系为直接带隙半导体，导带最低点和价带最高点都位于 Γ 点。当引入自旋轨道耦合作用后，导带最低点仍位于 Γ 点上，而价带的最高点则沿 Γ—X 方向发生偏离，系统变成间接带隙半导体。计算得到的带隙值为 0.27 eV，而在严格 Γ 点上，局域的带隙在 0.3 eV 左右，这两个值都非常接近实验上测量得到的带隙值 (0.3 eV)。

为了更详细地研究自旋轨道耦合作用对 Bi_2Se_3 电子结构的影响，我们计算了在不同的自旋轨道耦合强度下电子结构的变化。在 VASP 中，为实现对自旋轨道耦合强度的调整，可以在源文件 relastivstic.F 中的 INVMC2 参数乘上一个约化因子 λ，然后重新编译代码。图 6.18(a) 给出了 $\lambda = 0.2, 0.4, 0.6, 0.8, 1.0$ 时，Γ 点附近能带的变化情况。可以看到随着 λ 的逐渐增加，导带底和价带顶逐渐靠近，并在 $\lambda = 0.6$ 附近两者几乎接触在一起。随着 λ 的进一步增加，带隙又开始增大。图 6.18(b) 给出了 Γ 点处能隙随 λ 的变化关系，可以更清楚地看到能隙先减小到零再逐渐增加的过程。从上面的结果可以看到，通过调整自旋轨道耦合强度，导带和价带在临界强度 $\lambda_c \approx 0.60$ 附近经历了一次能带反转 (band inversion)。后面可以看到，处于能带反转状态的系统为三维拓扑绝缘体。

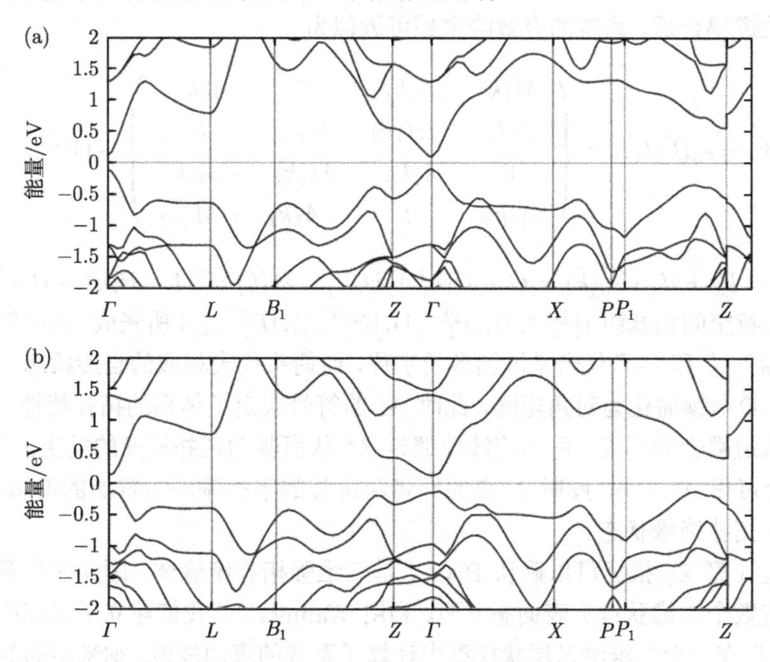

图 6.17　Bi_2Se_3 的体相能带结构

(a) 不考虑自旋轨道耦合的情形；(b) 考虑自旋轨道耦合的情形

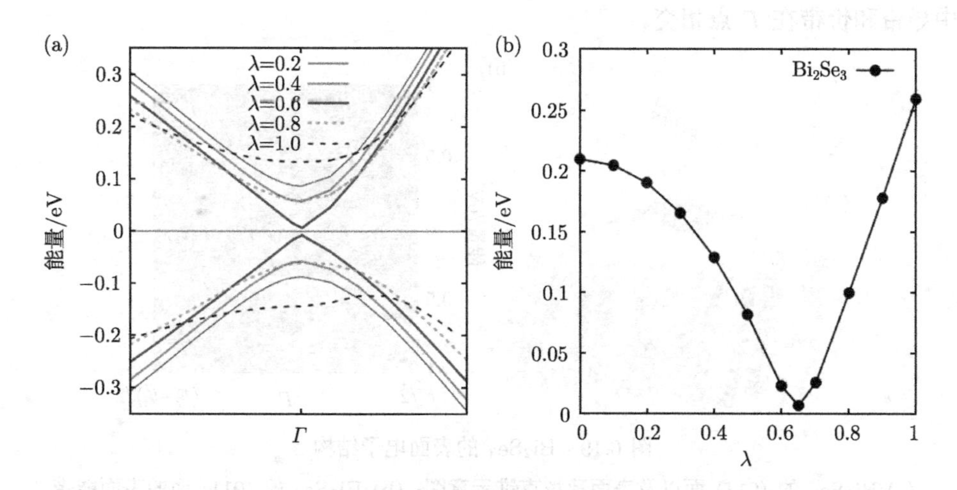

图 6.18　Bi_2Se_3 中自旋轨道耦合驱动的量子相变

(a) 能带随自旋轨道耦合的变化；(b) 能隙随自旋轨道耦合的变化

图 6.18 描述的能带反转机制最早由 Bernevig、Hughes 和张首晟提出用来描述二维拓扑绝缘中由自旋轨道耦合驱动的拓扑转变[106]。后来刘朝星、张海军等将其推广到了三维拓扑绝缘体[18,136]。在考虑了 Bi 和 Se 原子键合作用、三角晶场以及自旋轨道耦合后，系统的有效哈密顿可近似为

$$H(\vec{k}) = \epsilon_0(\vec{k})I_{4\times4} + \begin{pmatrix} M(\vec{k}) & A_1k_z & 0 & A_2k_- \\ A_1k_z & -M(\vec{k}) & A_2k_- & 0 \\ 0 & A_2k_+ & M(\vec{k}) & -A_1k_z \\ A_2k_+ & 0 & -A_1k_z & -M(\vec{k}) \end{pmatrix} + O(\vec{k}^2) \tag{6.17}$$

其中 $k_\pm = k_x \pm ik_y$；$\epsilon_0(\vec{k}) = C + D_1k_z^2 + D_2k_\perp^2$；$M(\vec{k}) = M - B_1k_z^2 - B_2k_\perp^2$。在这里希尔伯特空间由基组 $(|P_z^{1+},\uparrow\rangle, |P_z^{2-},\uparrow\rangle, |P_z^{1+},\downarrow\rangle, |P_z^{2-},\downarrow\rangle)$ 所张成，其中轨道指标中的上标“+”和“−”代表是波函数的宇称，而箭头代表相应的自旋状态。在 Γ 点 $(\vec{k}=0)$，哈密顿简化为对角矩阵。此时 M 的符号决定了体系的拓扑特性。通过调节自旋轨道耦合的强度，可以连续地调整 M 从而驱动拓扑相变的发生。当 $\lambda = 1$ 时，拟合可得 $M > 0$，此时 Γ 点的导带和价带的宇称顺序与普通的绝缘体相反，系统处于拓扑绝缘状态。

通过计算 Z_2 指标可以确认 Bi_2Se_3 是三维强拓扑绝缘体，因此在任意表面上都存在奇数个二维狄拉克表面态[109]。利用 Wannier90，我们建立了对应的紧束缚参数，随后在一个二维纳米层状模型中计算了系统的表面能谱。纳米层的暴露面是 Bi_2Se_3 的 (011) 面 [图 6.19(a)]。图 6.19 给出了计算得到的二维表面的能带色散关系，从能谱中可以看到，在体相能隙存在一个狄拉克型的二维线性色散电子态，其中导带和价带在 Γ 点相交。

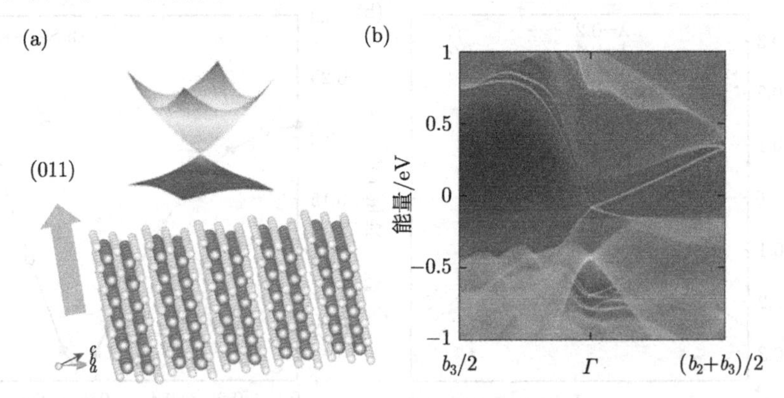

图 6.19　Bi_2Se_3 的表面电子结构

(a) Bi_2Se_3 的 (011) 面以及表面狄拉克锥示意图；(b) Bi_2Se_3 的 (011) 面的表面能带

6.5　展　望

对于具有带隙的绝缘体系，所有的占据能态形成一个封闭的流形，本章一开始介绍的拓扑指标在这些封闭流形上具有良好定义，因此可以用来标定材料的拓扑性质。在拓扑绝缘体这个研究方向上的最新进展是高阶拓扑绝缘体[137]。这类新奇拓扑绝缘体的边界态出现在其表面的边缘上，即边界态的维度比体相的维度低一维以上。另外，新的研究发现对于金属体系也能够对其费米面定义拓扑指标并进行分类。考虑一个两带模型，如果在费米能附近这两条能带发生交叉，并且由于对称性的保护，这两条能带的交叉点上并不打开能隙。这时我们就获得了一个拓扑半金属态，在微扰下这些能带交叉能够在一定的参数范围内稳定存在[138]。这类拓扑半金属 (semimetal) 包括能带交叉形成零维点的 Weyl 半金属[111] 和狄拉克半金属[139]、结线半金属 (node-line semimetal)[140] 以及结面半金属 (node-surface semimetal)[141]。这方面的最新进展可以查阅相关的综述文献 [142], [143]。

对于材料拓扑相的研究领域，最令人激动的进展属于计算方式的巨大突破。Bernevig 小组在 2017 年发表了题为“拓扑量子化学”的论文，指出利用图论的方法可以高效地计算材料的拓扑性质[144]。沿着这个方向中国科学院物理研究所方辰和翁红明小组[145]、南京大学万贤纲小组和哈佛大学 Vishwanath 小组[146] 以及普林斯顿大学的 Bernevig 和王志军小组[147] 各自独立完成了对非磁性材料拓扑性质的系统分类。我们期待这些理论成果能够在拓扑材料领域产生重大而深远的影响。

参 考 文 献

[1] 冯端，师昌绪，刘治国. 材料科学导论. 北京：化学工业出版社，2002.

[2] 熊家炯. 材料设计. 天津：天津大学出版社，2000.

[3] https://www.mgi.gov.

[4] http://www.vasp.at.

[5] http://www2.fiz-karlsruhe.de/icsd_home.html.

[6] http://www.crystallography.net/cod.

[7] http://crystdb.nims.go.jp/index_en.html.

[8] https://www.materialsproject.org.

[9] http://aflowlib.org.

[10] https://materials.nrel.gov.

[11] http://compes-x.nims.go.jp/index_en.html.

[12] http://nomad-repository.eu.

[13] http://openmaterialsdb.se.

[14] http://www.materials-mine.com.

[15] https://www.materialscloud.org.

[16] http://oqmd.org.

[17] https://cmr.fysik.dtu.dk.

[18] Zhang H J, Liu C X, Qi X L, Dai X, Fang Z, Zhang S C. Topological insulators in Bi_2Se_3, Bi_2Te_3 and Sb_2Te_3 with a single Dirac cone on the surface. Nature Physics, 2009, 5(6):438-442.

[19] http://www.calypso.cn.

[20] http://uspex-team.org/en.

[21] Jóhannesson G H, Bligaard T, Ruban A V, Skriver H L, Jacobsen K W, Nørskov J K. Combined electronic structure and evolutionary search approach to materials design. Physical Review Letters, 2002, 88(25):255506.

[22] Yu L P, Zunger A. Identification of potential photovoltaic absorbers based on first-principles spectroscopic screening of materials. Physical Review Letters, 2012, 108(6):068701.

[23] Xie T, Grossman J C. Crystal graph convolutional neural networks for an accurate and interpretable prediction of material properties. Physical Review Letters, 2018, 120(14):145301.

[24] Balachandran P, Emery A A, Gubernatis J E, Lookman T, Wolverton C, Zunger A. Predictions of new ABO_3 perovskite compounds by combining machine learning and density functional theory. Physical Review Materials, 2018, 2(4):043802.

[25] http://www.netlib.org/linpack.

[26] https://www.top500.org.

[27] http://www.minix3.org/.

[28] http://jp-minerals.org/vesta/en.

[29] http://accelrys.com/products/materials-studio.

[30] https://www.iucr.org/resources/cif.

[31] https://sourceforge.net/projects/cif2cell/.

[32] Legut D, Friák M, Šob M. Why is polonium simple cubic and so highly anisotropic? Physical Review Letters, 2007, 99(1):016402.

[33] Novoselov K S, Geim A K, Morozov S V, Jiang D, Zhang Y, Dubonos S V, Grigorieva I V, Firsov A A. Electric field effect in atomically thin carbon films. Science, 2004, 306(5696):666-669.

[34] https://www.nobelprize.org/prizes/physics/2010/summary/.

[35] Meyer J C, Geim A K, Katsnelson M I, Novoselov K S, Booth T J, Roth S. The structure of suspended graphene sheets. Nature, 2007, 446(7131):60-63.

[36] Cahangirov S, Topsakal M, Aktürk E, Şahin H, Ciraci S. Two- and one-dimensional honeycomb structures of silicon and germanium. Physical Review Letters, 2009, 102(23):236804.

[37] Fleurence A, Friedlein R, Ozaki T, Kawai H, Wang Y, Yamada-Takamura Y. Experimental evidence for epitaxial silicene on diboride thin films. Physical Review Letters, 2012, 108(24):245501.

[38] Chen L, Liu C C, Feng B J, He X Y, Cheng P, Ding Z J, Meng S, Yao Y G, Wu K H. Evidence for Dirac fermions in a honeycomb lattice based on silicon. Physical Review Letters, 2012, 109(5):056804.

[39] Xu M S, Liang T, Shi M M, Chen H Z. Graphene-like two-dimensional materials. Chemical Reviews, 2013, 113(5):3766-3798.

[40] Miró P, Audiffred M, Heine T. An atlas of two-dimensional materials. Chemical Society Reviews, 2014, 43(18):6537-6554.

[41] Das S, Robinson J A, Dubey M, Terrones H, Terrones M. Beyond graphene: Progress in novel two-dimensional materials and van der Waals solids. Annual Review of Materials Research, 2015, 45(1):1-27.

[42] Iijima S. Helical microtubules of graphitic carbon. Nature, 1991, 354(6348):56-58.

[43] Wang X S, Li Q Q, Xie J, Jin Z, Wang J Y, Li Y, Jiang K L, Fan S S. Fabrication of ultralong and electrically uniform single-walled carbon nanotubes on clean substrates. Nano Letters, 2009, 9(9):3137-3141.

[44] Saito R, Dresselhaus G, Dresselhaus M S. Physical Properties of Carbon Nanotubes. London: Imperial College Press, 1998.

[45] Dresselhaus M S, Dresselhaus G, Avouris P. Carbon Nanotubes: Synthesis, Structure, Properties, and Applications. Springer-Verlag Berlin Heidelberg, 2001.

[46] Kizuka T. Atomic configuration and mechanical and electrical properties of stable

gold wires of single-atom width. Physical Review B, 2008, 77(15):155401.

[47] Huang W, Wang L S. Probing the 2D to 3D structural transition in gold cluster anions using argon tagging. Physical Review Letters, 2009, 102(15):153401.

[48] Li J, Li X, Zhai H J, Wang L S. Au_{20}: a Tetrahedral cluster. Science, 2003, 299(5608):864.

[49] 王广厚. 团簇物理学. 上海：上海科学技术出版社，2003.

[50] 胡安，章维益. 固体物理学. 2 版. 北京：高等教育出版社，2011.

[51] http://www.webqc.org/symmetry.php.

[52] https://en.wikipedia.org/wiki/List_of_space_groups.

[53] https://en.wikipedia.org/wiki/Hermann-Mauguin_notation.

[54] http://www.cryst.ehu.es.

[55] https://en.wikipedia.org/wiki/Brillouin_zone.

[56] Born M, Oppenheimer J R. On the quantum theory of molecules. Annalen der Physik, 1927, 389(20):457-484.

[57] Bloch F. Über die quantenmechanik der elektronen in kristallgittern. Zeitschrift für Physik, 1928, 52(7-8):555-600.

[58] Slater J C, Koster G F. Simplified LCAO method for the periodic potential problem. Physical Review, 1954, 94(6):1498-1524.

[59] Sharma R. R. General expressions for reducing the Slater-Koster linear combination of atomic orbitals integrals to the two-center approximation. Physical Review B, 1979, 19(6):2813-2823.

[60] Hartree D R. The Wave mechanics of an atom with a non-Coulomb central field. Part I. Theory and methods. Mathematical Proceedings of the Cambridge Philosophical Society, 1928, 24(1):89-110.

[61] Slater J C. The self consistent field and the structure of atoms. Physical Review, 1928, 32(3):339-348.

[62] Thomas L H. The calculation of atomic fields. Mathematical Proceedings of the Cambridge Philosophical Society, 1927, 23(5):542:548.

[63] Fermi E. Eine statistische Methode zur bestimmung einiger eigenschaften des atoms und ihre anwendung auf die theorie des periodischen systems der elemente. Zeitschrift für Physik, 1928, 48(1-2):73-79.

[64] Dirac P A M. Note on Exchange phenomena in the Thomas atom. Mathematical Proceedings of the Cambridge Philosophical Society, 1930, 26(3):376-385.

[65] Wigner E. Effects of the electron interaction on the energy levels of electrons in metals. Transactions of the Faraday Society, 1938, 34:678-685.

[66] Spruch L. Pedagogic notes on Thomas-Fermi theory (and on some improvements): atoms, stars, and the stability of bulk matter. Reviews of Modern Physics, 1991, 63(1):151-209.

[67] Hohenberg P, Kohn W. Inhomogeneous electron gas. Physical Review, 1964, 136(3B):B864-B871.

[68] Kohn W, Sham L J. Self-consistent equations including exchange and correlation effects. Physical Review, 1965, 140(4A):A1133-A1138.

[69] Kohn W. Nobel lecture: electronic structure of matter — wave functions and density functionals. Reviews of Modern Physics, 1999, 71(5):1253-1266.

[70] Martin R M. Electronic Structure Basic Theory and Practical Methods. Cambridge: Cambridge University Press, 2004.

[71] Kohanoff J. Electronic Structure Calculations for Solids and Molecules: Theory and Computational Methods. Cambridge: Cambridge University Press, 2006.

[72] Parr R G, Yang W T. Density-functional Theory of Atoms and Molecules. Oxford: Oxford University Press, 1989.

[73] Singh D J, Nordstrom L. Planewaves, Pseudopotentials, and the LAPW Method, Second Edition. New York: Springer, 2006.

[74] 单斌，陈征征，陈蓉. 材料学的纳米尺度计算模拟：从基本原理到算法实现. 武汉：华中科技大学出版社，2017.

[75] Blöchl P E. Projector augmented-wave method. Physical Review B, 1994, 50 (24): 17953-17979.

[76] http://www.quantum-espresso.org/.

[77] http://www.castep.org/.

[78] https://www.abinit.org/.

[79] Goedecker S. Linear scaling electronic structure methods. Reviews of Modern Physics, 1999, 71(4):1085-1123.

[80] http://www.openmx-square.org/.

[81] https://departments.icmab.es/leem/siesta/.

[82] http://abacus.ustc.edu.cn/.

[83] Slater J C. Wave functions in a periodic potential. Physical Review, 1937, 51(10):846-851.

[84] Andersen O K. Linear methods in band theory. Physical Review B, 1975, 12(8):3060-3083.

[85] Sjöstedt E, Nördström L, Singh D. J. An alternative way of linearizing the augmented plane-wave method. Solid State Communications, 2000, 114(1):15-20.

[86] http://susi.theochem.tuwien.ac.at/.

[87] Herring C. A new method for calculating wave functions in crystals. Physical Review, 1940, 57(12):1169-1177.

[88] Phillips J C, Kleinman L. New method for calculating wave functions in crystals and molecules. Physical Review, 1959, 116(2), 287-294.

[89] Hamann D R, Schlüter M, Chiang C. Norm-conserving pseudopotentials. Physical

Review Letters, 1979, 43(20):1494-1497.

[90] Vanderbilt D. Soft self-consistent pseudopotentials in a generalized eigenvalue formalism. Physical Review B, 1990, 41(11):7892-7895.

[91] https://www2.pt.tu-clausthal.de/paw/.

[92] Ceperley D M, Alder B J. Ground state of the electron gas by a stochastic method. Physical Review Letters, 1980, 45(7):566-569.

[93] Perdew J P, Chevary J A, Vosko S H, Jackson K A, Pederson M R, Singh D J, Fiolhais C. Atoms, molecules, solids, and surfaces: Applications of the generalized gradient approximation for exchange and correlation. Physical Review B, 1992, (4611):6671-6687.

[94] Perdew J P, Burke K, Ernzerhof M. Generalized gradient approximation made simple. Physical Review Letters, 1996, 77(18-28):3865-3868.

[95] Perdew J P, Ernzerhof M. Rationale for mixing exact exchange with density functional approximations. The Journal of Chemical Physics, 1996, 105(22):9982-9985.

[96] Heyd J, Scuseria G E, Ernzerhof M. Hybrid functionals based on a screened Coulomb potential. Journal of Chemical Physics, 2003, 118(18):8207-8215.

[97] Sun J W, Ruzsinszky A, Perdew J P. Strongly constrained and appropriately normed semilocal density functional. Physical Review Letters, 2015, 115(3):036402.

[98] https://atztogo.github.io/phonopy/.

[99] http://www.homepages.ucl.ac.uk/ ucfbdxa/phon/.

[100] http://www.computingformaterials.com/.

[101] Klitzing K v, Dorda G, Pepper M. New method for high-accuracy determination of the fine-structure constant based on quantized Hall resistance. Physical Review Letters, 1980, 45(6):494-497.

[102] Thouless D J, Kohmoto M, Nightingale M P, den Nijs M. Quantized Hall conductance in a two-dimensional periodic potential. Physical Review Letters, 1982, 49(6):405-408.

[103] Haldane F D M. Model for a Quantum Hall effect without landau levels: condensed-matter realization of the "parity anomaly". Physical Review Letters, 1988, 61(18):2015-2018.

[104] Kane C L , Mele E J. Quantum spin Hall effect in graphene. Physical Review Letters, 2005, 95(22):226801.

[105] Kane C L, Mele E J. Z_2 topological order and the quantum spin Hall effect. Physical Review Letters, 2005, 95(14):146802.

[106] Bernevig B A, Hughes T L, Zhang S C. Quantum spin Hall effect. Physical Review Letters, 2006, 96(10):106802.

[107] König M, Wiedmann S, Brüne C, Roth A, Buhmann H, Molenkamp L W, Qi X L, Zhang S C. Quantum spin Hall insulator state in HgTe quantum wells. Science, 2007,

318(5851):766-770.

[108] Roy R. Topological phases and the quantum spin Hall effect in three dimensions. Physical Review B, 2009, 79(19):195322.

[109] Fu L, Kane C L, Mele E J. Topological insulators in three dimensions. Physical Review Letters, 2007 , 98(10):106803.

[110] Moore J E, Balents L. Topological invariants of time-reversal-invariant band structures. Physical Review B, 2007, 75(12):R121306.

[111] Wan X, Turner A M, Vishwanath A, Savrasov S Y. Topological semimetal and fermi-arc surface states in the electronic structure of pyrochlore iridates. Physical Review B, 2011, 83(20):205101.

[112] Weng H M, Fang C, Fang Z, Bernevig B A, Dai X. Weyl semimetal phase in noncentrosymmetric transition-metal monophosphides. Physical Review X, 2015, 5(1):011029.

[113] Huang S M, Xu S Y, Belopolski I, Lee C C, Chang G, Wang B, Alidoust N, Bian G, Neupane M, Zhang C, Jia S, Bansil A, Lin H, Hasan M Z. A Weyl fermion semimetal with surface Fermi arcs in the transition metal monopnictide TaAs class. Nature Communications, 2015, 6:7373.

[114] Berry M V. Quantal phase factors accompanying adiabatic changes. Proceedings of the Royal Society A: Mathematical, Physical and Engineering Sciences, 1984, 392(1802), 45-57.

[115] Xiao D, Chang M C, Niu Q. Berry phase effects on electronic properties. Reviews of Modern Physics, 2010, 82(3):1959-2007.

[116] 余睿，方忠，戴希. Z_2 拓扑不变量与拓扑绝缘体. 物理，2011, 40(7):462-468.

[117] Gresch D, Autès G, Yazyev O V, Troyer M, Vanderbilt D, Bernevig B A, Soluyanov A A. Z2Pack: numerical implementation of hybrid Wannier centers for identifying topological materials. Physical Review B, 2017, 95(7):075146.

[118] Marzari N, Vanderbilt D. Maximally localized generalized Wannier functions for composite energy bands. Physical Review B, 1997, 56(20):12847-12865.

[119] Souza I, Marzari N, Vanderbilt D. Maximally localized Wannier functions for entangled energy bands. Physical Review B, 2001, 65(3):035109.

[120] Mostofi A A, Yates J R, Pizzi G, Lee Y S, Souza I, Vanderbilt D, Marzari N. An updated version of Wannier90: A tool for obtaining maximally-localised Wannier functions. Computer Physics Communications, 2014, 185(8):2309-2310.

[121] Liang Q F, Wu L H, Hu X. Electrically tunable topological state in [111] perovskite materials with an antiferromagnetic exchange field. New Journal of Physics, 2013, 15(6):063031.

[122] Yao Y G, Ye F, Qi X L, Zhang S C, Fang Z. Spin-orbit gap of graphene: First-principles calculations. Physical Review B, 2006, 75(4):041401(R).

[123] Liu C C, Feng W, Yao Y G. Quantum spin Hall effect in silicene and two-dimensional germanium. Physical Review Letters, 2011, 107(7):076802.

[124] Zhou M, Ming W M, Liu Z, Wang Z F, Li P, Liu F. Epitaxial growth of large-gap quantum spin Hall insulator on semiconductor surface. Proceedings of the National Academy of Sciences, 2014, 111(40):14378-14381.

[125] Reis F, Li G, Dudy L, Bauernfeind M, Glass S, Hanke W, Thomale R, Schäfer J, Claessen R. Bismuthene on a SiC substrate: A candidate for a high-temperature quantum spin Hall material. Science, 2017, 357(6348):287-290.

[126] Liang Q F, Yu R, Zhou J, Hu X. Topological states of non-Dirac electrons on triangular lattice. Physical Review B, 2016, 93(3):035135.

[127] Sheng L, Li H C, Yang Y Y, Sheng D N, Xing D Y. Spin Chern numbers and time-reversal-symmetry-broken quantum spin Hall effect. Chinese Physics B, 2013, 22(6):67201.

[128] Zhang B B, Zhang N N, Dong S T, Lv Y Y, Chen Y B, Yao S H, Zhang S T, Gu Z B, Zhou J, Guedes I, Yu D H, Chen Y F. Lattice dynamics of K_xRhO_2 single crystals. AIP Advances, 2015, 5(8):087111.

[129] Akagi Y, Motome Y. Spin chirality ordering and anomalous hall effect in the ferromagnetic kondo lattice model on a triangular lattice. Journal of the Physical Society of Japan, 2010, 79(8):083711.

[130] Zhou J, Liang Q F, Weng H, Chen Y B, Yao S H, Chen Y F, Dong J M, Guo G Y. Predicted quantum topological Hall effect and noncoplanar antiferromagnetism in $K_{0.5}RhO_2$. Physical Review Letters, 2016, 116(25):256601.

[131] Taguchi Y, Oohara Y, Yoshizawa H, Nagaosa N, Tokura Y. Spin chirality, Berry phase, and anomalous Hall effect in a frustrated ferromagnet. Science, 2001, 291(5513):2573-2576.

[132] Liang Q F, Zhou J, Yu R, Wang X, Weng H M. Interaction-driven quantum anomalous Hall effect in halogenated hematite nanosheets. Physical Review B, 2017, 96(20):205412.

[133] Hsieh D, Qian D, Wray L, Xia Y, Hor Y S, Cava R J, Hasan M Z. A topological Dirac insulator in a quantum spin Hall phase. Nature, 2008, 452(7190):970-974.

[134] Xia Y, Qian D, Hsieh D, Wray L, Pal A, Lin H, Bansil A, Grauer D, Hor Y S, Cava R J, Hasan M Z. Observation of a large-gap topological-insulator class with a single Dirac cone on the surface. Nature Physics, 2009, 5(6):398-402.

[135] Bernevig B A, Hughes T L, Z hang S C. Quantum spin Hall effect and topological phase transition in HgTe quantum wells. Science, 2006, 314(5806):1757-1761.

[136] Liu C X, Qi X L, Zhang H J, Dai X, Fang Z, Zhang S C. Model hamiltonian for topological insulators. Physical Review B, 2010, 82(4):045122.

[137] Schindler F, Wang Z J, Vergniory M G, Cook A M, Murani A, Sengupta S, Kasumov

A Y, Deblock R, Jeon S, Drozdov I, Bouchiat H, Guéron S, Yazdani A, Bernevig B A, Neupert T. Higher-order topology in bismuth. Nature Physics, 2018, 14(9):918-924.

[138] Zhao Y X, Wang Z D. Novel Z_2 topological metals and semimetals. Physical Review Letters, 2016, 116(1):016401.

[139] Wang Z J, Sun Y, Chen X Q, Franchini C, Xu G, Weng H M, Dai X, Fang Z. Dirac semimetal and topological phase transitions in A_3Bi (A=Na, K, Rb). Physical Review B, 2012, 85(19):195320.

[140] Weng H M, Liang Y Y, Xu Q N, Yu R, Fang Z, Dai X, Kawazoe Y. Topological node-line semimetal in three-dimensional graphene networks. Physical Review B, 2015, 92(4):045108.

[141] Liang Q F, Zhou J, Yu R, Wang Z, Weng H M. Node-surface and node-line fermions from nonsymmorphic lattice symmetries. Physical Review B, 2016, 93(8):085427.

[142] Weng H M, Dai X, Fang Z. Topological semimetals predicted from first-principles calculations. Journal of Physics: Condensed Matter, 2016, 28(30):303001.

[143] Fang C, Weng H M, Dai X, Fang Z. Topological nodal line semimetals. Chinese Physics B, 2016, 25(11):117106.

[144] Bradlyn B, Elcoro L, Cano J, Vergniory M G, Wang Z J, Felser C, Aroyo M I, Bernevig B A. Topological quantum chemistry. Nature, 2017, 547(7663):298-305.

[145] Zhang T T, Jiang Y, Song Z D, Huang H, He Y Q, Fang Z, Weng H M, Fang C. Catalogue of topological electronic materials. Nature, 2019, 566(7745):475-479.

[146] Tang F, Po H C, Vishwanath A, Wan X G. Comprehensive search for topological materials using symmetry indicators. Nature, 2019, 566(7745):486-489.

[147] Vergniory M G, Elcoro L, Felser C, Regnault N, Bernevig B A, Wang Z J. A complete catalogue of high-quality topological materials. Nature, 2019, 566(7745):480-485.

附录一　泛函及其导数

所谓泛函 (functional)，简单理解就是函数的函数。对于一个函数 $f(x)$，x 是自变量，f 是函数。而一个泛函 $F[f(x)]$，其中 $f(x)$ 是自变量，而 F 就是泛函。密度泛函理论之所以称为密度泛函，主要是因为其中的物理量都可以写成电子密度的函数：$H[\rho(\vec{r})]$，而电子密度 ρ 本身又是空间位置 $\vec{r}$ 的函数，所以称为密度泛函理论。

一般来说，泛函通常表示成函数 (以及函数导数和自变量) 的积分，如一个泛函的一般形式如下：

$$J[f]=\int_a^b L[x,f(x),f'(x)]\mathrm{d}x$$

其中，$f'(x)=\mathrm{d}f(x)/\mathrm{d}x$；$L$ 是一个函数。

对泛函也可以求导。如果函数 $f(x)$ 有一个小的变化 $\delta f(x)$，那么泛函 J 会有一个变化

$$\delta J=\int_a^b \frac{\delta J}{\delta f(x)}\delta f(x)\mathrm{d}x$$

其中 $\delta f(x)$ 前面的系数，即 $\delta J/\delta f(x)$ 就是泛函 J 的导数 (在 x 点相对于 f 求导)。所以泛函的导数可以写成

$$\frac{\delta J}{\delta f(x)}=\frac{\partial L}{\partial f}-\frac{\mathrm{d}}{\mathrm{d}x}\frac{\partial L}{\partial f'}$$

对应矢量的情况下，泛函为

$$F[\rho]=\int L(\vec{r},\rho(\vec{r}),\nabla\rho(\vec{r}))\mathrm{d}\vec{r}$$

$$\frac{\delta J}{\delta\rho(\vec{r})}=\frac{\partial L}{\partial\rho}-\nabla\cdot\frac{\partial L}{\partial\nabla\rho}$$

例如，考虑 Thomas-Fermi 模型，无相互作用均匀电子气的动能是密度的泛函：

$$T[\rho]=C_{\mathrm{F}}\int\rho^{5/3}(\vec{r})\mathrm{d}\vec{r}$$

这个泛函不存在 ρ 的导数项，所以根据公式，这个泛函对 ρ 的导数是

$$\frac{\delta T}{\delta\rho(\vec{r})}=C_{\mathrm{F}}\frac{\partial\rho^{5/3}(\vec{r})}{\partial\rho(\vec{r})}=\frac{5}{3}C_{\mathrm{F}}\rho^{2/3}(\vec{r})$$

附录二　元胞和布里渊区的标准取法

一个晶体的元胞有不同的取法，而在计算材料的能带时，布里渊区的高对称点的取法也会因人而异。因此，建立一套对材料元胞和布里渊区高对称点的标准取法十分有必要。这里，我们推荐美国杜克大学 Setyawan 和 Curtarolo 的做法，下面罗列所有可能的三维点阵单胞和初基元胞的取法，并且给出标准的高对称点取法。具体参考文献：Setyawan W, Curtarolo S. Computational Materials science, 2010, 49(2): 229-312。

1. 立 方 晶 系

简单立方 (simple cubic)

简单立方的单胞和初基元胞取法一样，其取法及其布里渊区见附图 2.1 和式 (附 2.1)，而布里渊区的高对称点路径和坐标见附表 2.1。

$$
\text{初基元胞}\begin{cases}\vec{a}_1=(a,0,0)\\ \vec{a}_2=(0,a,0)\\ \vec{a}_3=(0,0,a)\end{cases}\qquad\text{(附 2.1)}
$$

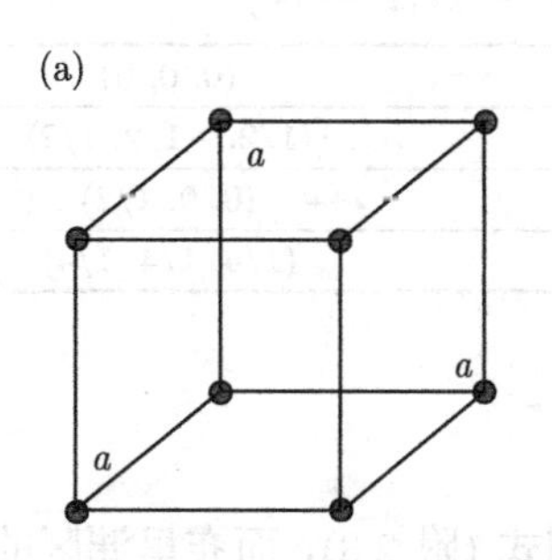

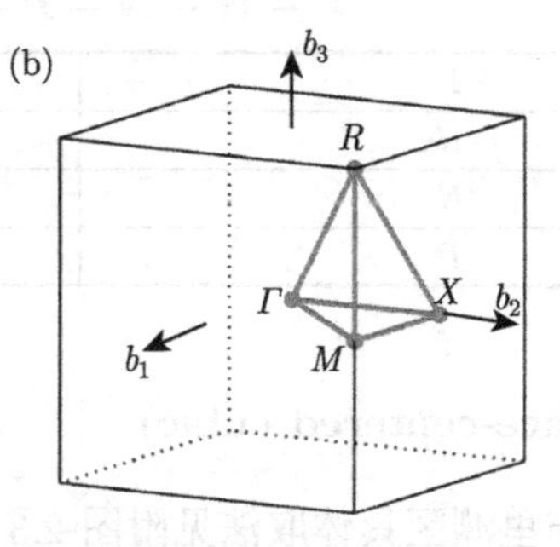

附图 2.1　简单立方点阵的元胞 (a) 及其布里渊区 (b)

附表 2.1　简单立方的布里渊区高对称点的符号和坐标 (高对称路径为 $\boldsymbol{\Gamma-X-M-\Gamma-R-X|M-R}$)

Γ	(0, 0, 0)
X	(1/2, 0, 0)
M	(1/2, 1/2, 0)
R	(1/2, 1/2, 1/2)

体心立方 (body-centered cubic)

元胞和布里渊区具体取法见附图 2.2 和式 (附 2.2)，而布里渊区的高对称点路径和坐标见附表 2.2。

$$\text{单胞}\begin{cases}\vec{a}=(a,0,0)\\ \vec{b}=(0,a,0)\\ \vec{c}=(0,0,a)\end{cases}\quad \text{初基元胞}\begin{cases}\vec{a}_1=(-a/2,a/2,a/2)\\ \vec{a}_2=(a/2,-a/2,a/2)\\ \vec{a}_3=(a/2,a/2,-a/2)\end{cases}\tag{附 2.2}$$

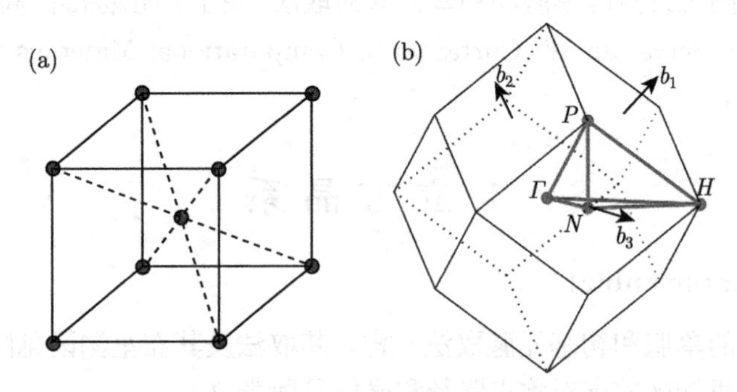

附图 2.2　体心立方点阵的元胞 (a) 及其布里渊区 (b)

附表 2.2　体心立方的布里渊区高对称点的符号和坐标 (高对称路径为 $\boldsymbol{\Gamma-H-N-\Gamma-P-H|P-N}$)

Γ	(0, 0, 0)
H	(1/2, −1/2, 1/2)
N	(0, 0, 1/2)
P	(1/4, 1/4, 1/4)

面心立方 (face-centered cubic)

元胞和布里渊区具体取法见附图 2.3 和式 (附 2.3)，而布里渊区的高对称点路径和坐标见附表 2.3。

$$\text{单胞}\begin{cases}\vec{a}=(a,0,0)\\ \vec{b}=(0,a,0)\\ \vec{c}=(0,0,a)\end{cases}\quad \text{初基元胞}\begin{cases}\vec{a}_1=(0,a/2,a/2)\\ \vec{a}_2=(a/2,0,a/2)\\ \vec{a}_3=(a/2,a/2,0)\end{cases}\tag{附 2.3}$$

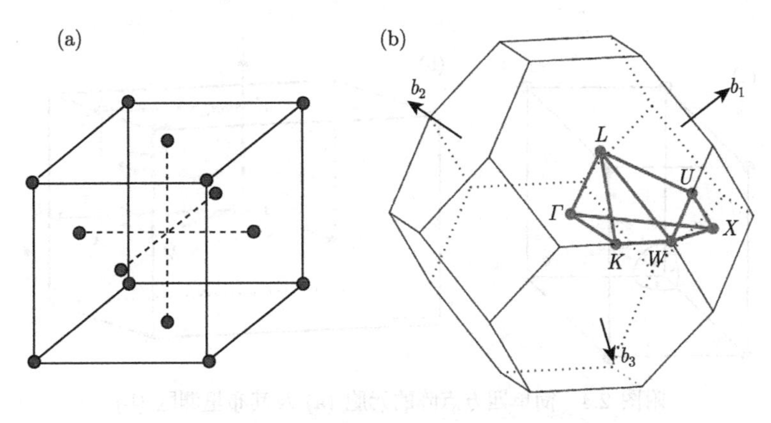

附图 2.3 面心立方点阵的元胞 (a) 及其布里渊区 (b)

附表 2.3 体心立方的布里渊区高对称点的符号和坐标 (高对称路径为 $\boldsymbol{\Gamma-X-W-K-\Gamma-L-U-W-L-K|U-X}$)

Γ	(0, 0, 0)
X	(1/2, 0, 1/2)
W	(1/2, 1/4, 3/4)
K	(3/8, 3/8, 3/4)
L	(1/2, 1/2, 1/2)
U	(5/8, 1/4, 5/8)

2. 四 方 晶 系

简单四方 (simple tetragonal)

简单四方的单胞和初基元胞取法一样，其取法及其布里渊区见附图 2.4 和式 (附 2.4)，而布里渊区的高对称点路径和坐标见附表 2.4。

$$\text{初基元胞}\begin{cases}\vec{a}_1=(a,0,0)\\ \vec{a}_2=(0,a,0)\\ \vec{a}_3=(0,0,c)\end{cases}\tag{附 2.4}$$

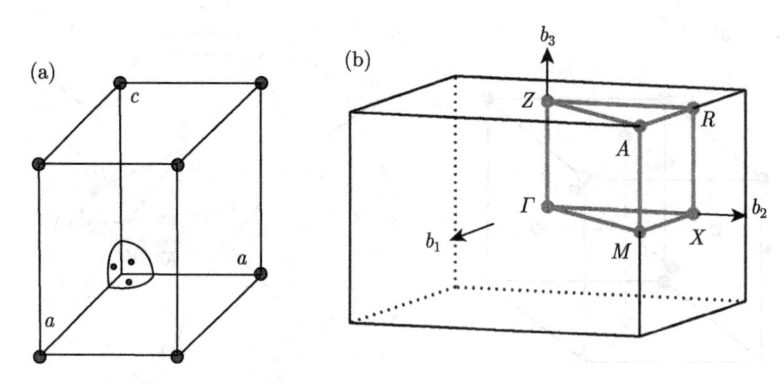

附图 2.4　简单四方点阵的元胞 (a) 及其布里渊区 (b)

附表 2.4　简单四方的布里渊区高对称点的符号和坐标 (高对称路径为 $\boldsymbol{\Gamma - X - M - \Gamma - Z - R - A - Z|X - R|M - A}$)

Γ	(0, 0, 0)
X	(0, 1/2, 0)
M	(1/2, 1/2, 0)
Z	(0, 0, 1/2)
R	(0, 1/2, 1/2)
A	(1/2, 1/2, 1/2)

体心四方 (body-centered tetragonal)

体心四方的单胞和初基元胞的取法见附图 2.5(a) 或者附图 2.6(a)，及式 (附 2.5)。但其布里渊区分为两种情况：

当 $c < a$ 时，其布里渊区图和高对称点坐标见附图 2.5(b) 和附表 2.5。

当 $c > a$ 时，其布里渊区图和高对称点坐标见附图 2.6(b) 和附表 2.6。

$$\text{单胞}\begin{cases}\vec{a} = (a, 0, 0)\\ \vec{b} = (0, a, 0)\\ \vec{c} = (0, 0, c)\end{cases}\quad \text{初基元胞}\begin{cases}\vec{a}_1 = (-a/2, a/2, c/2)\\ \vec{a}_2 = (a/2, -a/2, c/2)\\ \vec{a}_3 = (a/2, a/2, -c/2)\end{cases}\qquad (\text{附 } 2.5)$$

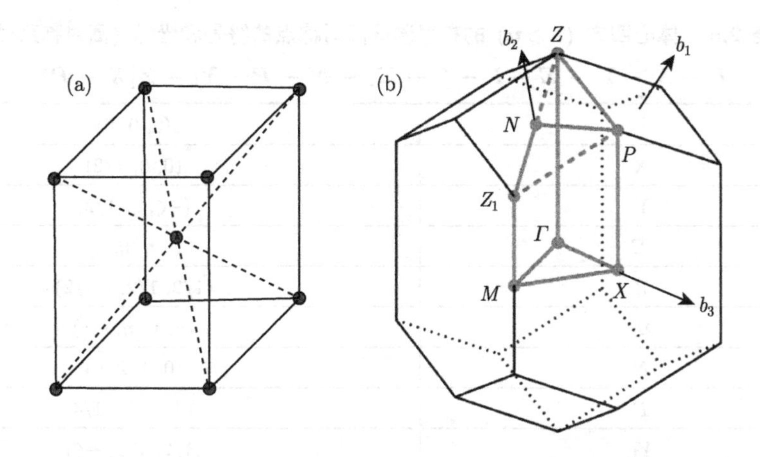

附图 2.5　体心四方点阵的元胞 ($c < a$) (a) 及其布里渊区 (b)

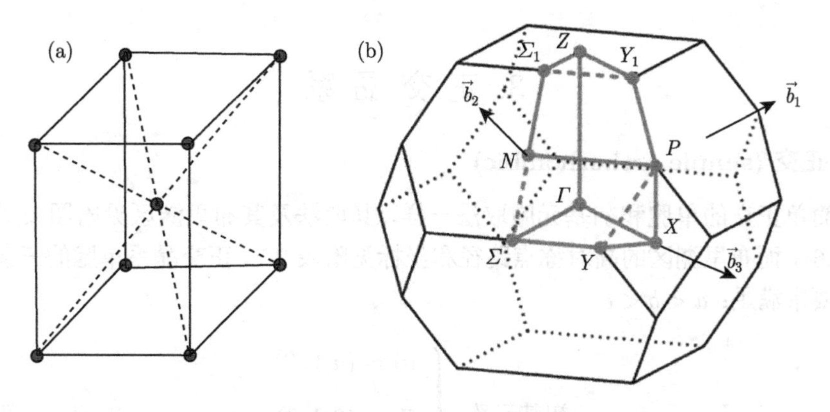

附图 2.6　体心四方点阵的元胞 ($c > a$) (a) 及其布里渊区 (b)

附表 2.5　体心四方 ($c < a$) 的布里渊区高对称点的符号和坐标 (高对称路径为 $\boldsymbol{\Gamma - X - M - \Gamma - Z - P - N - Z_1 - M|X - P}$)

Γ	(0, 0, 0)
X	(0, 0, 1/2)
M	(−1/2, 1/2, 1/2)
Z	(η, η, $-\eta$)
P	(1/4, 1/4, 1/4)
N	(0, 1/2, 0)
Z_1	($-\eta$, $1-\eta$, η)

注: $\eta = (1 + c^2 / a^2)/4$

附表 2.6　体心四方 ($c > a$) 的布里渊区高对称点的符号和坐标 (高对称路径为 $\Gamma - X - Y - \Sigma - \Gamma - Z - \Sigma_1 - N - P - Y_1 - Z|X - P$)

Γ	(0, 0, 0)
X	(0, 0, 1/2)
Y	$(-\zeta, \zeta, 1/2)$
Σ	$(-\eta, \eta, \eta)$
Z	(1/2, 1/2, −1/2)
Σ_1	$(\eta, 1-\eta, -\eta)$
N	(0, 1/2, 0)
P	(1/4, 1/4, 1/4)
Y_1	$(1/2, 1/2, -\zeta)$

注：$\eta = (1 + c^2/a^2)/4$，$\zeta = a^2/(2c^2)$

3. 正 交 晶 系

简单正交 (simple orthorhombic)

简单正交的单胞和初基元胞取法一样，其取法及其布里渊区见附图 2.7 和式 (附 2.6)，而布里渊区的高对称点路径和坐标见附表 2.7。正交晶系单胞的三条基矢长度要求满足：$a < b < c$。

$$\text{初基元胞}\begin{cases}\vec{a}_1 = (a, 0, 0)\\ \vec{a}_2 = (0, b, 0)\\ \vec{a}_3 = (0, 0, c)\end{cases} \tag{附 2.6}$$

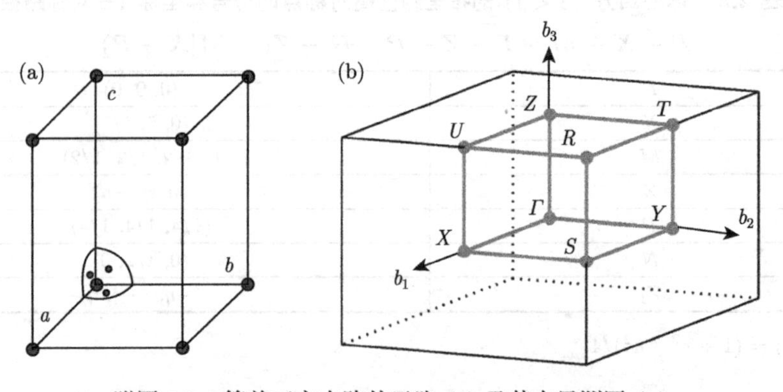

附图 2.7　简单正交点阵的元胞 (a) 及其布里渊区 (b)

附表 2.7　简单正交的布里渊区高对称点的符号和坐标 (高对称路径为 $\Gamma-X-S-Y-\Gamma-Z-U-R-T-Z|Y-T|U-X|S-R$)

Γ	(0, 0, 0)
X	(1/2, 0, 0)
S	(1/2, 1/2, 0)
Y	(0, 1/2, 0)
Z	(0, 0, 1/2)
U	(1/2, 0, 1/2)
R	(1/2, 1/2, 1/2)
T	(0, 1/2, 1/2)

面心正交 (face-centered orthorhombic)

面心正交的单胞和初基元胞的取法见附图 2.8(a) ~ 附图 2.10(a) 及式 (附 2.7)。但其布里渊区分为三种情况：

当 $1/a^2 > 1/b^2 + 1/c^2$ 时，其布里渊区图和高对称点坐标见附图 2.8(b) 和附表 2.8。

当 $1/a^2 < 1/b^2 + 1/c^2$ 时，其布里渊区图和高对称点坐标见附图 2.9(b) 和附表 2.9。

当 $1/a^2 = 1/b^2 + 1/c^2$ 时，其布里渊区图和高对称点坐标见附图 2.10(b) 和附表 2.8。

正交晶系单胞的三条基矢长度要求满足：$a < b < c$。

$$\text{单胞}\begin{cases}\vec{a}=(a,0,0)\\ \vec{b}=(0,b,0)\\ \vec{c}=(0,0,c)\end{cases}\quad \text{初基元胞}\begin{cases}\vec{a}_1=(0,b/2,c/2)\\ \vec{a}_2=(a/2,0,c/2)\\ \vec{a}_3=(a/2,b/2,0)\end{cases}\qquad (\text{附 } 2.7)$$

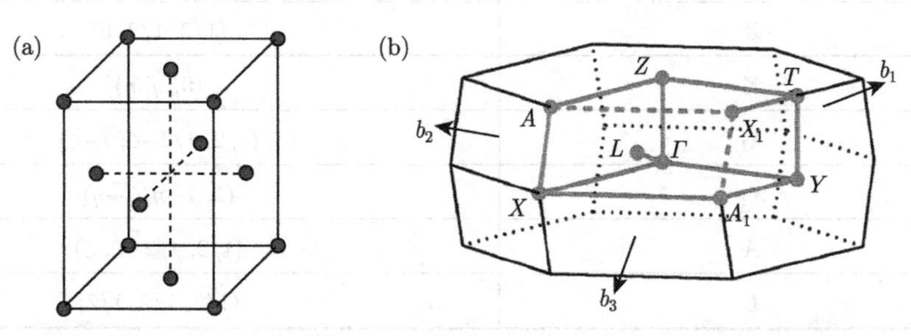

附图 2.8　面心正交点阵的元胞 $(1/a^2>1/b^2+1/c^2)$(a) 及其布里渊区 (b)

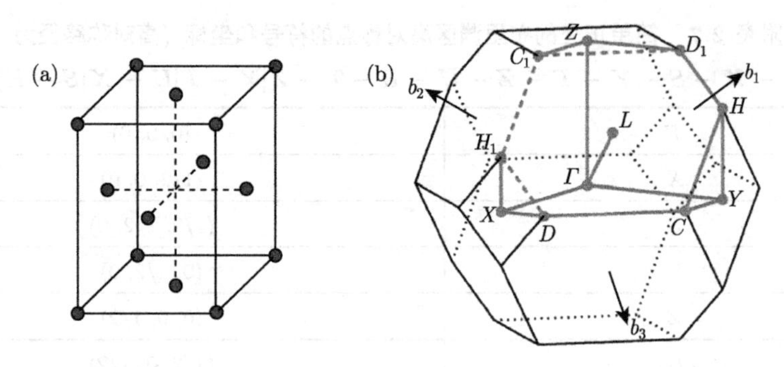

附图 2.9　面心正交点阵的元胞 $(1/a^2<1/b^2+1/c^2)$ (a) 及其布里渊区 (b)

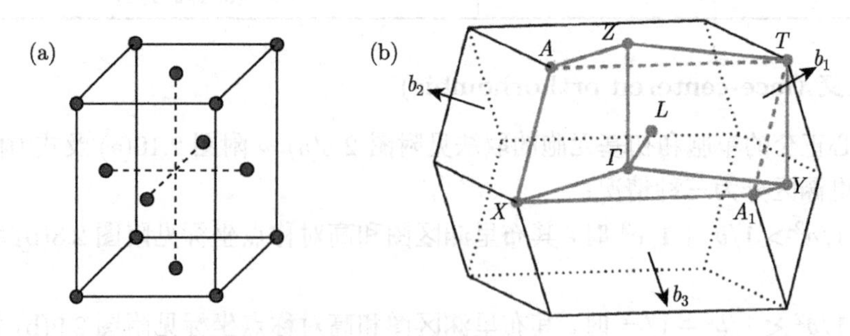

附图 2.10　面心正交点阵的元胞 $(1/a^2=1/b^2+1/c^2)$ (a) 及其布里渊区 (b)

附表 2.8　面心正交 $(1/a^2>1/b^2+1/c^2$ 或者 $1/a^2=1/b^2+1/c^2)$ 的布里渊区高对称点的符号和坐标 (高对称路径为 $\Gamma-Y-T-Z-\Gamma-X-A_1-Y|T-X_1|X-A-Z|L-\Gamma$)

Γ	(0, 0, 0)
Y	(1/2, 0, 1/2)
T	(1, 1/2, 1/2)
Z	(1/2, 1/2, 0)
X	(0, η, η)
A_1	(1/2, 1/2−ζ, 1−ζ)
X_1	(1, 1−η, 1−η)
A	(1/2, 1/2+ζ, ζ)
L	(1/2, 1/2, 1/2)

注: $\eta=(1+a^2/b^2+a^2/c^2)/4$, $\zeta=(1+a^2/b^2-a^2/c^2)/4$

附表 2.9　面心正交 ($1/a^2<1/b^2+1/c^2$) 的布里渊区高对称点的符号和坐标 (高对称路径为 $\Gamma-Y-C-D-X-\Gamma-Z-D_1-H-C|C_1-Z|X-H_1|H-Y|L-\Gamma$)

Γ	(0, 0, 0)
Y	(1/2, 0, 1/2)
C	(1/2, 1/2−η, 1−η)
D	(1/2−δ, 1/2, 1−δ)
X	(0, 1/2, 1/2)
Z	(1/2, 1/2, 0)
D_1	(1/2+δ, 1/2, δ)
H	(1−ϕ, 1/2−ϕ, 1/2)
C_1	(1/2, 1/2+η, η)
H_1	(ϕ, 1/2+ϕ, 1/2)
L	(1/2, 1/2, 1/2)

注：$\eta=(1+a^2/b^2-a^2/c^2)/4$，$\delta=(1+b^2/a^2-b^2/c^2)/4$，$\phi=(1+c^2/b^2-c^2/a^2)/4$

体心正交 (body-centered orthorhombic)

元胞和布里渊区具体取法见附图 2.11 和式 (附 2.8)，而布里渊区的高对称点路径和坐标见附表 2.10。正交晶系单胞的三条基矢长度要求满足：$a<b<c$。

$$\text{单胞}\begin{cases}\vec{a}=(a,0,0)\\ \vec{b}=(0,b,0)\\ \vec{c}=(0,0,c)\end{cases}\quad\text{初基元胞}\begin{cases}\vec{a}_1=(-a/2,b/2,c/2)\\ \vec{a}_2=(a/2,-b/2,c/2)\\ \vec{a}_3=(a/2,b/2,-c/2)\end{cases}\qquad(\text{附 }2.8)$$

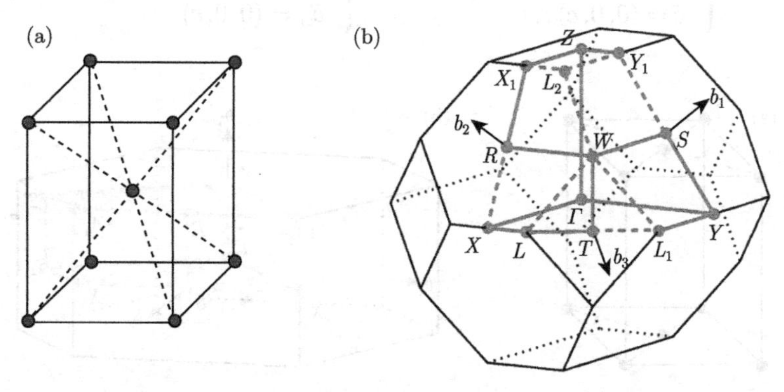

附图 2.11　体心正交点阵的元胞 (a) 及其布里渊区 (b)

附表 2.10　体心正交的布里渊区高对称点的符号和坐标 (高对称路径为 $\boldsymbol{\Gamma-X-L-T-W-R-X_1-Z-\Gamma-Y-S-W|L_1-Y|Y_1-Z}$)

Γ	(0, 0, 0)
X	$(-\zeta, \zeta, \zeta)$
L	$(-\mu, \mu, 1/2-\delta)$
T	(0, 0, 1/2)
W	(1/4, 1/4, 1/4)
R	(0, 1/2, 0)
X_1	$(\zeta, 1-\zeta, -\zeta)$
Z	(1/2, 1/2, −1/2)
Y	$(\eta, -\eta, \eta)$
S	(1/2, 0, 0)
L_1	$(\mu, -\mu, 1/2+\delta)$
Y_1	$(1-\eta, \eta, -\eta)$
L_2	$(1/2-\delta, 1/2+\delta, -\mu)$

注：$\eta = (1 + b^2/c^2)/4$，$\zeta = (1 + a^2/c^2)/4$，$\delta = (b^2 - a^2)/4c^2$，$\mu = (a^2 + b^2)/4c^2$

底心正交 (base-centered orthorhombic)

元胞和布里渊区具体取法见附图 2.12 和式 (附 2.9)，而布里渊区的高对称点路径和坐标见附表 2.11。正交晶系单胞的三条基矢长度要求满足：$a < b$。

$$\text{单胞}\begin{cases}\vec{a}=(a,0,0)\\ \vec{b}=(0,b,0)\\ \vec{c}=(0,0,c)\end{cases}\qquad \text{初基元胞}\begin{cases}\vec{a}_1=(a/2,-b/2,0)\\ \vec{a}_2=(a/2,b/2,0)\\ \vec{a}_3=(0,0,c)\end{cases}\qquad (\text{附 } 2.9)$$

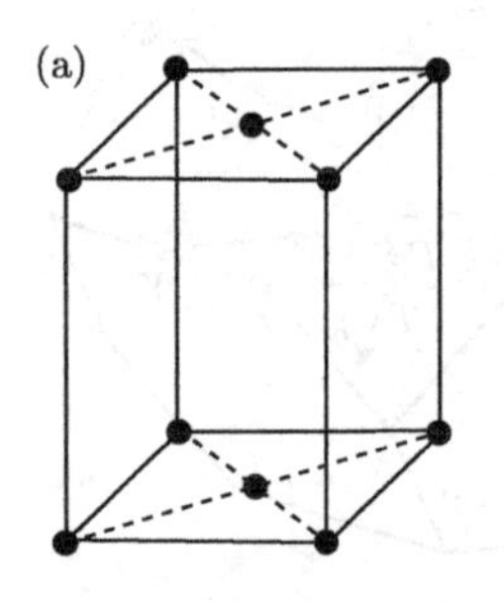

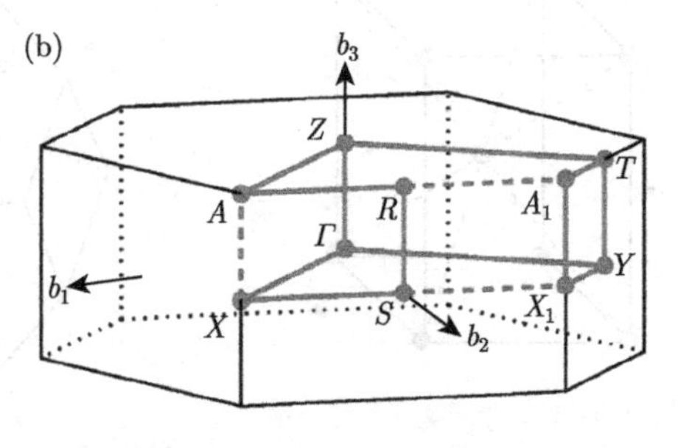

附图 2.12　底心正交点阵的元胞 (a) 及其布里渊区 (b)

附表 2.11　底心正交的布里渊区高对称点的符号和坐标 (高对称路径为 $\Gamma-X-S-R-A-Z-\Gamma-Y-X_1-A_1-T-Y|Z-T$)

Γ	(0, 0, 0)
X	(ζ, ζ, 0)
S	(0, 1/2, 0)
R	(0, 1/2, 1/2)
A	(ζ, ζ, 1/2)
Z	(0, 0, 1/2)
Y	(−1/2, 1/2, 0)
X_1	($-\zeta$, $1-\zeta$, 0)
A_1	($-\zeta$, $1-\zeta$, 1/2)
T	(−1/2, 1/2, 1/2)

注: $\zeta=(1+a^2/b^2)/4$

4. 六 角 晶 系

六角 (hexagonal)

元胞和布里渊区具体取法见附图 2.13 和式 (附 2.10)，而布里渊区的高对称点路径和坐标见附表 2.12。

$$\text{初基元胞}\begin{cases}\vec{a}_1=(a/2,-(a\sqrt{3})/2,0)\\ \vec{a}_2=(a/2,(a\sqrt{3})/2,0)\\ \vec{a}_3=(0,0,c)\end{cases}\qquad(\text{附 } 2.10)$$

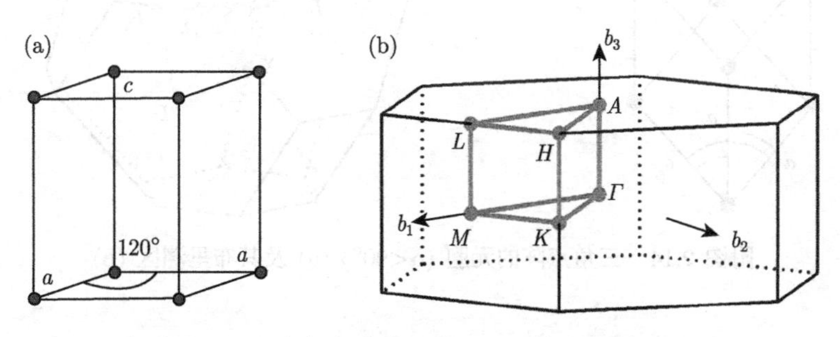

附图 2.13　六角点阵的元胞 (a) 及其布里渊区 (b)

附表 2.12　六角的布里渊区高对称点的符号和坐标 (高对称路径为 $\Gamma-M-K-\Gamma-A-L-H-A|L-M|K-H$)

Γ	(0, 0, 0)
M	(1/2, 0, 0)
K	(1/3, 1/3, 0)
A	(0, 0, 1/2)
L	(1/2, 0, 1/2)
H	(1/3, 1/3, 1/2)

5. 三 角 晶 系

三角 (rhombohedral)

三角点阵的初基元胞的取法见附图 2.14(a) 或者附图 2.15(a) 及式 (附 2.11)。但其布里渊区分为两种情况:

当 $\alpha<90°$ 时，其布里渊区图和高对称点坐标见附图 2.14(b) 和附表 2.13。

当 $\alpha>90°$ 时，其布里渊区图和高对称点坐标见附图 2.15(b) 和附表 2.14。

$$\text{初基元胞}\begin{cases}\vec{a}_1=(a\cos(\alpha/2),-a\sin(\alpha/2),0)\\ \vec{a}_2=(a\cos(\alpha/2),a\sin(\alpha/2),0)\\ \vec{a}_3=(a\cos\alpha/\cos(\alpha/2),0,a\sqrt{1-\cos^2\alpha/\cos^2(\alpha/2)})\end{cases}\qquad(\text{附 }2.11)$$

(a)

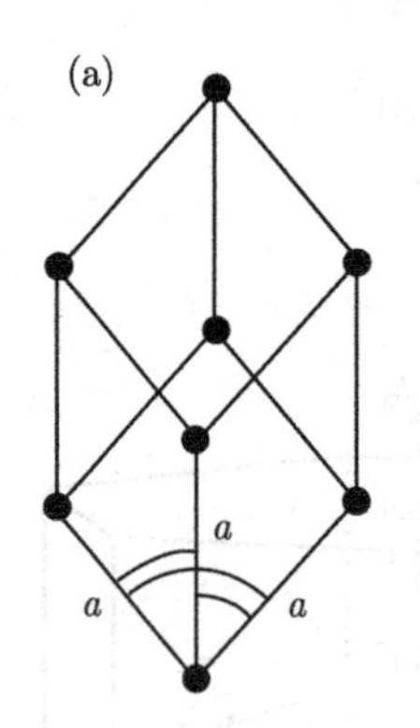

(b)

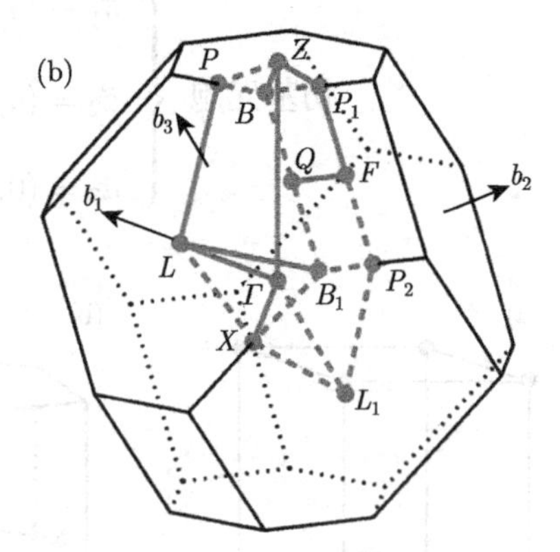

附图 2.14　三角点阵的元胞 ($\alpha<90°$) (a) 及其布里渊区 (b)

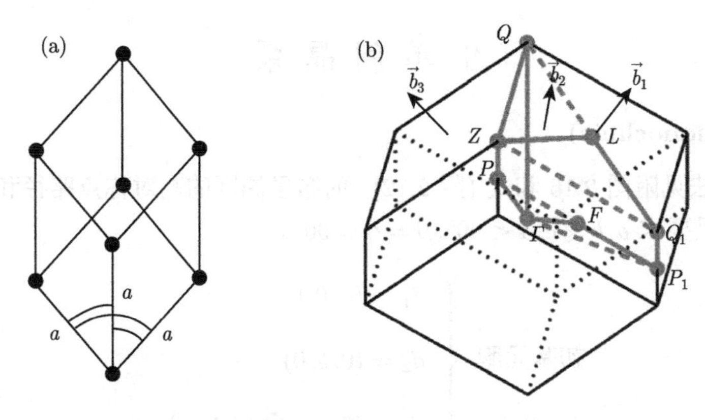

附图 2.15　三角点阵的元胞 (α>90°) (a) 及其布里渊区 (b)

附表 2.13　三角 (α<90°) 的布里渊区高对称点的符号和坐标 (高对称路径为 $\Gamma-L-B_1|B-Z-\Gamma-X|Q-F-P_1-Z|L-P$)

Γ	(0, 0, 0)
L	(1/2, 0, 0)
B_1	(1/2, 1−η, η−1)
B	(η, 1/2, 1−η)
Z	(1/2, 1/2, 1/2)
X	(υ, 0, −υ)
Q	(1−υ, υ, 0)
F	(1/2, 1/2, 0)
P_1	(1−υ, 1−υ, 1−η)
P	(η, υ, υ)
P_2	(υ, υ, η−1)
L_1	(0, 0, −1/2)

注: $\eta=(1+4\cos\alpha)/(2+4\cos\alpha)$, $\upsilon=3/4-\eta/2$

附表 2.14　三角 (α>90°) 的布里渊区高对称点的符号和坐标 (高对称路径为 $\Gamma-P-Z-Q-\Gamma-F-P_1-Q_1-L-Z$)

Γ	(0, 0, 0)
P	(1−υ, −υ, 1−υ)
Z	(1/2, −1/2, 1/2)
Q	(η, η, η)
F	(1/2, −1/2, 0)
P_1	(υ, υ−1, υ−1)
Q_1	(1−η, −η, −η)
L	(1/2, 0, 0)

注: $\eta=1/[2\tan^2(\alpha/2)]$, $\upsilon=3/4-\eta/2$

6. 单斜晶系

简单单斜 (monoclinic)

具体取法见附图 2.16 和式 (附 2.12)，而布里渊区的高对称点路径和坐标见附表 2.15。这里要求 $a, b \leqslant c, \alpha < 90°, \beta = \gamma = 90°$。

$$\text{初基元胞} \begin{cases} \vec{a}_1 = (a, 0, 0) \\ \vec{a}_2 = (0, b, 0) \\ \vec{a}_3 = (0, c\cos\alpha, c\sin\alpha) \end{cases} \quad (\text{附 } 2.12)$$

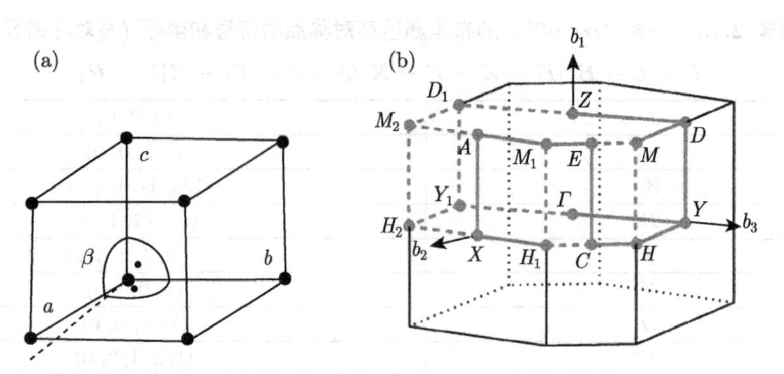

附图 2.16　简单单斜点阵的元胞 (a) 及其布里渊区 (b)

附表 2.15　简单单斜的布里渊区高对称点的符号和坐标 (高对称路径为 $\boldsymbol{\Gamma - Y - H - C - E - M_1 - A - X - H_1|M - D - Z|Y - D}$)

Γ	(0, 0, 0)
Y	(0, 0, 1/2)
H	(0, η, 1−υ)
C	(0, 1/2, 1/2)
E	(1/2, 1/2, 1/2)
M_1	(1/2, 1−η, υ)
A	(1/2, 1/2, 0)
X	(0, 1/2, 0)
H_1	(0, 1−η, υ)
M	(1/2, η, 1−υ)

续表

D	(1/2, 0, 1/2)
Z	(1/2, 0, 0)
D_1	(1/2, 0, −1/2)
H_2	(0, η, $-\upsilon$)
M_2	(1/2, η, $-\upsilon$)
Y_1	(0, 0, −1/2)

注：$\eta = (1 - b\cos\alpha/c)/(2\sin^2\alpha)$，$\upsilon = 1/2 - \eta c\cos\alpha/b$

底心单斜 (base-centered monoclinic)

底心单斜的单胞和初基元胞的取法见附图 2.17(a) ∼ 附图 2.21(a) 及式 (附 2.13)。但其布里渊区分为五种情况：

当 k_γ>90° 时，其布里渊区图和高对称点坐标见附图 2.17(b) 和附表 2.16。

当 k_γ=90° 时，其布里渊区图和高对称点坐标见附图 2.18(b) 和附表 2.16。

当 k_γ<90° 且 $b\cos\alpha/c + b^2\sin^2\alpha/a^2<1$ 时，其布里渊区图和高对称点坐标见附图 2.19(b) 和附表 2.17。

当 k_γ<90° 且 $b\cos\alpha/c + b^2\sin^2\alpha/a^2=1$ 时，其布里渊区图和高对称点坐标见附图 2.20(b) 和附表 2.17。

当 k_γ<90° 且 $b\cos\alpha/c + b^2\sin^2\alpha/a^2>1$ 时，其布里渊区图和高对称点坐标见附图 2.21(b) 和附表 2.18。

$$
\text{单胞}\begin{cases}\vec{a}=(a,0,0)\\ \vec{b}=(0,b,0)\\ \vec{c}=(0,c\cos\alpha,c\sin\alpha)\end{cases}\qquad \text{初基元胞}\begin{cases}\vec{a}_1=(a/2,b/2,0)\\ \vec{a}_2=(-a/2,b/2,0)\\ \vec{a}_3=(0,c\cos\alpha,c\sin\alpha)\end{cases}\tag{附 2.13}
$$

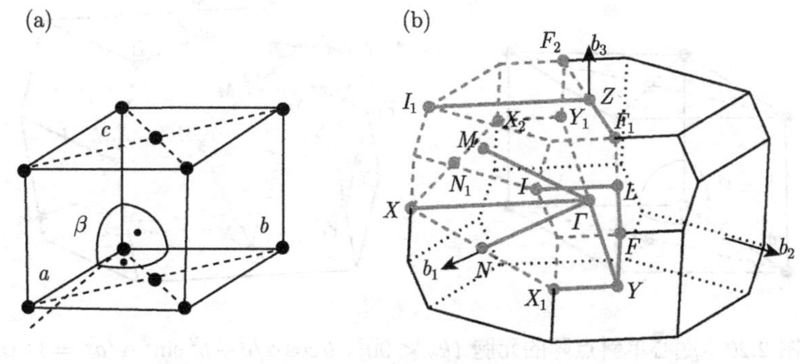

附图 2.17　底心单斜点阵的元胞 (k_γ >90°)(a)
及其布里渊区 (b)

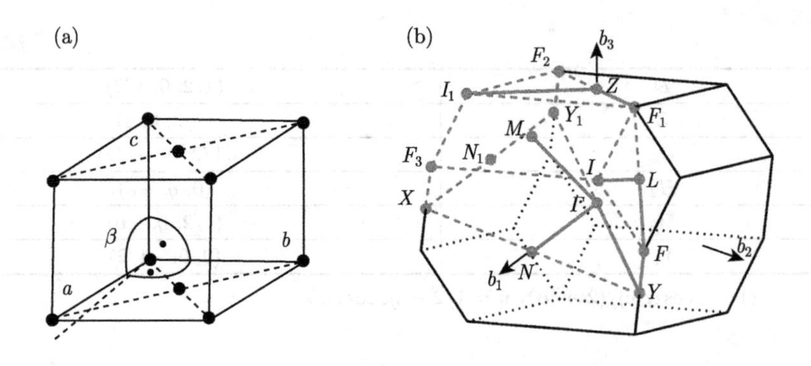

附图 2.18　底心单斜点阵的元胞 ($k_\gamma = 90°$)(a)
及其布里渊区 (b)

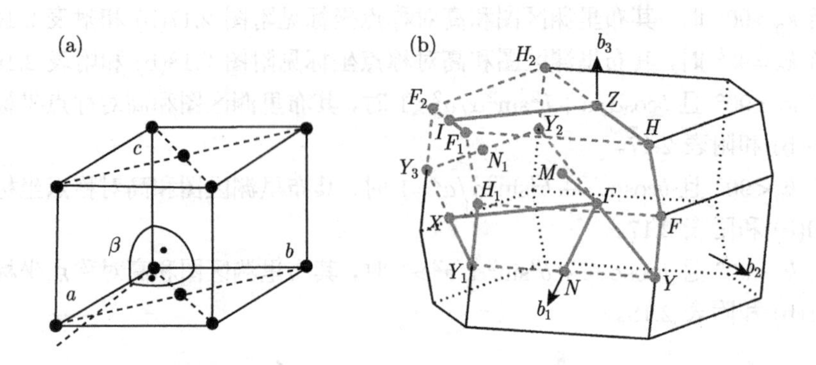

附图 2.19　底心单斜点阵的元胞 (k_γ <90°，$b\cos\alpha/c + b^2\sin^2\alpha/a^2$ <1) (a)
及其布里渊区 (b)

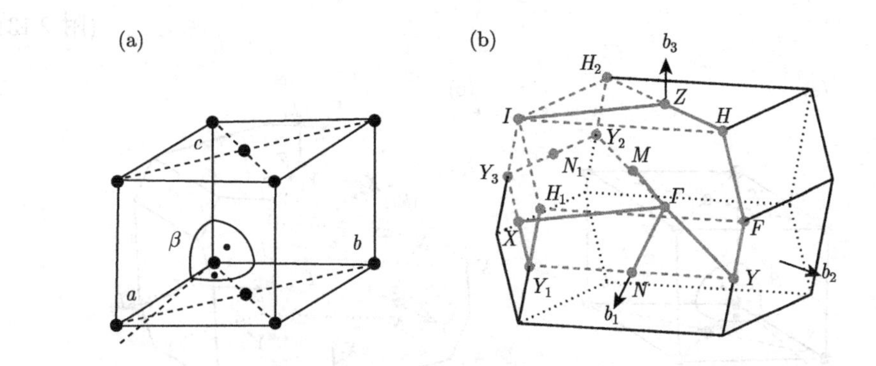

附图 2.20　底心单斜点阵的元胞 ($k_\gamma < 90°$，$b\cos\alpha/c + b^2\sin^2\alpha/a^2 = 1$) (a)
及其布里渊区 (b)

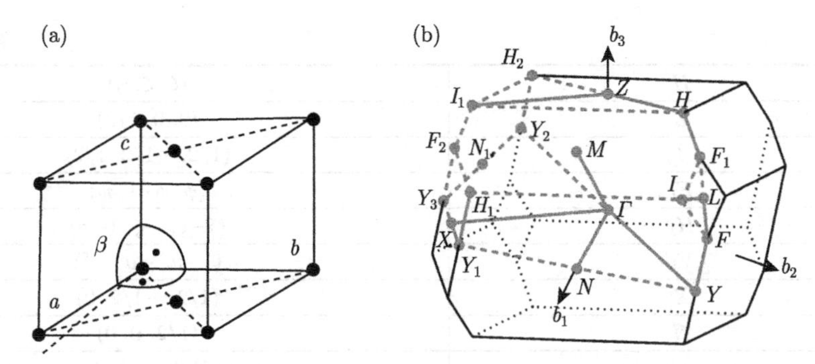

附图 2.21　底心单斜点阵的元胞 ($k_\gamma < 90°$，$b\cos\alpha/c + b^2\sin^2\alpha/a^2 > 1$) (a) 及其布里渊区 (b)

附表 2.16　底心单斜 ($k_\gamma \geqslant 90°$) 的布里渊区高对称点的符号和坐标 (高对称路径为 $\Gamma - Y - F - L - I|I_1 - Z - F_1|Y - X_1|X - \Gamma - N|M - \Gamma$)

Γ	(0, 0, 0)
Y	(1/2, 1/2, 0)
F	$(1-\zeta, 1-\zeta, 1-\eta)$
L	(1/2, 1/2, 1/2)
I	$(\phi, 1-\phi, 1/2)$
I_1	$(1-\phi, \phi-1, 1/2)$
Z	(0, 0, 1/2)
F_1	(ζ, ζ, η)
X_1	$(\psi, 1-\psi, 0)$
X	$(1-\psi, \psi-1, 0)$
N	(1/2, 0, 0)
N_1	(0, −1/2, 0)
M	(1/2, 0, 1/2)
F_2	$(-\zeta, -\zeta, 1-\eta)$
F_3	$(1-\zeta, -\zeta, 1-\eta)$
X_2	$(\psi-1, -\psi, 0)$
Y_1	(−1/2, −1/2, 0)

注：$\zeta = (2 - b\cos\alpha/c)/(4\sin^2\alpha)$，$\eta = 1/2 + 2\zeta c\cos\alpha/b$，$\psi = 3/4 - a^2/4b^2\sin^2\alpha$，$\phi = \psi + (3/4 - \psi)b\cos\alpha/c$

附表 2.17　底心单斜 ($k_\gamma < 90°$，$b\cos\alpha/c + b^2\sin^2\alpha/a^2 \leqslant 1$) 的布里渊区高对称点的符号和坐标 (高对称路径为 $\Gamma - Y - F - H - Z - I - F_1|H_1 - Y_1 - X - \Gamma - N|M - \Gamma$)

Γ	(0, 0, 0)
Y	(μ, μ, δ)
F	$(1-\phi, 1-\phi, 1-\psi)$

续表

H	(ζ, ζ, η)
Z	(0, 0, 1/2)
I	(1/2, −1/2, 1/2)
F_1	$(\phi, \phi-1, \psi)$
H_1	$(1-\zeta, -\zeta, 1-\eta)$
Y_1	$(1-\mu, -\mu, -\delta)$
X	(1/2, −1/2, 0)
N	(1/2, 0, 0)
M	(1/2, 0, 1/2)
F_2	$(-\phi, -\phi, 1-\psi)$
H_2	$(-\zeta, -\zeta, 1-\eta)$
N_1	(0, −1/2, 0)
Y_2	$(-\mu, -\mu, -\delta)$
Y_3	$(\mu, \mu-1, \delta)$

注: $\mu = (1 + b^2/a^2)/4$, $\delta = bc \cos \alpha/(2a^2)$, $\zeta = \mu - 1/4 + (1 - b \cos \alpha/c)/(4 \sin^2 \alpha)$, $\eta = 1/2 + 2\zeta c \cos \alpha/b$, $\psi = \eta - 2\delta$, $\phi = 1 + \zeta - 2\mu$

附表 2.18　底心单斜 ($k_\gamma<90°$, $b\cos\alpha/c+b^2\sin^2\alpha/a^2>1$) 的布里渊区高对称点的符号和坐标 (高对称路径为 $\Gamma-Y-F-L-I|I_1-Z-H-F_1|H_1-Y_1-X-\Gamma-N|M-\Gamma$)

Γ	(0, 0, 0)
Y	(μ, μ, δ)
F	$(\upsilon, \upsilon, \omega)$
L	(1/2, 1/2, 1/2)
I	$(\rho, 1-\rho, 1/2)$
I_1	$(1-\rho, \rho-1, 1/2)$
Z	(0, 0, 1/2)
H	(ζ, ζ, η)
F_1	$(1-\upsilon, 1-\upsilon, \omega)$
H_1	$(1-\zeta, -\zeta, 1-\eta)$
Y_1	$(1-\mu, -\mu, -\delta)$
X	(1/2, −1/2, 0)
N	(1/2, 0, 0)
M	(1/2, 0, 1/2)
F_2	$(\upsilon, \upsilon-1, \omega)$
H_2	$(-\zeta, -\zeta, 1-\eta)$
N_1	(0, −1/2, 0)

续表

Y_2	$(-\mu, -\mu, -\delta)$
Y_3	$(\mu, \mu-1, \delta)$

注：$\zeta = (b^2/a^2 + (1 - b\cos\alpha/c)/\sin^2\alpha)/4$，$\mu = \eta/2 + b^2/4a^2 - bc\cos\alpha/2a^2$，$\omega = (4\upsilon - 1 - b^2\sin^2\alpha/a^2)/c/2b\cos\alpha$，$\eta = 1/2 + 2\zeta c\cos\alpha/b$，$\delta = \zeta c\cos\alpha/b + \omega/2 - 1/4$，$\upsilon = 2\mu - \zeta$，$\rho = 1 - \zeta a^2/b^2$

7. 三 斜 晶 系

三斜 (triclinic)

三斜点阵的元胞取法见附图 2.22(a) ~ 附图 2.25(a) 及式 (附 2.14)。但其布里渊区取法分为四种情况：

当 $k_\alpha>90°$，$k_\beta>90°$，$k_\gamma>90°$，$k_\gamma=\min\{k_\alpha, k_\beta, k_\gamma\}$时，其布里渊区图和高对称点坐标见附图 2.22(b) 和附表 2.19。

当 $k_\alpha<90°$，$k_\beta<90°$，$k_\gamma<90°$，$k_\gamma=\max\{k_\alpha, k_\beta, k_\gamma\}$时，其布里渊区图和高对称点坐标见附图 2.23(b) 和附表 2.20。

当 $k_\alpha>90°$，$k_\beta>90°$，$k_\gamma=90°$ 时，其布里渊区图和高对称点坐标见附图 2.24(b) 和附表 2.19。

当 $k_\alpha<90°$，$k_\beta<90°$，$k_\gamma=90°$ 时，其布里渊区图和高对称点坐标见附图 2.25(b) 和附表 2.20。

$$\text{初基元胞}\begin{cases}\vec{a}_1 = (a, 0, 0)\\ \vec{a}_2 = (b\cos\gamma, b\sin\gamma, 0)\\ \vec{a}_3 = (c\cos\beta, c/\sin\gamma[\cos\alpha - \cos\beta\cos\gamma],\\ \qquad c/\sin\gamma\sqrt{\sin^2\gamma - \cos^2\alpha - \cos^2\beta + 2\cos\alpha\cos\beta\cos\gamma})\end{cases} \qquad (\text{附 } 2.14)$$

(a)

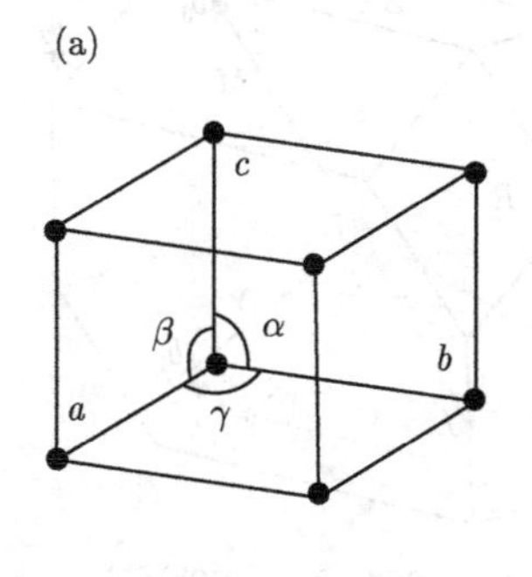

(b)

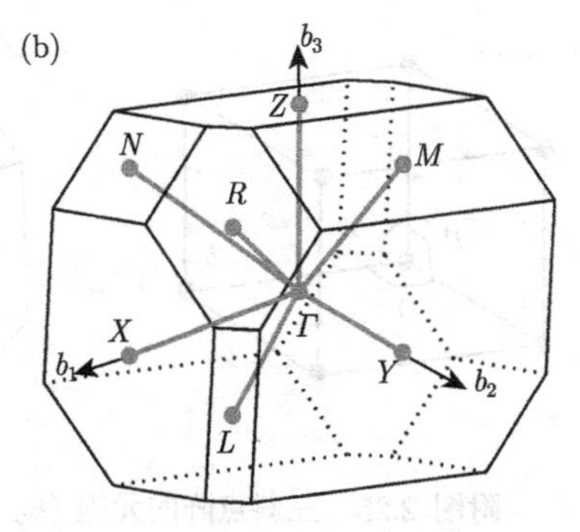

附图 2.22　三斜点阵的元胞 (k_α >90°, k_β >90°, k_γ >90°, $k_\gamma = \min\{k_\alpha, k_\beta, k_\gamma\}$)(a) 及其布里渊区 (b)

(a)

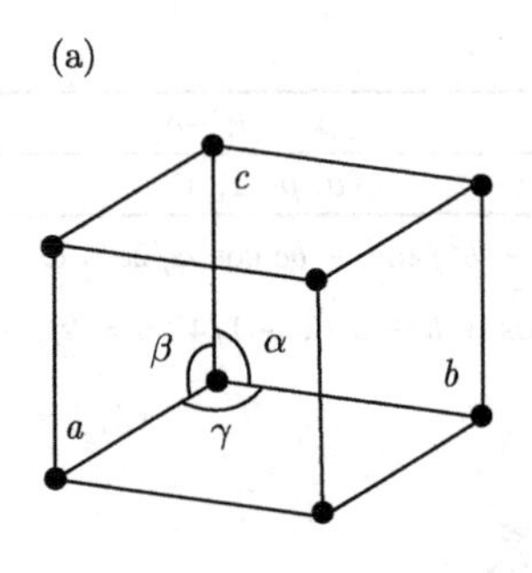

(b)

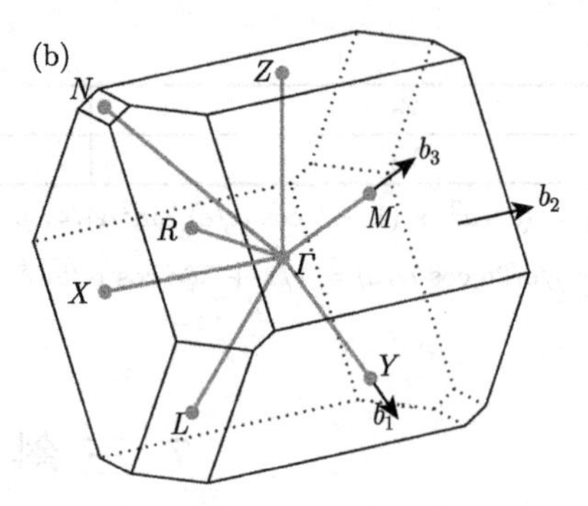

附图 2.23　三斜点阵的元胞 (k_α <90°, k_β <90°, k_γ <90°, $k_\gamma = \max\{k_\alpha, k_\beta, k_\gamma\}$)(a) 及其布里渊区 (b)

(a)

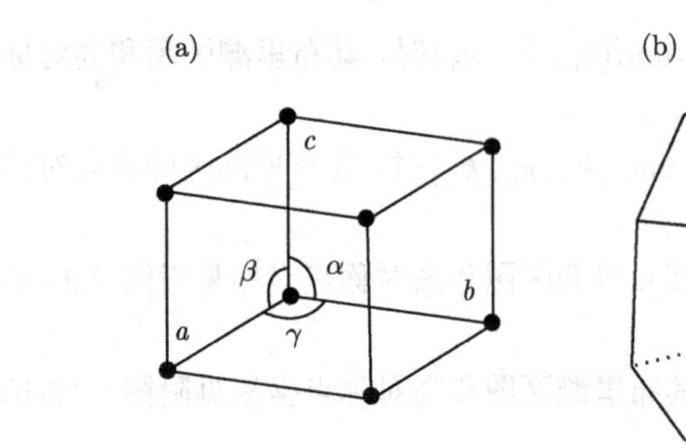

(b)

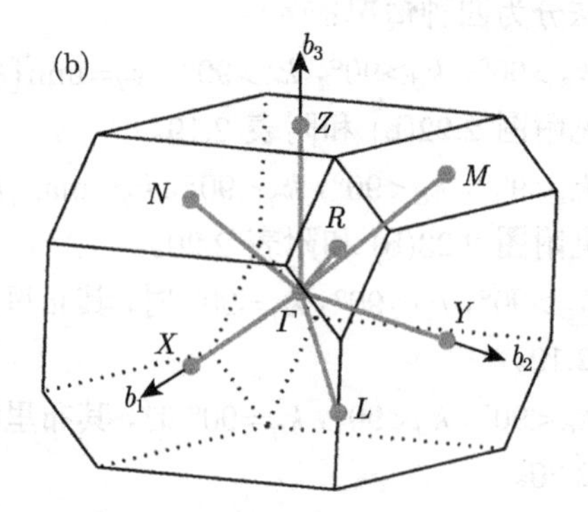

附图 2.24　三斜点阵的元胞 ($k_\alpha > 90°$, $k_\beta > 90°$, $k_\gamma = 90°$) (a) 及其布里渊区 (b)

(a)

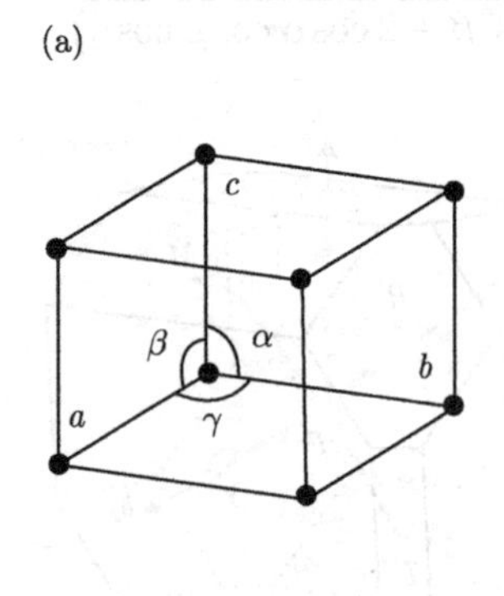

(b)

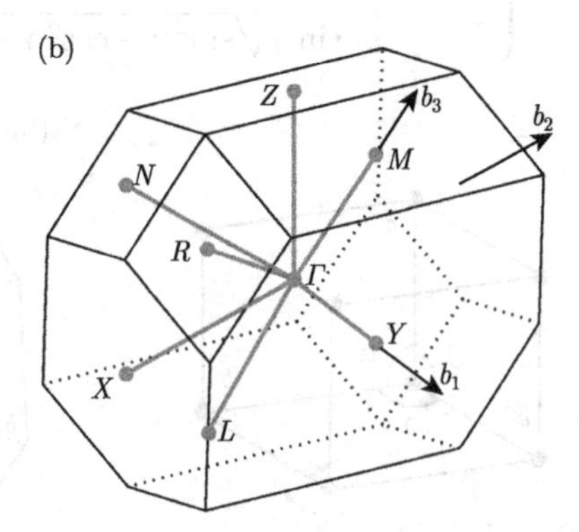

附图 2.25　三斜点阵的元胞 (k_α <90°, k_β <90°, $k_\gamma = 90°$)(a) 及其布里渊区 (b)

附表 2.19　三斜 ($k_\alpha>90°$，$k_\beta>90°, k_r\geqslant 90°$) 的布里渊区高对称点的符号和坐标 (高对称路径为 $X-\Gamma-Y|L-\Gamma-Z|N-\Gamma-M|R-\Gamma$)

Γ	(0, 0, 0)
X	(1/2, 0, 0)
Y	(0, 1/2, 0)
L	(1/2, 1/2, 0)
Z	(0, 0, 1/2)
N	(1/2, 0, 1/2)
M	(0, 1/2, 1/2)
R	(1/2, 1/2, 1/2)

附表 2.20　三斜 ($k_\alpha<90°$，$k_\beta<90°$，$k_\gamma\leqslant 90°$) 的布里渊区高对称点的符号和坐标 (高对称路径为 $X-\Gamma-Y|L-\Gamma-Z|N-\Gamma-M|R-\Gamma$)

Γ	(0, 0, 0)
X	(0, −1/2, 0)
Y	(1/2, 0, 0)
L	(1/2, −1/2, 0)
Z	(−1/2, 0, 1/2)
N	(−1/2, −1/2, 1/2)
M	(0, 0, 1/2)
R	(0, −1/2, 1/2)